彩图1　口腔黏膜坏死

彩图2　小反刍兽疫口、
　　　　鼻分泌物及结节

彩图3　小反刍兽疫舌头结痂

彩图4　小反刍兽疫羊腹泻

U0304881

彩图5　羊快疫肠道内充满气体

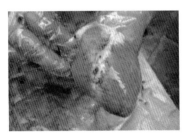

彩图6　心外膜可见点状出血

彩图7　羊肠毒血症小肠充血、出血

彩图8　羊肠毒血症肾脏软化

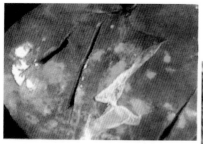

彩图9　羊黑疫肝脏坏死

彩图10　与周围组织粘连，
有包囊化的坏死灶

彩图11　肺部分实质肝变

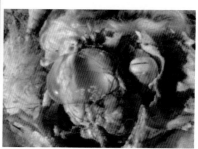

彩图12　羊脑内多头蚴（脑包虫）

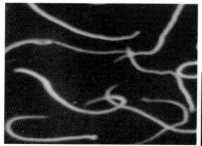

彩图13　消化道线虫

彩图14　肺膨胀和肺气肿

一本书读懂安全养殖系列

一本书读懂
安全养肉羊

李连任　主编

化学工业出版社

·北京·

本书是《一本书读懂安全养殖系列》中的一册。

本书从我国肉羊生产的实际出发，按照国家对农产品安全生产的要求，以满足生产一线技术人员的需要为根本目的，重点介绍了肉羊的安全、标准化生产实用技术。具体内容包括：肉羊的品种与安全引种利用、肉羊饲料的安全生产技术与管理、搞好羊场的隔离卫生、加强羊场的消毒管理、羊场的防疫制度化、肉羊安全饲养管理技术、羊病的安全诊治等。

本书内容丰富、材料翔实、数据准确，具有较强的实用性，适合广大养殖专业户、中小型养殖场的技术及管理人员、高等学校相关专业的师生阅读参考。

图书在版编目（CIP）数据

一本书读懂安全养肉羊/李连任主编. —北京：化学工业出版社，2017.1
（一本书读懂安全养殖系列）
ISBN 978-7-122-28738-0

Ⅰ.①一…　Ⅱ.①李…　Ⅲ.①肉用羊-饲养管理　Ⅳ.①S826.9

中国版本图书馆 CIP 数据核字（2016）第 314843 号

责任编辑：张林爽　　　　　　　　　文字编辑：林　丹
责任校对：王素芹　　　　　　　　　装帧设计：张　辉

出版发行：化学工业出版社（北京市东城区青年湖南街 13 号　邮政编码 100011）
印　　装：三河市延风印装有限公司
850mm×1168mm　1/32　印张 9　彩插 1　字数 241 千字
2017 年 4 月北京第 1 版第 1 次印刷

购书咨询：010-64518888（传真：010-64519686）　售后服务：010-64518899
网　　址：http://www.cip.com.cn
凡购买本书，如有缺损质量问题，本社销售中心负责调换。

定　　价：36.00 元　　　　　　　　　　　　版权所有　违者必究

编写人员名单

主　　编　李连任

副 主 编　王立春　刘　滨

编写人员　（按姓名笔画排序）

　　　　　　王立春　邢茂军　刘　滨

　　　　　　刘庆峰　刘学恩　李　童

　　　　　　李长强　李连任　宋玉英

　　　　　　陈义林　范秀娟　周艳琴

　　　　　　郑培志　贾新芬　薛克富

　　　　　　薛喜梅

前言 FOREWORD

我国是养羊大国，养羊数量和羊肉产量居世界第一位。近年来，肉羊规模养殖发展较快，我国羊肉生产正在从分散饲养、个体屠宰加工与低质量的状态向集约化、规模化饲养、集中屠宰加工与高档羊肉生产转变。

随着社会发展和人民生活水平的提高，人们对食品的要求越来越高，消费者选择也从数量型转向质量型，特别是对无残留、无污染和高营养的食品需求越来越多。由于环境污染，饲料、饲草农药残留，以及不合理使用或滥用兽药和药物添加剂，导致许多有毒、有害物质直接或通过食物链进入羊的体内，同时羊的许多疾病可通过其产品传播给人，从而影响其食用安全性。

肉羊安全生产必须从品种引进使用、环境控制、饲养管理、饲料安全、兽医防疫、兽药使用，以及羊肉加工等环节着手，采用安全的生产、加工技术和管理准则。简而言之，就是对肉羊生产实行"从农田到餐桌"的全程安全控制，是一个涉及许多方面的系统工程。为了提高我国的肉羊安全生产水平使之尽快向标准化规模化方向发展，我们组织有关专家，结合多年来从事肉羊科学研究与生产实践所积累的成功经验，参阅国内外相关文献，精心编写了《一本书读懂安全养肉羊》一书。全书以通俗易懂的语言，科学系统地介绍了肉羊品种与安全引种利用、肉羊饲料的安全生产管理、环境安全控制（隔离卫生、消毒、防疫等）、安全生产管理、羊病安全诊治、屠宰与检疫等方面的知识和技术。在编写过程中，力求资料新颖、技术先进实用，具有针对性、实用性、可操作性、普及性，重点突出肉羊养殖的安全性、标准化。本书可供肉羊生产的技术人员、管理人员及科研人员参考使用。

本书在编写过程中，参阅了国内外众多学者的著作及文献，在此一并深表谢意。由于编者水平有限，不妥之处在所难免，敬请读者批评指正。

编者

一本书读懂安全养殖系列

目录 CONTENTS

第三章　搞好羊场的隔离卫生

第四章　加强羊场的消毒管理

第一章 肉羊的品种与安全引种利用

第一节 肉羊主要优良品种

一、国内外主要肉用绵羊品种

（一）中国美利奴羊

该羊主产区是内蒙古的嘎达苏种畜场、新疆的巩乃斯种羊场和紫泥泉种羊场、吉林的查干花种羊场。由上述 4 个羊场育成的中国美利奴羊新品种，其父本是澳洲美利奴羊，母本分别是波尔斯、新疆细毛羊、军垦细毛羊和东北细毛羊。

中国美利奴羊体呈长方形，公羊有螺旋形角，母羊无角，公羊颈部有 1～2 个横皱褶或发达的纵皱襞。鬐甲宽平，胸宽深，背长直，尻宽平，后躯丰满，肷部皮肤宽松。四肢结实，肢势端正。羊毛密，呈明显大、中弯曲。油汗白色或乳白色。头毛、腹毛和四肢毛着生良好。成年公羊体重 92 千克，母羊 43 千克；育成公羊 69 千克，母羊 37.5 千克。产毛量：一级母羊 6.4 千克，种公羊 16～18 千克；育成母羊 4.5～6.0 千克，公羊 8～10 千克。成年羊毛长，公羊 11～12 厘米，母羊 9～10 厘米；育成羊毛长，公羊 12～13 厘米，母羊 10～11 厘米。羊毛细度 64 支，净毛率为 50%。2.5 岁羯羊（阉割公羊）屠宰率为 44%，净肉率为 34.8%。产羔率为 117%～128%。

（二）新疆细毛羊

新疆细毛羊育成于新疆伊犁巩乃斯羊场，是我国培育的第一个毛肉兼用型细毛羊品种，具有适应性强、耐粗饲、产毛多、毛质好、体格大、繁殖力高、遗传性稳定等优点。

新疆细毛羊具有一般毛肉兼用细毛羊的特征，躯体结构好，体质健壮，骨骼结实。头较宽长，公羊有螺旋形大长角，母羊无角，颈下有 1～2 个皱褶，鬐甲和十字部较高，四肢强健，高大端正，蹄质致密结实。

新疆细毛羊剪毛后的周岁公羊平均体重为 45.0 千克，母羊 37.6 千克；成年公羊平均为 93.0 千克，母羊 46.0 千克。周岁公羊平均剪毛量为 5.4 千克，母羊为 5.0 千克；成年公羊平均为 12.2 千克，母羊为 5.5 千克。净毛量，周岁公、母羊平均为 2.8 千克和 2.6 千克；成年公、母羊为 6.1 千克和 3.0 千克。净毛率，周岁公、母羊平均为 50.9% 和 51.1%；成年公、母羊为 49.8% 和 54.0%。羊毛长度，周岁公、母羊平均为 8.9 厘米和 6.9 厘米；成年公、母羊为 10.9 厘米和 8.8 厘米。羊毛细度在 58～70 支之间，以 64 支和 60 支为主。母羊的产羔率平均为 135% 左右。成年羯羊屠宰率平均为 49.5%，净肉率平均为 40.8%。

（三）东北细毛羊

东北细毛羊为毛肉兼用型品种，育种基地是辽宁小东种畜场、吉林双辽种羊场和黑龙江银粮种羊场，分布于上述 3 省西北部平原地区和丘陵地区。

该羊体质结实，公羊有螺旋形角，颈部有 1～2 个横皱褶，母羊无角，颈部有发达的纵皱襞。羊毛着生良好，头部至眼线，前后肢至腕、飞节均被毛，腹毛呈毛丛结构。成年公羊体重 84 千克，母羊 45 千克。剪毛量，成年公羊 13.4 千克，母羊 6.1 千克。净毛率 35%～40%。毛长，公羊 9.3 厘米，母羊 7.4 厘米。羊毛细度 60～64 支。成年公羊屠宰率 43.6%，净肉率 34%，母羊分别为 52.4% 和 40.8%。经产母羊产羔率为 120%～130%。

该羊有较好的适应能力，耐粗饲，生长发育快，羊毛品质好。

（四）内蒙古细毛羊

内蒙古细毛羊经过二十多年的精心培育，于 1976 年 8 月育成于内蒙古自治区锡林郭勒盟的典型草原地带，主要分布于正蓝、太仆寺、多伦、镶白、西乌等旗（县）。

内蒙古细毛羊的体质结实，结构匀称，公羊颈部有 1～2 个完全或不完全的横皱褶，母羊颈部有发达的纵皱褶。头形正常，颈长短适中，体躯长宽而深，背腰平直，四肢端正。公羊有发达的螺旋形角，母羊无角或有小角。被毛闭合性良好，细度 60～64 支，油汗为白色或浅黄色，油汗高度占毛丛的 1/2 以上。细毛着生头部至眼线，前肢至腕关节，后肢至飞节。

育成公、母羊平均体重为 41.2 千克、35.4 千克，成年公、母羊平均体重分别为 91.4 千克、45.9 千克。育成公、母羊剪毛量平均为 5.4 千克、4.7 千克，成年公、母羊为 11.0 千克、5.5 千克。成年公、母羊羊毛平均长度为 8～9 厘米和 7.2 厘米。细度 64 支的净毛率为 36%～45%。1.5 岁羯羊屠宰前平均体重为 49.98 千克，屠宰率为 44.9%。经产母羊的产羔率为 110%～123%。

（五）河北细毛羊

主产地是河北省康保、沽源、张北、尚义、丰宁和围场 6 个县，在平泉、隆化、崇礼、赤城、怀安和宣化等县区也有饲养。

该羊体格较大，体质结实，结构良好。公羊有螺旋形角，母羊无角。颈粗而短，公羊有 1～2 个横皱褶，母羊有宽松的纵皱褶。胸深而宽，背腰平直，四肢粗壮。被毛白色腹毛着生良好，头毛至眼线，前后肢毛至腕、飞节。剪毛后平均体重，成年公羊 83.74 千克，育成公羊 38.78 千克，育成母羊为 47.11 千克。产净毛量，成

年公羊 7.39 千克（原毛 13.25 千克），母羊 3.12 千克，育成公羊
3.1 千克，育成母羊 2.44 千克。净毛率为 47.5%～55%。羊毛细
度 64 支。体侧毛长，成年公羊 13.45 厘米，育成公羊 11.38 厘米，
育成母羊 9.02 厘米，育成母羊 10.45 厘米。产羔率 123.3%。育
成母羊屠宰率 47.88%，净肉率 32.62%。

该羊适应性较强，牧区、半农半牧区和农区均可饲养。

（六）青藏高原半细毛羊

青藏高原半细毛羊是经过二十多年的育种工作，培育的毛肉兼
用的半细毛羊品种。主要育种基地分布在海南藏族自治州、海北藏
族自治州和海西蒙古族、藏族、哈萨克族自治州的省英德尔种羊
场、省河卡种羊场、海晏县、乌兰县巴乡、都兰县巴隆乡和格尔林
木市乌图美仁乡察汉乌苏牧业村。

青藏高原半细毛羊分为罗茨新藏和茨新藏两个类型。相对而言，
前者头稍宽短，体躯粗深，四肢稍矮，蹄壳多为黑色或黑白相间，
公、母羊都无角；后者体形近似茨盖羊，体躯较长，四肢较高，蹄
壳多为乳白或乳白相间，公羊多有螺旋角，母羊无角或有小角。

6 月上旬剪毛后体重周岁公、母羊平均 44.43～55.66 千克和
23.98～35.22 千克；成年公、母羊为 64.08～85.57 千克和 35.26～
46.09 千克。成年公、母羊平均剪毛量为 5.98～3.10 千克，幼年公、
母羊为 4.36 千克、2.63 千克。体侧净毛率平均为 61%。毛的细度为
48～58 支。成年公、母羊平均毛长分别为 11.72 厘米和 11.01 厘米，
羊毛弯曲呈明显或不明显的波状弯曲。油汁多为白色或乳白色。青
藏高原半细毛羊 6 月龄幼年羯羊屠宰为 42.71%。公、母羊一般都在
1.5 岁时第一次配种，多产单羔。

（七）西藏羊

西藏羊原产于青藏高原，分布于西藏、青海、四川北部以及云
南、贵州等地的山岳地带。西藏羊分布面积，由于各地海拔、水热
条件的差异，因而形成了一些各具特点的自然类群。依其生态环
境，结合其生产、经济特点，西藏羊主要分为高原型（或草地型）

和山谷型两大类。

高原型（草地型）体质结实，体格高大，四肢端正较长，体躯近似方形。公、母羊均有角，公羊角长而粗壮，呈螺旋状向左右平伸，母羊角细而短，多数呈螺旋状向外上方斜伸。鼻梁隆起，耳大而不下垂。前胸开阔，背腰平直，十字部稍高，紧贴臀部有扁锥形小尾。毛色全白者占 6.85%，头肢杂色者占 82.6%，体躯杂色者占 10.5%。山谷型西藏羊明显特点是体格小，结构紧凑，体躯呈圆桶状，颈稍长，背腰平直。头呈三角形，公羊多有角，短小，向上方弯曲；母羊多无角，毛色甚杂。

高原型（草地型）成年公羊体重 50.8 千克，成年母羊为 38.5 千克。剪毛量成年公羊为 1.42 千克，成年母羊为 0.97 千克、成年羯羊的平均屠宰率为 43.11%。山谷型成年公羊体重平均为 36.79 千克，成年母羊为 29.69 千克，剪毛量成年公羊平均为 1.5 千克，成年母羊为 0.75 千克。屠宰率平均为 48.7%。西藏羊一般一年 1 胎，1 胎 1 羔，双羔者极少。

（八）乌珠穆沁羊

乌珠穆沁羊是我国著名的肉脂兼用粗毛羊品种，主要分布在东乌珠穆沁旗，以及毗邻的阿巴哈纳尔旗、阿巴嘎旗部分地区。以其体大、尾大、肉脂多、羔羊生长快而著称。

乌珠穆沁羊头中等大小，额稍宽，鼻梁隆起，耳大下垂或半下垂，公羊多数有角，角呈半螺旋状，母羊多无角。体格高大，体躯长，胸宽深，背腰宽平，后躯发育良好，尾肥大，尾中部有一纵沟，把尾分成左右两半。毛色以黑羊居多，约占 62.1%，全身白色者约占 10%，体躯杂色者占 11%。

乌珠穆沁羊生长发育快，公、母羔出生重分别为 1.58 千克、3.82 千克；2.5～3 个月龄公、母羔羊平均体重为 29.5 千克和 24.9 千克；成年公、母羊平均体重为 74.43 千克和 58.4 千克。屠宰率平均为 51.4%，尾脂重一般为 3～5 千克，产羔率平均为 100.2%。

（九）大尾寒羊

大尾寒羊主要分布于黄河下游的河南、河北、山东三省相邻的平原农业区，为我国优良地方品种，其特点是尾大、多胎，生长发育快，繁殖率高，羊毛和裘皮质量较好。

大尾寒羊头稍长，鼻梁隆起，耳大下垂，公、母羊均无角，体躯较矮小，胸窄，后躯发育良好，尻部倾斜，脂尾肥大，超过飞节，个别拖及地面。尾重平均8千克左右。被毛多为白色，杂色甚少。

成年公、母羊体重平均为72.0千克和52.0千克。成年公、母羊剪毛量平均为2.5千克和1.9千克。同质毛型又分为A型和B型，母羊的产羔率为190%左右，成年公羊屠宰率平均为54%。

（十）小尾寒羊

小尾寒羊分布于河南新乡、开封地区，山东的菏泽、济宁地区，以及河北南部、江苏北部和淮北等地。具有体大，生长发育快，早熟、繁殖力强、性能稳定、适应性强等优点。

小尾寒羊体型结构匀称，侧视略成正方形，鼻梁隆起，耳大下垂，脂尾呈圆扇形，尾尖上翻，尾长不超过飞节，胸部宽深，肋骨开张，背腰平直，身体呈圆桶状，四肢高，健壮端正。公羊头大颈粗，有螺旋形大角。母羊头小颈长，有小角或无角。被毛白色，异质，少数个体头部有色斑。

3月龄公羔断奶体重22千克以上，母羔20千克以上；6月龄公羔38千克以上，母羔35千克以上；周岁公羊75千克以上，母羊50千克以上；成年公羊100千克以上，母羊55千克以上。成年公羊剪毛量4千克，母羊2千克，净毛率在60%以上。8月龄公、母羊屠宰率在53%以上，净肉率在40%以上，肉质较好；18月龄公羊屠宰率平均为56.26%。母羊初情期5~6个月，6~7个月可配种怀孕，母羊常年发情，初产母羊产羔率在200%以上，经产母羊270%。

二、国内外主要肉用山羊品种

（一）沂蒙黑山羊

沂蒙黑山羊是山东省地方优良黑山羊，平邑特产，是在山区自然条件下形成的一个肉、绒、毛、皮多用型品种，属绒、毛、肉兼用型羊。子婴黑山羊具有体格大、耐粗饲、适应性强、生产性能高、体貌统一、遗传性能稳定、肉绒兼用等特点，适宜山区放牧。其羊绒质量高、光泽好、强度大、手感柔软；其肉质色泽鲜红、细嫩、味道鲜美、膻味小，是理想的高蛋白、低脂肪、富含多种氨基酸的营养保健食品。

沂蒙黑山羊共有"花迷子""火眼子""二粉子"和"秃头"四个品系。

沂蒙黑山羊主要特点是头短、额宽、眼大、角长而弯曲（95%以上的羊有角）。额下有胡须，背腰平直，胸深肋圆，体躯粗壮，四肢健壮有力，耐粗抗病，合群性强。该羊生长在沂蒙山区海拔较高的突出地带蒙山、鲁山及沂、沭河上游。那里气候温和，雨量充沛，树木、水草茂盛，饲料资源丰富。该山羊灵敏活泼，喜高燥，爱洁净，抗病力强，耐粗饲，适应性强，爱吃吊草，善于爬山，常年放牧，素有"山羊猴子"之称。抓膘期在农历七、八、九月份。成年公羊体重40～50千克，成年母羊体重35～40千克，平均产仔1.5羔/胎。子婴黑山羊肉质细嫩，脂肪少，味道鲜美，无膻味，营养丰富，出肉率为43%，膘情好的出肉率可达50%；产绒量高，成年公羊年产绒450～550克/只，成年母羊年产绒400～500克/只，且绒纤维细长，柔软，有光泽，杂质少，是高档毛绒原料。

（二）沧山黑山羊

湖南地区特有的沧山黑山羊是经湖南常德鼎城区黑山羊种苗繁育基地（湖南伟艳黑山羊养殖场）多年培育的山羊品种，纯绿色草食动物，是我国目前确认的无公害草食类肉用型地方良种羊之一，业已被列为中国黑山羊保护种群。沧山黑山羊主要采食天然牧草和无公害绿色植物，其毛色纯黑，有着体型高健，性情温顺，出生重，生长快，耐潮湿炎热，抗病力强，出肉率高，肉质好等优势特点。幼羊出生重达3～5千克，成年羊最重可达100千克左右，出肉率高达58.9%～60%，为纯绿色肉食品。其毛皮光泽度强，为优质板皮。随着近些年来人们生活水平的提高，膳食结构的改变，山羊肉作为高蛋白、低脂肪、低胆固醇的绿色安全食品，市场需求日益增大，沧山黑山羊已成为最抢手的绿色肉食品。沧山黑山羊容易繁殖生长，经济价值高，市场需求旺，为无公害草食类肉用型动物。

（三）波尔山羊

波尔山羊是世界上最优秀的肉用山羊品种，具有体型大、生长快、繁殖力强、产羔多、屠宰率高、产肉多、肉质细嫩、适口性好、耐粗饲、适应性强和抗病力强的特点。

波尔山羊被毛白色，头颈部和耳、尾部为棕红色；头部粗壮，眼大棕色，耳大下垂；胸深、颈粗、体宽、背直、臀腿肌肉丰满，四肢短而粗壮。波尔山羊成年公羊体重95～110千克，母羊65～70千克；8月龄公羔体重50千克，母羔体重40千克。平均屠宰率48.1％，发情周期平均21天，妊娠期150天，一年2胎或两年3胎，产羔率151％～190％。波尔山羊适宜在农区、半农半牧区饲养，可舍饲，也可以放牧。波尔山羊与本地山羊杂交生产肉羊，以育肥羔羊为宜。一般1～2月配种，6～7月产羔，8～9月断奶，冬春季出售。波尔山羊是优良公羊的重要品种来源，作为终端父本能显著提高杂交后代的生长速度和产肉性能。

（四）南江黄山羊

南江黄山羊是四川省南江县培育的肉用山羊优良品种，分为有角和无角两种类型。体形高大，公羊体高70厘米左右，体重60～80千克；母羊体高65厘米左右，体重40～65千克。被毛黄色，沿背脊有一条明显的黑色背线。毛短紧贴皮肤，富有光泽，被毛内侧有少许绒毛。耳大微垂，鼻额宽。前胸深广，颈肩结合良好，背腰平直，四肢粗长，结构匀称。公羊颜面毛色较黑，前胸、颈肩、腹部及大腿被毛黑而长，头略显粗重。母羊颜面清秀，颈较细长，乳房发育良好。生长发育快。性成熟早，繁殖力高。公羊12～18月龄或体重达35千克以上，母羊6～8月龄或体重达到25千克以上，即可用于配种。母羊全年发情，发情周期为20天左右，发情持续期34小时左右。怀孕期为145～151天。经产母羊年均产

1.82 胎，胎产羔率 200%，繁殖成活率达 90% 以上。屠宰率可达
44%～45.7%。肉质鲜嫩，营养丰富，蛋白质含量高，胆固醇含量
低，膻味极轻，口感甚好。板皮质地良好，细致结实，薄厚均匀，
抗张力强，延伸率大，弹性好。

（五）黄淮山羊

也叫槐山羊，主要分布于黄淮平原的广大地区，因集中在河南
周口地区沈丘县槐店镇而得名。黄淮山羊体形中等，结构匀称，骨
骼较细，分为有角和无角两种类型。被毛白色，毛短，有丝光，绒
毛很少。公羊体重 34 千克左右，母羊体重 26 千克左右。一般母羊
4～5 月龄发情配种，1 年 2 胎或 2 年 3 胎，每胎平均产羔率为
239%。该品种具有性成熟早、生长发育快、板皮品质优良、四季
发情及繁殖率高等特点。肉质鲜嫩，膻味小。羯羊屠宰率为
45.9%。板皮呈蜡黄色，细致柔软，油润发亮，弹性好，是优良的
制革原料，也是重要出口物资。

（六）成都麻山羊

也叫铜羊，主要分布于成都平原及其附近龙门山脉中段的中、
低山和丘陵地区，因被毛赤铜色、麻褐色或黑红色，其单根毛分段
显不同颜色而得名。体形较小，公羊体重 39 千克左右，母羊体重
30 千克左右。公羊前躯发达，体形呈长方形；母羊后躯宽深，乳
房丰满。公、母羊大多有角，少数无角。公羊及多数母羊有胡须，
少数羊颈下有肉铃。头部大小适中，有"十字架"或"画眉眼"等
斑纹，两颊各具一浅灰色条纹，背部有黑色脊线，肩部有黑纹且沿
肩胛两侧下伸，四肢及腹部有长毛。颈肩结合良好，背腰宽平，四
肢粗壮。羯羊屠宰率 45%。4～5 月龄性成熟，12～14 月龄初配，
长年发情，年产 2 胎，经产母羊每胎产羔率 210%。母羊泌乳期为
4～6 个月，泌乳量为 240 千克。板皮致密，轻薄，张幅大，弹性
好，深受国际市场欢迎。成都麻山羊属于南方亚热带湿润山区、丘
陵地放牧加补饲、肉乳兼用型山羊品种，已推广到陕西、湖南、河
南等地。

（七）贵州白山羊

贵州白山羊主要分布于贵州遵义、铜仁地区，是南方亚热带湿润丘陵山地补饲型肉用山羊。屠宰率为 52.6%。板皮质地紧密，弹性好。体高 49～52 厘米，体长 56～60 厘米，体重 26～29 千克。公、母羊均有角和髯，被毛短，为白色。4～5 月龄达到性成熟，8～10 月龄可初配，长年发情，以春、秋两季较多，每年产 2 胎，妊娠期 150 天。产羔率为 184%。

（八）马头山羊

主要分布于湖南省常德、黔阳等地区和湖北省郧阳、恩施等地区。该品种具有幼仔生长发育快，育肥性能好等优点。羯羊屠宰率为 62%。板皮幅面大、洁白、弹性好，而且 1 张皮可取烫褪毛 0.3～0.5 千克，是优良的制笔料毛。

马头山羊体躯呈方形，公羊体重 44 千克左右，母羊体重 34 千克左右。头大小适中，公、母羊无角，两耳向前略下垂，胸部发达，背腰平直，后躯发育良好。被毛短而粗，大多为白色，也有黑色、麻色、杂色等。性成熟早，母羊长年发情，产羔率 190%～200%。

（九）陕南白山羊

陕南白山羊是我国地方优良山羊品种，主要分布于陕西南部秦岭、巴山之间的商洛、安康、汉中等地，在当地俗称为"狗头羊"。陕西白山羊被毛多为白色，有髯，分为长毛有角、长毛无角、短毛有角和短毛无角 4 种类型。体躯呈长方形，颈短粗，胸部发达，肋骨开张，背腰平直，四肢粗壮，尾短上翘。公羊体重 33 千克左右，母羊体重 27 千克左右。羯羊屠宰率为 50%。该品种性情温驯，性成熟早，四季发情，每年产 2 胎，每胎产 2～3 仔，偶产 4～5 仔。平均胎产羔率达 259%。板皮是制革的上等原料。

（十）济宁青山羊

该品种为羔皮羊，是我国山羊中较小的一种。被毛由黑白二色混生而成青色，其角、蹄、唇也为青色，前膝为黑色，故有"四青一黑"的特征。由于被毛中黑白二色的比例不同，又分为正青色、粉青色和铁青色三种。公、母羊均有角、髯，角向后上方生长并向两侧微微交叉。公羊额部有卷毛覆盖，母羊额部多有粉青色白章。颈部较细长，背平，尻微斜，腹部较大，四肢短而结实。

羔羊生后 3 天内宰杀剥取青猾子皮。青猾子皮毛细短，紧密适中，在皮板上构成美丽的花纹。花纹类型分波浪花、流水花、片花和平毛。波浪花为理想花纹类型。

该种山羊生长快，性成熟早。初情期一般在生后 2～3 月龄，4 月龄时即可配种。一般第一胎产双羔，第二胎后多为多羔，最多者一胎可产 6～7 羔，平均产羔率为 227.5％。在一般条件下可年产两胎。母羊泌乳性能良好。

第二节　肉羊品种的安全引种与运输

我国肉用绵、山羊品种资源十分丰富。随着养羊业的发展，从异地引入优良羊种越来越多。国内良种羊调运、交流也日益频繁，这对养羊业的发展起了很大作用。但由于某些肉羊养殖场户对于引种工作的一些规律缺乏认识，盲目引种，结果也造成了一些不应有的损失。因此，科学引种、调运羊群，是发展养羊业的关键环节。

一、做好引种准备

（一）目标定位

引种前，必须明确引种的目的和任务。为什么要引种？引了种来干什么？一定要有一个明确的目标。一个地区、一个企业、一个农户对为什么要引种，引进后如何利用、发展等问题，要根据当地或国内外养羊的发展情况、当前和今后可能的市场变化情况进行认真研究，以免带来不必要的经济损失。

近年来，随着人民生活水平的不断提高，羊肉的需求量不断增加，养羊生产已从毛用和毛肉兼用逐渐向肉用方向转变，我国从国外引进了大量的优良肉用羊品种，如萨福克、道赛特、波尔山羊等。通过建立一批基础设施完善、技术水平较高、饲养品种优良、经济效益较好的种羊场，对引进肉羊品种进行纯繁扩群、杂交改良，为我国养羊业发展奠定基础。

（二）品种定位

引种前，首先要明确引入什么品种？到哪里引种？引进多少羊只？在引种前要根据当地农业生产、饲草饲料、地理位置等因素加以分析，认真对比供种地区与引入地区的生态、经济条件的异同，有针对性地考察品种羊的特性及对当地的适应性，进而确定引进什么品种，是山羊还是绵羊。

我国国土面积广阔，不同地区引进品种有很大不同。北方草原面积较大，气候寒冷，以饲养毛用、绒用的绵羊为主；黄河中下游地区则适合小尾寒羊、奶羊和多种类型的羊群生长；淮河以南地区高温多雨，则适于山羊饲养。如果北方引进山羊则难以越冬，南方引进绵羊、绒山羊则难以越夏。生长在宁夏的滩羊向北方和南方引进，均丧失原有的特性。因此，农户应结合自己所处的地理位置、环境条件确定引入羊的品种，根据圈舍、设备、设施、技术水平和财力等情况确定引进羊只数量，做到既有钱买羊，又有钱养羊。

不同品种的羊有各自的特点。引种目的是为了引进优良基因，改良和提高原有品种的生产性能或改变原有品种的生产方向，使其创造更高的经济价值。例如，在引进良种肉羊时，必须考虑肉羊的早熟性、生长发育速度、体重、屠宰率、净肉率和羊肉品质以及繁殖性能等。引进绒山羊时，则必须考虑羊绒长度、细度、产绒量等生产性能。

（三）圈舍准备

已养有羊只的羊场，引种前除要修缮羊舍，备足草料，配备饲喂、饮水、粪便清理等必要的设施外，还应设隔离羊舍。

隔离羊舍距离原羊场 300 米以上，并在种羊到场 1 周前对隔离羊舍进行全面、彻底、严格消毒。新建羊场、新饲养农户引种前要建好圈舍，保证羊群晴避暴晒，阴避雨雪，冬避风寒，夏避酷暑。

（四）草料准备

兵马不动粮草先行。养羊业的物质基础是草料，有了充足的草料，养羊就成功了一半。一般精料市场供应充足，来源容易。羊是食草动物，充足的饲草是养羊的必要条件。杂草、草山、草坡、牧草、树叶、农作物秸秆、农产品加工副产品都是养羊的粗饲料，必须在引种前有必要的储备。冬春缺草是制约养羊业发展的瓶颈，冬春引种时尤其要注意饲草的来源。

（五）技术准备

养羊说不上技术高深，在苏鲁豫皖接壤地区，多数农户均在养羊。但近年来，随着农村劳动力向城镇转移，养羊人的年龄偏大、文化水平趋低，加上一些企业资本的介入，养羊户数减少，规模扩大，技术缺乏成为发展养羊业的难题。特别是在养羊数量较少的南方，由于引种不当，饲养技术缺乏，导致一部分人在发展养羊业的过程中遭受了损失。因此，引种前应进行必要的技术咨询、培训，参加必要的养羊实践，才能保证羊群引得来，养得活，长得快，效益高。

（六）引种时间

从引种季节来说，气候较为适宜的季节是春、秋季，最好不在夏季引种，7～8月份天气炎热、多雨，不利于远距离运输。如果引种距离较近，不超过1天的时间，可不考虑引种的季节，一年四季均可进行。从引种用途来说，快速育肥羊一般周期为4～5个月，可以在每年的春季引种，秋季出栏；秋季引种，春季前后上市。从繁殖季节来说，引种的时间最好在秋末冬初，羊群发情高峰季节来临时。

羊群要达到体成熟、性成熟，次年春季产羔。为了使引入羊只在生活环境上的变化不至于过于突然，使机体有一个逐步适应的过程，在调运时间上应考虑两地之间的季节差异。如由温暖地区向寒冷地区引种羊，应选择夏季为宜，由寒冷地区向温暖地区引种应以冬季为宜。

（七）人员准备

对于新养殖户来说，应对所引进的品种进行全面的了解。没有经验者可邀请具有养羊经验的专业人员，让他们帮助选择出真正所需的种羊、苗羊，帮助把好质量关和价格关，并协助进行饲养、检疫、防疫、办理手续等。

（八）其他准备

对于较大规模的引种企业，还要做好饲养人员的招聘、培训、管理、财务、兽医人员的配备，人员分工和各项规章制度的建立，做到有法可依，有章可循，有条不紊，忙而不乱。

二、供种单位的选择

（一）选择供种单位

引进种羊、肉羊、苗羊时要对供种单位进行认真选择。引入国内品种时，一般要到该品种的主产地区的生产企业去引种；引入国外品种时，因为国外引进的肉羊等品种大都集中饲养在科研部门及育种场内，一般要直接到这些部门及育种场去引种。在缺乏对品种的辨别知识时，最好不要到主产地以外的地方去引种。目前网络、媒体供种单位较多，信息繁多，且虚假信息较多。对此，引种时要本着耳听为虚，眼见为实的原则，对供种单位进行必要的考察，对网络、媒体信息的真实程度认真对照。对那些以低价诱人，骗取抵押金的做法认真鉴别，不要一味贪图便宜而导致品种质量无法保证。

（二）考察供种单位

要严格按照相关法律法规的规定，从非疫区引进，所引种的种羊场必须具有种畜禽生产经营许可证和动物防疫合格证，引进的种羊要有检疫合格证和系谱档案。

引种前最好能多到几家种羊企业进行考察。首先要了解该种羊企业是否有《营业执照》，以及畜牧部门签发的《种畜禽生产许可证》《动物卫生防疫合格证》是否齐全，然后了解这些羊场的发展历史，种羊生产情况，推广销售情况，疫病状况，种羊、苗羊、肉羊价格，售后技术，销售服务等情况。经过认真考察，选择有实力、信誉好、质量佳、管理严格、售后服务完善的大型养羊企业引入种羊。

（三）签订引种合同

引种前，要与供种企业签订引种合同，把引进羊的品种、年龄结构、公母比例、数量、价格、时间及有关责、权、利等事项，用正式的合同文本形式确定下来。

三、羊群的选择

选择种羊时一般采用群体观察和个体挑选两个步骤。

（一）群体观察

首先对大群羊进行静态观察，主要观察精神、外貌、营养、肢势、呼吸、反刍状态。然后进行动态观察，观察羊群运动时头、颈、腰、背、四肢的状态。观察采食、咀嚼、吞咽时的反应，同时观察排粪时的姿势及粪便的颜色、气味等。

（二）个体挑选

对每一只羊进行精挑细选。优良个体应具备该品种的特征，如体型外貌、生产方向、生产特征、适应性，身体不应有其他缺陷。体况、背腰是否平直、四肢是否端正、蹄色是否正常及整体结构等。对引入品种来说，选择的个体是品种群中生产性能较高者，各项生产指标高于群体平均值，如剪毛量、毛长、体尺、体重、生长发育速度、产肉性能、板皮质量等。选择的个体还应无任何传染病，体质健壮，正常无受阻现象，四肢运动正常，精神饱满，颜面清秀，两眼有神，行动敏捷，体温 $38\sim39℃$，食欲旺盛，粪便呈豆状，被毛光亮，皮肤有弹性，鼻孔、嘴唇周围干净。母羊注意乳头整齐，发育良好，体高体长适中。公羊注意睾丸大小正常、无隐睾、单睾现象，有雄性。对于本身生产性能好的个体还要看父、母、祖父、祖母的生产成绩，特别是父、母的生产成绩。挑选时检查的项目主要有口腔黏膜、嘴唇、鼻面、眼圈、耳根部、四肢皮肤、蹄叉、蹄冠、胸腹部无毛或少毛处，乳房周围与尾根无毛处等有无溃疡、水疱、脓疱、疹块、结痂、龟裂，眼及眼结膜是否充血、潮红、苍白、发黄、紫绀、羞明流泪，鼻腔有无鼻液，粪水是否污染后躯，睾丸、阴户、乳房等器官是否发育不良。

要通过牙齿判断引进羊的年龄。幼年羊的牙齿颜色洁白，较小；成年羊的牙齿颜色发黄，较大。以牙齿鉴定羊的年龄主要看羊的下颚 4 对门齿，中间的一对切齿，切齿两侧的为内中齿，向外的为外中齿，最外的一对隅齿。羊在 1 岁半时，乳切齿换成永久切齿；2～2.5 岁中齿脱换；3 岁外中齿脱换；4 岁隅齿脱换；5 岁以后可根据齿间缝隙的大小、齿的磨损程度和齿的状况来判定；6 岁以上齿龈凹陷，牙齿向前斜出，齿冠变狭小；7～9 岁牙根活动并陆续脱落。

（三）选后标记

对于选定的羊只，可用塑料耳标、高锰酸钾溶液或喷漆等做好标记。挑选的种羊还应有种羊系谱卡片，详细记录羊只的。

（四）申报检疫

选好种羊后，必须到当地畜牧部门申报对羊群进行检疫，经检疫人员检疫后开具产地检疫证、出县境动物检疫合格证、非疫区证明、车辆消毒证明。获得证明后应核对证明的完整性和有效性，做到证物一致，填写规范，书写标准。

四、羊群安全运输

（一）运输时间

为了使引入羊只在生活环境上的变化不致过于突然，使机体有一个逐步适应的过程，在启运时间上要根据季节而定，尽量减少途中不利的气候因素对羊造成影响。如夏季运输应选择在夜间行驶，防止日晒。冬季运输应选择在白天行驶。一般春、秋两季是运输羊比较好的季节。

（二）料水准备

一般短距离运输（不超过 6 小时），途中不喂草料也可以，但要有水喝，运输前要准备好饮水盆、提水桶等。长距离运输，特别是火车运输时一定要准备好草（一般为青干草，鲜草因途中发热变质，羊不能采食），途中喂羊用的捆草绳、饲料、饲槽、水缸、水桶、水槽或水盆等。饲草的用量依运输距离、估计途中运输天数而定。饲草要用木栏和羊隔开，以防羊踩踏污染。

（三）应急准备

汽车押运一般一辆车有一个人员即可，火车押运时，一节车厢上应有两人。押运人员必须是有责任心、对羊饲养管理较为熟悉且有较好体力的人。随车应准备铁锹、扫帚、手电及常用药品（特别是外伤用药）等。

（四）运输方法

从车辆来说，主要有火车、汽车两种工具，羊属于中小型动物，一般以汽车运输为主。根据羊群数量、体重选择车辆型号，原则是宜大不宜小。根据经验，15 千克左右的羔羊 4 米长的车辆双层可以运输 100 只左右，9 米长的车辆可以运输 300 只左右。装车密度将种羊按性别、大小、强弱进行分群装车，不要太拥挤。车厢内应放些垫草或河沙，车厢最好能分成小格。从节约运费的角度考虑，可采用配货和使用专用车两种方式。配货车辆相对专用车辆费用要低，羊群数量较少时尽量选择配货。

（五）车辆要求

车辆的要求包括以下几个方面：一是车辆的大小和数量；二是车辆的消毒；三是装车时间、地点的确定；四是车辆上必要设施的配置准备。要求运输车辆车况良好，最好选择成色新、状况好的车辆，防止因车辆抛锚耽误行程，造成不必要的麻烦。车厢尽量大而高，备有帆布、顶篷、绳索。因为单纯运羊车辆容易亏吨，可将车辆用木棒、竹竿或钢管做成双层，达到节省运输费用的目的。在运羊前 24 小时，使用高效的消毒剂对车辆和用具进行 2 次以上的严格消毒。消毒后最好能空置 1 天再装羊，在装羊前再用刺激性较小的消毒剂彻底消毒 1 次。装车时要轻拿轻放，不可因为野蛮装卸造成羊群应激和损伤。

（六）装羊要点

装车前应当使羊空腹或半饱，不宜放牧后装车，以防羊的腹部内容物多，车上颠簸引起不良反应。装车时，车辆应停放在高台处，让羊能自动上车，上车速度不宜过快，以防互相拥挤造成挤伤、跌伤。在车厢马槽边沿处应放上木棒挡住空隙，防止羊蹄踩入造成骨折。每辆车上装羊的数量以羊能活动开为宜，太少易挤倒。太多时，体弱羊若被挤倒则很难站起，容易引起踩、踏伤或致死。若夏季运输时由于羊过多拥挤，通风散热不畅容易中暑。羊装上车后，要清点车内羊数。

（七）运输要点

无论公路运输或是铁路运输，都要求运输途中"快、稳、勤"。

快，就是要求尽量缩短途中运输时间，早到达目的地，途中做到人休息（司机轮流休息）车不休息，特别在夏季中午行车，车更不能停下，以防日晒拥挤造成羊中暑，而在车行驶中由于有风速加快散热，可减少中暑的可能。

稳，就是要求行车中车速要平衡，不能急加速或急减速、紧急制动，过坑和在路面不平的道路上行驶车速要慢，以防羊前后拥挤、踩踏和倒伏。长途运输车辆应尽量选择高速路行驶，避免堵车，要做到"先慢后快常停车"。开始慢，让羊尽量适应。运输途中要尽量匀速行驶，避免急刹车，一般每 1 小时左右要停车检查一下，对趴下的羊要及时拉起，防止踩、压，特别是山地运输更要小心。运输途中应注意选择没有停放其他运载动物车辆的地点就餐，绝不能与其他运羊车辆一起停放，停车时间越短越好。长途运输每辆车应配 2 名驾驶员，轮换开车，运输途中人歇车不歇，尽量缩短运输时间。

勤，就是要眼勤、腿勤和手勤，行车中跟车人员要勤观察车厢内羊只，发现挤倒的羊要随时扶起；路途中休息时清点羊数，给羊喂草、饮水，车厢太湿时要换垫草。热天运输时，车顶应敞开，车厢应透风，尽量在早、晚和夜间趁凉赶路，严防捂羊、压羊。冬季运输时，应盖好篷布，注意挡风保暖，防止羊群受凉感冒。运输路程远的，运羊途中应备足羊喜吃的草料和清洁的饮水。运输途中1天要给料2次，给水4～5次，特别是夏天更要给予充足的饮水。

五、隔离后合群

羊只引入后应隔离饲养20～30天，此期间应观察和检疫，确认健康后方可合群饲养。

（一）注意适应性

引种羊原产地的气候、地貌、植被、饲养管理水平等与本地环境相近，这样才能尽快适应本场环境，减少风土驯化时间。对于新培育品种或国外引进品种，要认真查阅资料，评价适应性，可适当少量试引以观察适应性。如果适应性较好，可以大批量引入推广。

（二）注意疫情控制

对引种单位要仔细考察羊群的健康状况，观察是否有咳嗽等症状。最好的办法是先选好羊，派人住在羊场，观察一段时间确认羊群健康后再付款启运。种羊到达后，必须先隔离2～3周才能进场混群饲养。

（三）注意引种季节

引种羊经过长途运输受到应激，需要恢复体质，适应新环境。如果在冬季引种，水冷草枯，气候恶劣，引种羊成活率低；夏季高温多雨，相对湿度大，羊又怕热和潮湿，夏季放牧和运输都易发生中暑，所以春季和秋季最适宜引种。

（四）风土驯化与适应性锻炼

风土驯化是指引进新品种适应新环境条件的复杂过程，使其能在新的环境条件下正常地生长发育、生存、繁殖，并保持其原有的基本特征和特性。适应性锻炼是指在人工改变条件下，使羊逐渐适应于当地的生态条件、放牧条件、饲养管理条件及提高抗病能力。

风土驯化与适应性锻炼包括以下几个方面。

① 改变饲养管理条件，创造适宜引入品种的环境条件，达到平稳过渡到适应的目的。

② 加强对引入品种个体的适应性锻炼，使引入个体本身在新的环境条件下直接适应。

③ 加强选育，定向改变遗传基础，保持生产性能不减或有提高。

风土驯化和适应性锻炼，是引种与保种的基本措施，但是并不是所有引入品种经风土驯化都能正常生产，主要原因是环境变化巨大，已远远超过引入品种对环境的最大适应范围，从而造成了引种的失败和经济的损失。所以引种一定要因地制宜，慎重行事。

第三节　引进肉羊品种的利用

品种是进行生产的资本和前提，引种是手段，利用才是目的。没有好的品种就没有好产品和经济效益；不利用引进品种产生高的效益，那就失去了引种的意义。

一、品种的利用方式

（一）直接利用

我国的地方良种以及培育成的品种都有较高的生产性能，或某一方面具有较突出的生产用途，它们在对当地自然条件和饲养管理条件下有良好的适应性，且已具有一定的数量，因此，这些品种均可以直接利用生产畜产品。但是由于引入品种数量较少，必须搞好纯繁扩群和保种工作，以便进行大面积推广应用。

（二）间接利用

对引入品种利用的最终目的是使当地品种吸收外来品种的血缘和优良基因，以大面积提高生产性能。这种利用方式不仅在于它本身的生产成绩，而在于对群体的影响效果，故称为间接利用。

1. 培育新品种

利用引入的优良品种和本地品种进行杂交改良，通过选种选育改变本地羊的生产方向，提高羊的生产性能，使之成为和引入品种生产方向一致或相似、具有稳定遗传和一定数量的类群或品种。

2. 改善、提高原有品种的生产性能

本地羊原有生产方向和性能基本上能满足社会的需求，但在某些方面仍有不足之处，通过本品种选育难达到理想性能时，可导入外来优良品种血缘，引进优良基因，从而达到提高生产性能的目的。如东北细毛羊、新疆细毛羊引入澳大利亚美利奴羊血缘后，显著地提高了原有品种的产毛性能和羊毛品质。

3. 开展经济杂交，利用杂种优势提高原有品种的生产水平

这种方式特别在肉羊生产中应用相当广泛。一般是利用本地品种耐粗饲、适应性强和外来肉羊品种生长发育快、肉品质好的特点，通过杂交，使杂种羊兼备外来种或引入种的优势，生产出明显高于本地羊生产性能的个体和较好的肉用羊品种。

二、提高品种利用效果的途径

（一）纯繁扩群，选育提高

一般由于经济实力和其他条件的限制，不可能引入大量的个体，而只是极少数地引入，但生产上所需用的则是更多的优良个体。因此，对引入品种一定要纯繁扩群，在纯繁过程中选育提高，并为生产提供更多的个体。纯繁扩群一定要按照育种理论和实际情况，保持适度群体数量，控制近交系数的过快增加，以防近交退化。

（二）以科学试验为基础，边研究边推广

引入品种对本地品种的改良效果如何，或引入品种对原有品种生产性能的提高程度如何，是否达到原来引种的设想，这要通过一系列试验工作。先试验后推广，先场内后场外，由点到面逐步总结经验和推广，这样才不会使引种利用走弯路，也才能充分合理地利用引入品种。

（三）运用科技手段，提高利用率

对引进的种羊采用不同的利用方式，利用效果截然不同。如在自然交配下公羊、母羊比例为（1：25）～（1：30）；若采用人工授精技术，则配种能力可达（1：500）～（1：1000），减少了种公羊的数量，提高了利用率，扩大了使用面。若采用同期发情及人工授精、胚胎分割、胚胎移植等生物技术，可使种羊的利用率大大提高。

（四）正确选择最佳的选配方案，最大限度地提高生产性能和间接效益

在羊肉生产中，最普遍的是应用杂种优势进行生产。但是由于父本和母本本身的适应性及生产性能不同，或不同父本间存在某些优势，选择最佳的杂交组合程序，才会充分发挥杂种优势的作用，生产更好的产品。一般来说，在肉羊生产中，以适应性强、产羔多、母性好、数量多的品种作为母本品种，以生长速度快、饲料报酬高、体大、生产性能和肉质好的品种作为父本，这样在杂交后代中才会表现出具有父本、母本品种特性的优良个体。若进行多元杂交，还要考虑终端父体，这样才能充分发挥引入品种的作用。

三、杂交利用

（一）杂种优势

根据国内外羊肉生产经验，羊肉生产主要是利用不同品种的经济杂交所产生的杂交优势。杂交优势是指不同的种群（品种、品系或其他种用类群）的家畜杂交所产生的杂种，往往在生活力、生长势和生长性能等方面，表现在一定程度上优于其亲本群体的现象。这是普遍现象，但并不一定杂交就可以产生杂种优势，还存在不同品种间的配合力问题，一般将生长发育快、体型大、饲料报酬高、产肉性能和胴体品质好的公羊作为杂交父本，将适应性好、繁殖力高、群体数量多的品种作为杂交用的母本，希望通过杂交将父本、母本的生产优势发挥出来，产生高于亲本的生产效益。杂种优势的

大小用杂种优势率表示：

$$\text{杂种优势率 } H = \frac{F_1 - P}{P} \times 100\%$$

式中，F_1 代表杂种群体的平均生产水平；P 代表亲本种群的平均生产水平。杂种优势率反映的是杂种群体的生产水平高于双亲群体的生产水平平均值的百分率。

根据有关的试验资料得知，通过经济杂交所产生的杂种优势率是：产羔率为 20%～30%，增重率为 20%，羔羊的成活率为 40%，产毛量最高为 33%。产肉量：两个品种杂交提高 12%，到 4 个品种时，每增加一个品种可提高 8%～20%。杂种优势率的大小取决于以下几方面：一是品种的纯度要高，群体的变异性小；二是品种的性状优良；三是杂交用的父本和母本的差异要大；四是要有好的饲养管理环境，有利于杂种优势的发挥。

（二）经济杂交的方式

在肉羊的生产中，品种杂交的目的是提高群体的生产水平和增加经济效益，而不是为了培育新的品种，所以称为经济杂交。经济杂交依参加杂交的品种数分为二元杂交（简单杂交）和多元杂交。

1. 二元杂交

在我国肉羊品种比较缺乏的情况下，普遍采用的是二元杂交。即用肉用种公羊和我国的本地母羊杂交，利用杂种优势生产羊肉。这种杂交方式所产生的公羔作为育肥生产用，母羔则继续用公羊级进杂交。产生杂种二代、三代等渐渐使杂种后代的生产性能和父本接近或有所提高。

2. 多元杂交

多元杂交是指有三个以上的品种参加的经济杂交。多元杂交依公羊使用状况可分为终端杂交和轮回杂交。

（1）终端杂交　是指在多元杂交中，存在有最后（终端）的父本品种，最终的杂种群体全部作为生产群体，即所有的最终杂种群体无论公母羊全部育肥屠宰。在终端杂交过程中，要考虑到各个父本品种的使用先后顺序，一般把最能体现产肉优势的品种作为终端父本，以便获得最大的杂种优势率。如三元杂交是用两个父本品种和一个母本品种的羊进行杂交。一般的杂交程序是，先用一个父本品种和母羊进行杂交，杂种公羊作为生产群体利用，杂种母羊与终端父本进行杂交，杂种群体作为生产群体使用。

（2）轮回杂交 是指用2个以上的不同品种进行杂交。在每代杂种后代中，只用优良母畜依序轮流再与亲本品种的公畜回交，以便在每代杂种后代中继续保持和充分利用杂种优势，杂种公羔全部育肥屠宰。

（三）杂交组合

1. 杂交父本的选择

应选择生长快、饲料转化率高、产肉性能好而经过高度选择与培育的品种、品系或种用类群作为杂交父本。因为这些性状的遗传力较高，而且容易遗传给后代。在肉用山羊生产中，我国目前可供选择作为杂交父本的品种有波尔山羊、南江黄羊、努比亚羊等。

2. 杂交母本的选择

应选择本地区数量多、适应性强、繁殖力高、母性好、泌乳力强的山羊品种、类群或品系作为杂交母本。因为母本需要的数量大，适应性强，容易在本地区推广，繁殖力高，可以生产大量的商品肉羊；母性好、泌乳力强这关系到杂种后代在哺乳期的成活和发育，直接影响杂种优势的表现。

3. 杂交组合

肉羊生产要达到集约化、规模化及专业化的目标，饲养的肉羊应具有生长快、产肉性能好、饲料转化率高等特点。根据目前国内山羊品种现状，引入了世界优秀肉羊品种波尔山羊，但我国地域辽阔，地形地貌类型差异大，仅靠少数几个品种推广或改良是有限的。参照国内外发展肉山羊生产的经验，应因地制宜，研究适合本地情况的杂交组合方式，并推广肥羔生产技术，以建立优质高产的肉羊生产新途径。

要筛选出最佳的杂交组合，需要进行配合力测定，对杂交效果进行预测，并相互比较。在杂交工作中应注意以下问题。

（1）在实际生产中，杂交组合中每增加一个品种，对肉用山羊的繁育体系要求更高，并需要建立杂种母羊群，这在规模化、集约化生产中才能做到。因此应根据当地条件确定杂交组合。

（2）由于优良品种往往饲养条件要求较高，适应性较差。应适当控制杂交代数，以充分发挥杂种优势。

（3）在进行杂交效果比较时，最好在相同条件下比较不同杂交组合的饲喂效果，以确定适合本地区的最佳组合方式。

（4）加强杂交母本的选育。杂交优势来自父、母本双方，父本一般都有种羊场或繁殖基地不断选育提高，而母本的选育往往易忽视，因此应加强本地山羊的选种选配，以保持其优良特性。

四、肉羊的人工授精技术

人工授精技术是先用器械采取公羊的精液，经过精液品质检查和一系列处理后，再用器械将精液输入到发情母羊生殖道内，以达到使母羊受精妊娠的目的。此法优点是可大大提高优秀种公羊的利用率，节约大量种公羊的引进饲养费用，加速羊群的遗传进展，并可防止疾病的传播。

根据精液保存方法，可分为两类。

（1）鲜精人工授精技术，有两种方法。

① 鲜精或 1∶（2～4）低倍稀释精液人工授精技术　1只公羊一年可配母羊 500～1000 只，比用公羊本交提高 10～20 倍。用这种方法，将采出的精液不稀释或低倍稀释，立即给母羊输精，它适用于母羊季节性发情较明显，而且数量较多的地区。

② 精液 1∶（20～50）高倍稀释人工授精技术　1只公羊一年可配种母羊 1万只以上，比本交提高 200 倍以上。

（2）冷冻精液人工授精技术。即把公羊精液常年冷冻贮存起来，如制作颗粒或细管冷冻精液。1只公羊一年所采出的精液可冷冻 1万～2万粒颗粒，可配母羊 2500～5000 只。此法不会造成精液浪费，但受胎率较低（30%～40%），成本高。

（一）采精种公羊选择与管理

1. 种公羊的选择

种公羊应选择个体等级优秀，符合种用要求，年龄在 2～5 岁龄，体质健壮、睾丸发育良好、性欲旺盛的种羊。正常使用时，精子的活力在 0.7～0.8，畸形精子少，正常射精量为 0.8～1.2 毫升，密度中等以上。

2. 种公羊的管理

放牧饲养时，要选派责任心强、有放牧经验的放牧员放牧，每天的放牧距离不少于 7.5 千米。种公羊要单独饲养，圈舍宽敞、清洁干燥、阳光充分、远离母羊圈舍。饲料应多样化，保证青绿饲料和蛋白质饲料的供给。配种季节，每天保证喂给 2～3 个新鲜的鸡蛋（带壳喂给）。

3. 种公羊采精调教

有些初次配种的公羊，采精时可能会遇到困难，此时可采取以下方法进行调教。一是观摩诱导法。即在其他公羊配种或采精时，让被调教公羊站在一旁观看，然后诱导它爬跨。二是睾丸按摩法。即在调教期每日定时按摩睾丸 10～15 分钟，经几天后则会提高公羊性欲。三是发情母羊刺激法。用发情母羊做台羊，将发情母羊阴道黏液或尿液涂在公羊鼻端，刺激公羊性欲。四是药物刺激法，即对性欲差的公羊，隔日每只注射丙睾丸素 1～2 毫升，连续注射 3 次后可使公羊爬跨。

（二）器材准备

凡供采精、检查、输精及与精液接触的器械和用具，均应清洗干净，再进行消毒。尤其是新购的器械，应细心擦去上面的油质，除去一切积垢。器械和用具的洗涤，应用 2%～3% 小苏打热溶液，洗涤时可用试管刷、手刷或纱布。经过上述方法处理的器械、用具，再分别进行煮沸、酒精及火焰消毒。

假阴道用 2%～3% 的小苏打溶液洗涤后再用温开水冲洗数次（尤其要把内胎上的凡士林及污垢洗干净）后用消毒纱布擦干，再用 70％的酒精消毒，当酒精气味挥发完后用 1％的盐水棉球擦洗 2～3 次，即可使用，不用时要用消毒纱布盖好。

集精瓶、输精器、吸管、玻璃棒、存放稀释液和生理盐水等玻璃器皿应煮沸消毒后擦干，一般煮沸时间为 15～20 分钟，临用前再用 1％的盐水冲洗 3～5 次。在操作过程中循环使用的集精瓶、输精器等器械，可用 1％的盐水冲洗数次后继续使用，最好不要与酒精接触。金属开膣器、镊子、瓷盘、瓷缸等均用酒精或酒精火焰烧烤。水温计每次操作前先用酒精消毒，酒精挥发后再用盐水棉球擦洗数次。凡士林每天煮沸消毒一次，每次为 20 分钟。70％酒精、1％氯化钠溶液、碳酸氢钠溶液、各种棉球置于广口玻璃瓶内备用。种公羊精液品质检查表、母羊配种记录表、精液使用登记表、日常事务记录等准备完备。

（三）采精

1. 假台羊准备

选择发情好的健康母羊作台羊，后躯应擦干净，头部固定在采精架上（架子自制，离地一个羊体高）。训练好的公羊，可不用发情母羊作台羊，还可用公羊作台羊、假台羊等都能采出精液来。

2. 种公羊准备

种公羊在采精前，用湿布将包皮周围擦干净。

3. 安装假阴道

将内胎用生理盐水棉球或稀释液棉球从里到外擦拭一遍，在假阴道一端扣上集精瓶（也要消毒后用生理盐水或稀液冲洗，在气温低于 25℃时，夹层内要注入 30～35℃温水）。从外壳中部的注水孔注入 150 毫升左右的 50～55℃温水，拧上气卡塞，套上双连球打气，使假阴道的采精口形成三角形，并拧好气卡。最后把消毒好的温度计插入假阴道内测温，温度以 39～42℃为宜，在假阴道内胎的前 1/3 涂抹稀释液或生理盐水作润滑剂，便可用于采精。

4. 采精操作

将公羊腹部的粪便杂质用毛巾或纱布擦拭干净。采精员蹲在台羊右侧后方，以右手将假阴道横握，使假阴道与母羊臀部的水平线呈 35°～40°，口朝下，当公羊爬上母羊身上时，不要使假阴道外壳或手碰着公羊的阴茎、龟头，以左手将阴茎轻快导入假阴道内，让公羊自行抽动，握紧假阴道不动，射精后，立即将假阴道口朝上倾斜放气，取下集精瓶，加盖送到检查室。

5. 采精应注意的问题

采精的时间、地点和采精员要固定，有利于公羊养成良好的条件反射。采精次数要合理，种公羊每天可采精 1～2 次，特殊情况可采 3～4 次。二次采精后休息两小时，方可进行第三次采精。为增加公羊射精量，不应让公羊立即爬跨射精，应先让公羊靠近数分钟后再让爬跨，以刺激公羊的性兴奋。要一次爬跨即能采到精液。多次爬跨虽然可以增加采精量，但实际精子数增加的并不多，容易造成公羊不良的条件反射。保持采精现场安静，不要影响公羊性欲。应注意假阴道的温度。

（四）精液品质检查

1. 肉眼观察

公羊的正常射精量为 1.0 毫升，范围是 0.5～2.0 毫升。正常精液为乳白色，无味或略带腥味，凡带有腐败味，出现红色、褐色、绿色的精液均不可用于输精。用肉眼观察精液，可见由于精子活动所引起的翻腾滚动、极似云雾的状态，精子密度越大、活力越强，则云雾状越明显。

2. 精子活率检查

原精液活率一般可达 0.8 以上。检查方法是：在载玻片上滴原精液或稀释后的精液 1 滴，加盖玻片，在 38℃ 温度下显微镜（可按显微镜大小自制保温箱，内装 40 瓦灯泡 1 只）检查。精子活率是以直线前进运动精子百分率为依据的，通常用 0.1～1.0（即 10%～100%）的十级评分法表示。

3. 密度检查

正常情况下，每毫升羊精液中含精子数为 30 亿个，范围是 10 亿～50 亿个。在检查精子活率的同时进行精子密度的估测。在显微镜下根据精子稠密程度的不同，一般将精子密度评为"密""中"

"稀"三级，其中，"密"级为精子间空隙不足一个精子长度，"中"级为精子间空隙有1～2个精子长度，"稀"级为精子间空隙超过2个精子长度以上，"稀"级不可用于输精。

（五）精液处理

1. 精液低倍稀释法

此法适用于短时间内就近输精的精液处理，不需降温保存。

建议使用奶类稀释液，即用鲜牛奶或鲜羊奶，煮沸消毒，冷却，用4～5层纱布过滤（除去奶皮）后即可使用。稀释方法是：按原精液的2～4倍稀释，即把稀释液加温到30℃，再缓慢加到原精液中，摇匀后即可使用。

2. 精液高倍稀释法

可选择以下两种稀释液进行稀释。

稀释液一：葡萄糖3克，柠檬酸钠1.4克，EDTA-二钠（乙二胺四乙酸二钠）0.4克，加蒸馏水至100毫升，溶解后水浴煮沸消毒20分钟，冷却后加青霉素10万单位，链霉素0.1克。若再加10～20毫升卵黄，可延长精子存活时间。

稀释液二：葡萄糖5.2克，乳糖2.0克，柠檬酸钠0.3克，EDTA-二钠0.07克，三羟甲基氨基甲烷0.05克，蒸馏水100毫升，溶解后煮沸消毒20分钟，冷却后加庆大霉素和5毫升卵黄。

分装保存有两种方法：一是小瓶中保存，即把高倍稀释精液，按需要量（数个输精剂量）装入小瓶，盖好盖，用蜡封口，包裹纱布，套上塑料袋，放在装有冰块的保温瓶（或保存箱）中保存，保存温度为0～5℃；二是塑料管中保存，即在精液以1：40倍稀释时，以0.5毫升为一个输精剂量，注入饮料塑料吸管内（剪成20厘米长，紫外线消毒），两端用塑料封口机封口，保存在自制的泡沫塑料的保存箱内（箱底放冻好的冰袋，再放泡沫塑料隔板，把精液管用纱布包好，放在隔板上面，固定好）盖上盖子，保存温度大多在4～7℃，最高到9℃，精液保存10小时内使用。这种方法，可不用输精器，经济实用。无论哪种包装，精液必须固定好，尽可能减轻振动。

(六) 输精

1. 母羊发情鉴定

母山羊发情外部表现较明显，发情时发出叫声，食欲减退，兴奋不安，对外界刺激反应敏感，摇头摆尾，有交配欲，喜欢接近公羊，在公羊追赶爬跨时常站立不动，让公羊交配；阴门肿大，流出黏液。用试情公羊进行试情，发情母羊接受公羊爬跨，站立不动，或母羊围着公羊旋转，并不断摇尾。

2. 输精量确定

原精液输精每只羊每次输精 0.05～0.1 毫升，低倍稀释为 0.1～0.2 毫升，高倍稀释为 0.2～0.5 毫升，冷冻精液为 0.2 毫升以上。输精操作时，母羊采取倒立保定法，保定人将母羊头夹紧在两腿之间，两手抓住母羊后腿，将其提到腹部，保定好不让羊动，母羊成倒立状。用湿布把母羊外阴部擦干净，即待输精。此法没有场地限制，任何地方都可输精。

3. 输精方法

(1) 子宫颈口内输精法　将经消毒后在 1% 氯化钠溶液浸涮过的开膣器装上照明灯 (可自制)，轻缓地插入阴道，打开阴道，找到子宫颈口，将吸有精液的输精器通过开膣器插入子宫颈口内，深度约 1 厘米。稍退开膣器，输入精液，先把输精器退出，后退出开膣器。进行下只羊输精时，把开膣器放在清水中，用布擦去粘在上面的阴道黏液和污物，擦干后再在 1% 氯化钠溶液浸涮过；用生理盐水棉球或稀释液棉球，将输精器上粘的黏液、污物自口向后擦去。

(2) 阴道底部输精法　将装有精液的塑料管从保存箱中取出 (需多少支取多少支，余下精液仍盖好)，放在室温中升温 2～3 分钟后，将管子的一端封口剪开，挤 1 小滴镜检活率合格后，将剪开的一端从母羊阴门向阴道深部缓慢插入，到有阻力时停止，再剪去上端封口，精液自然流入阴道底部，拔出管子，把母羊轻轻放下，输精完毕。

第二章 肉羊饲料的安全生产技术与管理

第一节 肉羊常用饲料

一、牧草

（一）豆科牧草的营养特性

豆科牧草所含的营养物质丰富、全面。特别是干物质中粗蛋白质占 12%～20%，含有各种必需氨基酸，蛋白质的生物学价值高，钙、磷、胡萝卜素和维生素都较丰富。豆科牧草的青草粗纤维的含量较少，柔嫩多汁，适口性好，容易消化。无论青草还是干草，都是羊最喜欢采食的牧草之一。

1. 苜蓿草

苜蓿属的植物在世界上共有 60 多种。其中具代表性的草种有：紫花苜蓿、黄花苜蓿、金花菜等，紫花苜蓿的种植面积较广，适应性强、产量高、品质好、适口性好称为苜蓿之王。苜蓿干草中含粗蛋白质在 18% 左右，是各类家畜的上等饲料，苜蓿为多年生植物，每年能收割 2～4 次，每 667 平方米可产鲜草 3000～5000 千克。人工种植的苜蓿主要用于刈割，用作青草和晒制干草，但不宜用作放牧地。这是因为苜蓿地用作放牧地时，一是家畜踩踏严重，牧草浪费较大。二是苜蓿中含有一种有毒物质——皂素（皂），在青饲料或放牧采青中容易使羊中毒，发生瘤胃臌气，抢救不及时会造成死亡。特别是幼嫩苜蓿，空腹放牧和雨后放牧更容易中毒，发病快，死亡率高。

2. 黄芪属牧草

黄芪属牧草又名紫云英属，世界上约有 1600 种，其主要的代表品种有紫云英、沙打旺、百脉根、柱花草等。在我国栽培的主要有南方的紫云英、北方的沙打旺。

紫云英又名红花草，在我国的南方种植较广泛，紫云英牧草产量高，蛋白质含量丰富，且富含各种矿物质元素和维生素，鲜嫩多汁，适口性好。鲜草的产量一般为每 667 平方米 1500～2500 千克，一年可收割 2～3 次。现蕾期牧草的干物质中的粗蛋白质的含量很高，可达 31.76%；粗纤维的含量较低只有 11.82%。紫云英无论是青饲、青贮和干草都是羊较好的饲草。

沙打旺又名直立黄芪、薄地草、麻豆秧、苦草。其生长迅速，产量高，再生力强，耐干旱，适应性好，是饲料、固沙、水土保持的优良牧草品种。在我国北方地区的河北、河南、山东、陕西、山西、吉林等地广泛栽培。一般每 667 平方米可产鲜草 2100～3000 千克，高的可达 5000 千克左右。沙打旺茎叶鲜嫩，营养丰富，干物质中粗蛋白质的含量可达 14.55%。无论青饲还是青贮、干草都是羊较好的饲草。

3. 红豆草

红豆草是一个古老的栽培品种，在我国许多地方都有种植，具有产草量高、适口性好、抗寒耐旱和营养价值高的特点，饲喂牛羊不会产生臌胀病，饲喂安全，是羊喜食的牧草品种。红豆草为多年生牧草，寿命为 7～8 年，为种子繁殖。产草高峰在第二至第四年。在合理的栽培管理下可维持 6～7 年的高产。有关资料表明，红豆草第一年至第七年每 667 平方米的产量分别为 1633.4 千克，2865 千克，3666.8 千克，3444.2 千克，3133.4 千克，2700.1 千克，1667.5 千克，每年刈割三次。粗蛋白质的含量为 14.45%～24.75%，无氮浸出物的含量为 37.58%～46.01%，钙的含量较高，在 1.63%～2.36%之间。

（二）禾本科牧草的营养特性

禾本科牧草种类很多，是羊的主要采食牧草。因其分布广，在所有牧草中占有非常重要的位置，其粗蛋白质含量低；但良好的禾本科牧草营养价值往往不亚于豆科牧草，富含精氨酸、谷氨酸、赖氨酸、聚果糖、葡萄糖、果糖、蔗糖等，胡萝卜素含量亦高。

1. 黑麦草

黑麦草在世界上有二十多种，其中有经济价值的为多年生黑麦草和一年生黑麦草。黑麦草在我国南方各地试种情况良好，在我国北方也有种植。黑麦草生长快，分蘖多，繁殖力强，刈割后再生能力强、耐牧，茎叶柔嫩光滑，适口性好，营养价值高，是羊较好的饲草。黑麦草喜湿润性气候，宜在夏季凉爽、冬季不过于寒冷的地方栽培，一般年降水量在 500～1000 毫米的地区均可种植，每 667 平方米的播种量为 1～1.5 千克。黑麦草的产量较高，春播当年可刈割一次，翌年盛夏可刈割 2～3 次，每 667 平方米总产量为 4000～5000 千克，在土壤条件好的牧地可产鲜草 7500 千克以上。用黑麦草喂羊时，应在抽穗前刈割。在我国中部及北部一年一熟的农业种植地区可推行以黑麦草-大豆，黑麦草-玉米，黑麦草-油葵等种植制度，这样不仅可以解决羊春季的饲草，还可以实现一年两熟制，提高农田单位面积的生物总产量。

2. 无芒雀麦

无芒雀麦又名雀麦、无芒麦、禾萱草，为世界最重要的禾本科牧草之一，在我国的东北、西北、华北等地均有分布。无芒雀麦是一种适应性广、生活力强、适口性好、饲用价值高的牧草，也是一种极好的水土保持植物，并耐旱，为禾本科牧草中抗旱最强的。无芒雀麦属多年生牧草，有地下茎，能形成絮结草皮，耐践踏，再生力又强，刈、牧均宜，是建立打草场和放牧场的优良牧草。无芒雀麦春季生长早，秋季生长时间长，可供放牧时间长，采用轮牧较连续放牧对草地的利用效果要好。无芒雀麦每667平方米的播种量为1～2千克，每年可收割两次，每667平方米可产青草3000千克。在营养生长期，干物质中的粗蛋白质的含量为20.4％，抽穗期的粗蛋白质含量为14％；种子成熟期的粗蛋白质含量较低，为5.3％。

3. 羊草

羊草又名碱草，是我国北方草原地区分布很广的一种优良牧草。在东北、内蒙古高原、黄土高原的一些地方，羊草多为群落的优势种或建群种。羊草由于适应性强、饲用价值高、容易栽培、抗寒耐旱耐盐碱、耐践踏，是我国重点推广的优良牧草品种。它既能有性繁殖，又能无性繁殖。有性繁殖靠种子播种每667平方米播种量为2.5～3.5千克。无性繁殖靠根茎的伸长的新芽，由芽长成新株，形成大片密集群丛。羊草主要供放牧和割草用。晒制的干草品质优良，干物质中粗蛋白质的含量为13.53％～18.53％，无氮浸出物为22.64％～44.49％，是冬季很好的饲草。干草的产量因条件不同差别很大，在肥水充足、管理良好的条件下，每667平方米可产干草250～300千克，最高的可达500千克（鲜草1700～2000千克）。

4. 披碱草

披碱草又名野麦草，广泛分布于我国的东北、西北、华北等地区成为草原植被中重要组成部分，有时出现单纯的植被群落，是我国主要的禾本科牧草品种之一。具有适应性强、抗旱、耐寒、耐瘠、耐碱、耐涝等特点。披碱草为多年生植物，利用期为4～5年，其中以第二、第三年长势最好，产量最高；第四年以后生长逐渐衰退，产量下降。披碱草在春夏秋冬都可播种，播种前需将种子脱芒，每667平方米的播种量为1～2千克。披碱草可供放牧和刈割晒制干草，每年割1～2次，每667平方米可产干草200～300千克，干草中粗蛋白质的含量为7.45％，无氮浸出物为33.79％。

5. 象草

象草又名紫狼尾草，是一种高秆牧草品种，株高可达2米以上，是我国南方主要种植的牧草品种之一。象草具有产量高、管理粗放、利用期长、适口性好的特点，是羊青饲料的主要来源之一。象草的生长期为 3～4 年，生长期长，刈割次数多，在生长旺期，每隔 20～30 天刈割一次。一般每 667 平方米可产鲜草 1500～2500 千克，干草中粗蛋白质的含量为 10.58％，无氮浸出物为 44.7％。

（三）菊科牧草的营养特性

菊科牧草主要有普那菊苣。普那菊苣是新西兰 20 世纪 80 年代初选育的饲用植物新品种。山西省农业科学院畜牧兽医研究所于 1988 年率先引进，1997 年全国牧草品种审定委员会评审认定为新品种，品种登记号为 182。该品种为多年生草本植物，生长速度快，产量高，每 667 平方米可产鲜草 6000～10000 千克。开花初期含粗蛋白质为 14.73％，适口性好，羊非常喜欢吃。

二、秸秆类饲料

1. 玉米秸秆

玉米是我国种植面积较广的农作物品种，玉米秸秆以收获方式分为收获籽实后的黄玉米秸秆或干玉米秸秆，籽实未成熟即行青刈的青刈玉米秸秆。青刈玉米秸秆的营养价值高于黄玉米秸秆，青嫩多汁，适口性好，胡萝卜素含量较多，为 3～7 毫克/千克，可青喂、青贮和晒制干草供冬春季饲喂。青刈玉米秸秆干草中粗蛋白质的含量为 7.1％，粗纤维为 25.8％，无氮浸出物为 40.6％。黄玉米秸秆具有光滑的外皮，质地坚硬，粗纤维含量较高，维生素缺乏，营养价值较低，粗蛋白质的含量为 2％～6.3％，粗纤维的含量为 34％左右。由于羊对饲料中粗纤维的消化能力较强，消化率在 65％左右，对无氮浸出物的消化率亦在 60％左右，且玉米的种植面积广，秸秆的产量高，所以玉米秸秆仍为舍饲羊的主要饲草之一。生长期短的春播玉米秸秆比生长期长的玉米秸秆粗纤维含量少，易消化。同一株玉米，上部比下部的营养价值高，叶片较茎秆营养价值高，玉米秸秆的营养价值又稍优于玉米芯。

2. 稻草

稻草是我国南方农区主要的饲料来源，其营养价值低于麦秸。

粗纤维的含量为 34% 左右，粗蛋白质的含量为 3%～5%。稻草中含硅较高，达 12%～16%，因而消化率低，钙质缺乏。单纯喂稻草效果不佳，应进行饲料的加工处理。

3. 麦秸

麦类秸秆是难消化，质量较差的粗饲料。小麦秸是麦类秸秆中产量较高的秸秆饲料，小麦秸秆粗纤维的含量较高，并有难利用的硅酸盐和蜡制。羊单纯采食麦秸类饲料，饲喂效果不佳，容易"上火"（有的羊饲用麦秸后口角溃疡，群众俗称"上火"）。在麦秸中燕麦秸、荞麦秸的营养价值高，适口性也好，是羊的好饲料。

4. 谷草

谷草是粟的秸秆，也就是谷子的秸秆，质地柔软厚实，营养丰富，可消化粗蛋白质及消化总养分较麦秸、稻草高，在禾谷类饲草中，谷草的主要用途是制备干草，供冬春季饲用，是骡、马的优质饲草。但对羊来说长期饲喂谷草不上膘，有的羊可能消瘦，按群众的说法：谷草属凉性饲草，羊吃了会拉膘（即掉膘）。

5. 豆秸

豆秸是各类豆科作物收获籽实后的秸秆的总称，它包括大豆、黑豆、豌豆、蚕豆、豇豆、绿豆等的茎叶，它们都是豆科作物成熟后的副产品。豆秸在收获后，叶子大部分已凋落，即使有一部分叶子也已枯黄，茎也多木质化，质地坚硬，粗纤维含量较高，但粗蛋白质含量和消化率较高仍是羊的优质饲料。在籽实收获的过程中，经过碾压，豆秸被压扁，豆荚仍保留在豆秸上，这样使得豆秸的营养价值和利用率都得到提高。青刈的大豆秸叶的营养价值近似紫花苜蓿。在豆秸中，蚕豆秸和豌豆秸的蛋白质的含量最多，品质最好。

6. 花生藤、甘薯藤及其他蔓秧类

花生藤和甘薯藤都是收获地下产品后的地上茎叶部分，这些藤类虽然产量不高，但茎叶柔软，适口性好，营养价值和采食率、消化率都高。花生藤、甘薯藤干物质中粗蛋白质的含量分别为16.4% 和 26.2%，是羊极好的饲草。其他蔓秧类如西红柿秧、茄子秧、南瓜秧、豆角秧、豇豆藤等藤秧类，无论从适口性还是从营养价值方面都是羊的好饲草，应当充分利用。

三、精饲料

精饲料是富含无氮浸出物与消化总养分，粗纤维低于 18％的饲料。这类饲料含蛋白质有高有低，包括籽实类饲料及油饼、磨房工业副产品。

（一）谷实类饲料（能量饲料）

能量饲料是主要利用其能量的一些饲料。其蛋白质含量低于20％，含粗纤维低于 18％，能量饲料的主体是谷物饲料。有些蛋白质补充料含有较高的能量，也是能量饲料的范畴，但由于其主要的营养特点是蛋白质的含量高，用于饲料中的蛋白质补充，故划分在蛋白质饲料类。

谷实类饲料是精饲料的主体，含大量的碳水化合物（淀粉含量高），粗纤维的含量少，适口性好，粗蛋白质的含量一般不到10％，淀粉占 70％左右，粗脂肪、粗纤维及灰分各占 3％左右，水分一般占 13％左右。由于淀粉含量高，故谷实类饲料又称为能量饲料。能量饲料是配合饲料中最基本的和最重要的饲料，也是用量最大的饲料，谷实类饲料在羊所采食的饲料（包括草）中虽占的比例不大，但却是羊最主要的补饲饲料。谷实类饲料的饲用方法一般是稍加粉碎即可，不宜过细，以免影响羊的反刍。最常用和最经济的谷实类饲料有以下几种。

1. 玉米

玉米是谷实类饲料中的代表性饲料，是所有精饲料中应用最多的饲料。玉米产量高，适口性好，营养价值也高。玉米干物质中粗蛋白质的含量在 7％左右，粗纤维的含量仅为 1.2％，无氮浸出物高达 73.9％；消化能也高，大约为每千克 15 兆焦。但玉米所含的蛋氨酸、胱氨酸、钙、磷、维生素较少，在饲料的配制中应和其他饲料配合，使日粮营养达到平衡。

2. 高梁

高梁是重要的精饲料，营养价值和玉米相似。主要成分为淀粉，粗纤维少，含钙少，含磷多，可消化养分高，粗蛋白质的含量为 $7\%\sim8\%$，但质量差，含有单宁，有苦味，适口性差，不易消化；烟酸含量多，并含有鞣酸，有止泻作用，饲喂量大时容易引起便秘。

3. 大麦

大麦是一种优质的精饲料，其饲用价值比玉米稍佳，适口性好。饲料中的粗蛋白质含量为 12%，无氮浸出物占 66.9%，氨基酸的含量和玉米差不多，钙、磷的含量比玉米高，胡萝卜素和维生素 D 不足，硫黄素多，核黄素少，烟酸的含量丰富。

4. 燕麦

燕麦是一种很有价值的饲料，适口性好，籽实中含有较丰富的蛋白质，粗蛋白质的含量在 10% 左右，粗脂肪的含量超过 4.5%，比小麦和大麦多一倍以上。燕麦的主要成分为淀粉，粗纤维含量高，在 10% 以上，营养价值高于玉米。燕麦含钙少，含磷多；胡萝卜素、维生素 D、烟酸含量比其他的麦类少。

（二）糠麸类饲料

糠麸类饲料是谷实类经制粉、碾米加工的主要副产品，同原料相比无氮浸出物较低，其他各种营养成分的含量普遍高于原料的营养成分，特别是粗蛋白质、矿物质元素和维生素含量较高，是羊很好的饲料来源之一。常用的糠麸类饲料有麦麸、米糠、稻糠、玉米糠。

麦麸是糠麸类饲料中用量最大的饲料，广泛用于各种畜禽的配合日粮中。麦麸具有适口性好、质地膨松、营养价值高、使用范围广的特点和轻泻作用。饲料中的粗蛋白质的含量在 $11\%\sim16\%$，含磷多，含钙少，维生素的含量也较丰富。在夏季可多喂些麸皮，可起到清热泻火的作用。由于麦麸中的含磷量多，采食过多会引起尿道结石，特别是公羊表现比较明显，公羔表现更为突出。麦麸在饲料中的比例一般应控制在 $10\%\sim15\%$ 范围之内，公羔的用量应少些。

稻糠是水稻的加工副产品，包括砻糠和米糠。砻糠是粉碎的稻壳，米糠是去壳稻粒的加工副产品，是大米精制时产生的果皮、种皮、外胚乳和糊粉层等的混合物。砻糠的体积较大，质地粗硬，不易消化，营养价值低于米糠。由于稻糠带芒，作为羊的饲料时带芒的稻壳容易黏附在羊的胃壁上，形成一层稻壳膜，影响羊的正常消化，甚至致病、消瘦、死亡，故饲喂稻糠时一定要粉碎细致。米糠的营养价值高，新鲜米糠适口性也好，在羊的日粮中可占到15%左右。

（三）饼粕类饲料（蛋白质饲料）

粗蛋白质在20%以上的饲料归为蛋白质饲料。饼粕类饲料是富含油的籽实经加工榨取植物油后的加工副产品，蛋白质的含量较高，是蛋白质饲料的主体。饼粕类饲料，适口性较好，能量也高，品质优良，是羊瘤胃中微生物蛋白质氮的重要来源。羊可以利用瘤胃中的微生物将饲料中的非蛋白氮合成菌体蛋白，所以在羊的一般日粮中蛋白质的需求量不大。但蛋白质饲料仍是羊饲料中必不可少的饲料成分之一，特别是在羔羊的生长发育期、母羊的妊娠期的营养需求显得特别重要。这些饲料主要有以下几种。

1. 豆饼、豆粕

豆饼、豆粕是我国最常用的一种植物性蛋白质饲料，营养价值高，价格又较鱼粉及其他动物性蛋白质饲料低，是畜禽较为经济和营养较为合理的蛋白质饲料。一般来说豆粕较豆饼的营养价值高，含粗蛋白质较豆饼高8%～9%。大豆饼（粕）较黑豆饼（粕）的饲喂效果好。在豆饼（粕）的饲料中含有一些有害物质和因子，如抗胰蛋白酶、尿素酶、血细胞凝集素、皂角苷、甲状腺诱发因子、抗凝固因子等，其中最主要的是抗胰蛋白酶，饲喂这些饲料时应进行加工处理。最常用的方法是在一定的水分条件下进行加热处理，经加热后这些有害物质将失去活性，但不宜过度加热，以免影响和降低一些氨基酸的活性。

2. 棉籽饼

棉籽饼是棉籽油提取后的副产品，一般含粗蛋白质 32%～37%，产量仅次于豆饼，是反刍家畜的主要蛋白质饲料来源。棉籽饼的饲用价值与豆饼相比，蛋白质的含量为豆饼的 79.6%，消化能也低于豆饼，粗纤维的含量较豆饼高，且含有有毒物质棉酚，在饲喂非反刍畜禽时使用量不可过多，喂量过多时容易引起中毒。但对于牛、羊来说，只要饲喂不过量就不会发生中毒，且饲料的成本较豆饼偏低，故在养羊生产中被广泛应用。

3. 菜籽饼

菜籽饼是菜籽经加工提炼油脂后的加工副产品，是畜禽的蛋白质饲料来源之一。粗蛋白质的含量在 20% 以上，其营养价值较豆饼低。菜籽饼中含有有毒物质芥子苷或称含硫苷（含量一般在 6%以上）。各种芥子苷在不同的条件下水解，会形成异硫氰酸酯，严重影响适口性，采食过多会引起中毒。羊对菜籽饼的敏感性较强，饲喂时最好先对菜籽饼进行脱毒处理。

4. 花生饼

花生饼的饲用价值仅次于豆饼，蛋白质和能量都比较高，粗蛋白质的含量为 38%，粗纤维的含量为 5.8%。带壳花生饼含粗纤维在 15% 以上，饲用价值较去壳花生饼的营养价值低，但仍是羊的好饲料。花生饼的适口性较好，本身无毒素，但易感染黄曲霉菌，而使饲羊致病，储藏时要注意防潮，以免发霉。

5. 胡麻饼

胡麻饼是胡麻种子榨油后的加工副产品，粗蛋白质的含量在 36%左右，适口性较豆饼差，较菜籽饼好，也是胡麻产区养羊的主要蛋白质饲料来源之一。胡麻饼饲用时最好和其他的蛋白质饲料混合使用，以补充部分氨基酸的不足。单一饲喂容易使羊的体脂变软。

6. 向日葵饼

向日葵饼简称葵花饼，是油葵及其他葵花籽榨取油后的副产品。去壳葵花饼的蛋白质含量可达 46.1%，不去壳葵花饼粗蛋白质的含量为 29.2%。葵花饼不含有毒物质，适口性也好，虽不去壳的葵花饼的粗纤维含量较高，但对羊来说是营养价值较好和廉价的蛋白质饲料。

(四) 块根、块茎和瓜类饲料

块根、块茎类饲料属于适口性较好、水分含量较高的饲料。根据这些饲料的营养特性可分为薯类饲料和其他块根、块茎饲料。这些饲料是羊冬季补饲的好饲料，但在养羊中不是羊主要的饲料，用量不大，故简单介绍如下。

薯类是我国的主要杂粮品种，包括甘薯、马铃薯和木薯。这些杂粮不仅可以作为人类的粮食，还可作为羊和其他家畜禽的饲料。薯类饲料具有产量高、水分含量高、淀粉含量高、适口性好、生熟饲喂均可的特点。按其干物质中营养成分的含量属于精饲料中的能量饲料。甘薯、马铃薯、木薯干物质中无氮浸出物的含量分别为 88.21%，77.6% 和 92.15%；粗纤维的含量非常低，在 2.5% ~ 4.4%。饲料的消化利用率较高。薯类饲料在饲喂中应注意：甘薯中出现的黑斑薯有苦味，含有毒性酮；马铃薯表皮发绿，有毒的茄素含量剧烈增加，饲喂后会出现畜禽中毒现象；木薯中含有一定量的氰氢酸，畜禽过多食用也会引起氰氢酸中毒。

萝卜是蔬菜品种，人畜均可食用，具有产量高、水分大、适口性好、维生素含量丰富的特点，是羊的维生素饲料补充料。胡萝卜还含有若干量的蔗糖和果糖，故具甜味，是羔羊和冬季母羊维生素的主要来源，饲喂效果良好；甜菜是优良的制糖和饲料作物品种，根、茎、叶的饲用价值较高，是羊的优良多汁饲料。其他块根、块茎类饲料还有菊芋、芜菁，甘蓝等，都是多汁、适口性好和饲用价值较高的饲料品种。

在瓜类饲料中最常用的是南瓜，它既是蔬菜又是优质高产的饲料作物。由于其营养丰富，无氮浸出物的含量较高，糖类含量较多，适口性好，常被用作羊冬季的补饲饲料。

(五) 树叶、灌木和其他林产品饲料

羊几乎采食所有的树叶，无论是青绿状态的树叶还是干树叶，

对羊来说都是很好的饲料。树叶不仅适口性好而且营养价值高，有的树叶是羊的蛋白质和维生素的来源之一。树叶虽是粗饲料，但粗纤维的含量低于其他粗饲料，营养价值也远比其他的粗饲料要高得多，甚至有的树叶的饲喂效果可和精饲料相比。如洋槐叶的干物质中粗蛋白质的含量达 29.9％，槐树叶、榆树叶、杨树叶的干物质中粗蛋白质的含量也在 22％以上，远远超过禾谷类饲料中的蛋白质的含量。灌木也是羊的饲料来源，灌木不仅叶是羊的饲草，而且细枝也可被羊采食利用，所以灌木在山区养羊业中占有重要的地位。灌木的利用主要是在春夏季节，春季牧草返青前，灌木的枝条、嫩枝都是羊的采食对象，是羊在青黄不接时不可多得的饲草和保命草。灌木的利用对于山羊来说更显得重要。在山区，其他树木的枝、叶、果实也是羊的饲料和饲草资源，如松树、柏树的松籽、粕籽都是羊极好的饲料，不仅含有较高的蛋白质和其他营养物质，而且还具有特殊的香味，使羊肉也具有特殊的风味。松针还可制成松针粉在羊的配合饲料中使用。

（六）糟渣类饲料

糟渣类饲料是植物加工的副产品饲料，几乎所有植物加工的副产品都可以作为羊的饲料。如制酒的副产品有啤酒糟、酒糟，制糖的副产品甜菜渣、甘蔗渣、糖浆还有醋渣、豆腐渣、粉渣等。这些可利用的饲料中有的含粗蛋白质丰富，有的无氮浸出物含量高，有的可以直接被羊利用，有的通过加工可以被羊利用，是羊冬季补饲和舍饲养羊的饲料来源之一。

1. 啤酒糟

啤酒糟是以大麦为主要原料制取啤酒后的副产品，是麦芽汁的浸出渣。干啤酒糟的营养价值和小麦麸相当，粗蛋白质的含量为 22.2％，无氮浸出物的含量为 42.5％。啤酒酵母的干物质中粗蛋白质的含量高达 53％，品质也好；无氮浸出物的含量为 23.1％；含磷丰富；钙的含量较低。

2. 酒糟

酒糟是用淀粉含量较多的原料如玉米、高粱和薯类经酿酒后的副产品。由于酒糟中的可溶性碳水化合物发酵成醇被提取，其他营养成分如粗蛋白质、粗脂肪、粗纤维与灰分等的含量相应就提高，而无氮浸出物的含量相应降低，但能量值下降得不多，在营养上仍属能量饲料的范围。以玉米为原料的酒糟干物质中的粗蛋白质含量为16.6%，以高粱为原料的干酒糟中粗蛋白质的含量达24.5%。酒糟的营养价值还受一些副料的影响，如受稻壳或玉米芯的影响，降低了酒糟的营养价值。酒糟的营养含量稳定，但不完全，属于热性饲料，容易引起便秘。同时由于酒糟中水分含量较高，残留的醇类物质也多，过多饲喂容易引起酒精中毒，故饲喂前应进行晾晒。对含有稻壳的酒糟最好粉碎后饲喂，以免引起羊的瘤胃消化不良。

3. 甜菜渣

甜菜渣是从甜菜中提取糖分后的副产品，主要成分为无氮浸出物和粗纤维，在干物质中粗蛋白质的含量为9.6%，粗纤维的含量为20.1%，无氮浸出物64.5%。甜菜渣的适口性好，是羊的多汁饲料，饲喂时应配合一些蛋白质的饲料。

4. 豆腐渣

豆腐渣是各种豆类经加工磨制豆腐后的副产品，富含各种营养，适口性好，饲喂方便，无论是鲜喂还是干喂，饲喂效果都较好。同时豆腐渣的成本较低，粗蛋白质的含量为28.3%，粗纤维为12%，无氮浸出物为34.1%，粗纤维为13.9%。根据毛杨毅关于豆腐渣的试验资料表明，在羊的育肥补饲日粮中，1千克干物质豆腐渣的饲喂效果与1千克玉米的饲喂效果相比，无论在经济效益方面还是在增重方面，豆腐渣的效果都好于玉米。在冬季，将豆腐渣和草粉或其他精饲料混合饲喂效果较好。

四、非蛋白质饲料

最常用的非蛋白质氮是尿素，含氮46%左右，白色颗粒，微溶于水。蛋白质的当量为288%，即1克尿素相当于2.88克的蛋白质，或1千克尿素加上6千克的玉米，相当于7千克的豆饼。尿素的饲喂量：尿素在日粮中的含量不超过其干物质的1%，每只成年绵羊每天 13～18 克，每只 6 月龄以上的青年绵羊每天 8～12 克。

1. 尿素的饲喂方法

① 直接拌入饲料中饲喂。把尿素均匀地拌入含有谷物精料和蛋白质精料的混合饲料中饲喂。

② 在青贮料中添加。在青贮的同时按青贮料湿重的 0.5% 添加。

③ 与青干草混合饲喂。在冬季舍饲的条件下，将尿素溶液喷洒在铡碎的青干草上饲喂。

④ 做成尿素精料砖供羊舔食。

2. 饲喂尿素注意的问题

① 饲喂尿素应逐渐增加，一般要经过 5～7 天的适应期。

② 饲喂不能间断，要坚持每天饲喂。

③ 小羔羊因瘤胃功能不全不能喂。

④ 饲喂尿素的日粮中要有足够的能量饲料。

⑤ 在有尿素的混合料中，不能含有生大豆和其他种类的豆类、苜蓿、胡枝子的种子。因这些饲料中含有尿素酶，会将尿素分解为氨和二氧化碳，氨可降低羊对饲料的采食量，降低蛋白质的水平。

⑥ 防止过量饲喂，以免发生尿素中毒。

五、矿物质饲料

1. 食盐

食盐是羊及各种动物不可缺少的矿物质饲料之一，它对于保持生理平衡、维持体液的正常渗透压有着非常重要的作用。食盐还可以提高饲料的适口性，增强食欲，具有调味作用。羊在一年四季都应不断地饲喂食盐。食盐的用量一般占风干日粮的 1%。最常用的饲喂方法是将食盐直接拌入精料中，或者将盐砖放在运动场让羊自由舔食。在放牧阶段，每隔 7 天左右喂一次盐。羊缺碘时食欲下降，采食牧草量减少，体重增加缓慢，啃碱土，啃土过多时会引起消化道疾病，拉稀消瘦。

2. 石粉

石粉主要指石灰石粉，是天然的碳酸钙，一般含钙 35%，是最便宜、最方便和来源最广的矿物质饲料。只要石灰石粉中的铅、汞、砷、氟的含量在安全范围之内都可以作为羊的饲料。

3. 膨润土

膨润土是指钠基膨润土，资源丰富，开采容易，成本低，使用方便，容易保存。膨润土含有多种微量元素，这些元素能使酶和激素的活性或免疫反应发生显著的变化，对羊的生长有明显的生物学价值。

4. 磷补充饲料

磷的补充饲料主要有磷酸氢二钠、磷酸氢钠，磷酸氢钙，在配合饲料中的主要作用是提供磷和调整饲料中的钙磷比例，促进钙和磷的吸收和合理利用。

第二节 饲料卫生安全与控制

一、肉羊精饲料质量安全控制

随着工业饲料的高速增长，国内饲料原料相对比较紧张，价格也在不断攀升。与此同时，自 2012 年 5 月 1 日起，新《饲料和饲料添加剂管理条例》正式实施，国家进一步提高了饲料原料的使用要求和规范，并对添加剂和药物做出了许多限制。要保证饲料的安全性，首先要保证饲料原料的质量安全控制。

（一）通过采购程序控制

目前市场上原料掺假事例屡见不鲜，掺假造假的手段、方法越来越高明，掺假的物质也越来越复杂，饲料生产企业和养殖户对此防不胜防，给饲料质量和畜禽及水产品安全带来了很大的隐患。一些大型的饲料企业购置气相、液相等仪器进行检验，技术要求高、费用大，多数中小企业难以普及运用。探讨源头的控制程序，把好原料质量关，对于有效控制饲料质量尤为重要和必要。

1. 原料采购计划和质量控制指标的制订

企业首先根据生产计划议定原料采购计划和备选供货商，制订原料质量企业控制标准和检验项目。玉米应重点控制水分、容重、霉粒比例和杂质比例；小麦重点是水分、容重；糠麸控制新鲜度和蛋白质成分；豆粕重点是粗蛋白质、蛋白溶解度、尿酶活性和掺假成分；棉籽饼、菜籽饼重点是粗蛋白质和掺假成分；鱼粉重点是感观、粗蛋白质、真蛋白质、盐分和掺杂成分；其他动物性饲料重点是感观、粗蛋白质和微生物。

2. 供货商资质审定

备选供货企业应具备相应的生产经营资质，具备有效的营业执照，其生产、经营范围应包括饲料、添加剂等项目。非动物源性单一饲料应取得省级饲料管理部门颁发的饲料审查合格证；饲料添加剂应取得农业部颁发的生产许可证；添加剂预混合饲料应取得农业部颁发的生产许可证；动物源性原料产品应取得省饲料管理部门颁发的动物源性产品卫生合格证。

质量体系认证情况：包括 ISO 质量管理体系的认证、HACCP 认证情况等，并提供相应证书。

现场考察：对于新供货企业，采购人员应深入现场考核生产、经营条件；必要时现场取样检测。

信誉度调查：向当地饲料、工商管理部门咨询，了解企业生产、质量管理情况，索取质量抽检报告，调查客户对产品质量的反映，评估企业及产品的市场信誉度。

综合拟供货企业各方面情况，进行审定，确定是否列入供货企业。对无证、无照、管理部门挂牌督查的企业坚决排除。对新供货企业首次必须认真审定，老供货企业一般每年进行 1~2 次评审。

3. 原料质量评估

对大宗原料应索取产品检测报告和合格证；饲料添加剂和添加剂预混料产品应索要产品批准文号的批件、产品执行标准、产品检验合格证和产品标签；首次采购非常规原料的应索取产品说明及相关资料，对产品安全、营养水平进行评估，必要时进行试用；重要原料和大批量原料应进行送检。

4. 采购评议和协议

采购、品管、财务等部门对供货商资质、市场信誉、原料质量、同行价格进行综合分析，拟定采购方案，报送企业负责人批准。重要原料和大批量原料应每批进行；辅料应定期进行。

签订购销协议，协议应明确质量标准、数量、价格、供货时间、供货方式、付款方式、违约责任、不含国家规定禁用物品的承诺等，一批一协议。

5. 供货商档案

为提高原料质量的可追溯性及稳定供货渠道，应建立供货商的档案。主要包括：营业执照复印件；生产许可证（审查合格证）复印件；市场信誉调查记录；产品批准文号批件复印件；产品执行标准复印件；产品检验合格证；产品标签；产品检验报告复印件；报价单；协议；发货单；供货商地址、联系人、电话、传真、网址等；留存样品；现场考核记录等。一个供货商建立一本案卷。

（二）通过产品鉴别技术控制

1. 饼、粕类饲料原料掺假的鉴别

（1）感官鉴别　优质大豆粕（饼）色泽新鲜一致，粕呈浅黄褐色或淡黄色，饼呈黄褐色；呈不规则的碎片状，饼呈饼状或小片状，无发酵、霉变、虫蛀及杂物；具有烤黄豆香味，无酸败、霉坏、焦化等味道，无生豆味。而劣质大豆粕（饼）颜色深浅不一，加热过度颜色太深，加热不足颜色太浅；大小不均，有结块（粕），有霉变、虫蛀并有掺杂物；有霉味、焦化味或生豆臭味。

（2）显微镜鉴别　取被检大豆粕（饼）于 30～50 倍显微镜下观察，如掺有棉籽饼，可见样品中散布有细短绒棉纤维，卷曲、半透明、有光泽、白色；混有少量深褐色或黑色的棉籽外壳碎片，壳厚且有韧性，在碎片断面有浅色和深褐色相交叠的色层。

（3）化学鉴别　取被检大豆粕 5～10 克于烧杯中，加入 100 毫升四氯化碳，搅拌后放置 10～20 分钟，大豆粕漂浮在四氯化碳表面，而砂土沉于底部。将沉淀物灰化，以稀盐酸煮沸，如有不溶物即为砂土。

取被检大豆粕（饼）3 克于烧杯中，加 10％盐酸 20 毫升，如有大量气泡产生，则样品中掺有石粉、贝壳粉。

纯豆粕粗灰分含量应不大于 8％，掺入大量沸石粉类物质后，粗灰分含量就会大大提高。粗灰分是饲料高温灼烧后剩余的残渣。根据灼烧后残渣的多少，可初步判定该豆粕有无掺假。

（4）容重鉴别　饲料原料中假如含有掺杂物，体积质量就会改变（变大或变小）。因此，测定体积质量也可判定豆粕有无掺假。一般纯豆粕体积质量为 594.1～610.2 克/升。假如超出此范围较多，说明该豆粕掺假。

2. 蛋氨酸的掺假鉴别

（1）外观鉴别　蛋氨酸是经水解或化学合成的单一氨基酸。一般呈白银或淡黄色的结晶性粉末或片状，在正常光线下有反射光发出。市场上假蛋氨酸多呈粉末状，颜色多为纯白色或浅白色，正常光线下没有反射光或只有零星反射光发出。

（2）手感鉴别　蛋氨酸手感油腻，无粗糙感觉；而掺假蛋氨酸一般手感粗糙，不油腻。

（3）气味、口味鉴别　蛋氨酸具有较浓的腥臭味，近闻刺鼻，口尝有少许甜味；而掺假蛋氨酸味较淡或有其他气味。

（4）pH 试纸法　蛋氨酸灼烧产生的烟为碱性气体，有特殊臭味，可使湿的广泛试纸变蓝色；假蛋氨酸灼烧往往无烟（如用石粉、石膏粉冒充时），或者产生的烟使湿的广泛试纸变红（如用淀粉冒充时）。

（5）溶解法　蛋氨酸易溶于稀盐酸和稀氢氧化钠，略难溶于水，难溶于乙醇，不溶于乙醚。取约 5 克样品用 100 毫升蒸馏水溶解，摇动数次，2～3 分钟后，溶液清亮无沉淀，则样品是蛋氨酸；如溶液混浊或有沉淀，则样品不是蛋氨酸或是掺假蛋氨酸。

（6）掺入植物成分的检查　蛋氨酸的纯度达 98.5％以上且不含植物成分；而许多掺假蛋氨酸含有大量面粉或其他植物成分。检验方法如下：取样品约 5 克加 100 毫升蒸馏水溶解，然后滴加碘-碘化钾溶液，边滴边晃动，此时溶液仍为无色，则该样品中没有面粉或其他植物成分，是真正蛋氨酸；如果溶液变为蓝色，说明该样品中含有面粉或其他植物成分，是掺假蛋氨酸。

（7）颜色反应鉴别 取约 0.5 克样品加入 20 毫升硫酸铜硫酸饱和溶液，如果溶液呈黄色，则样品是真蛋氨酸；如果溶液无色或呈其他颜色，样品是假蛋氨酸。

3. 赖氨酸的掺假检查

赖氨酸属高价原料，掺假情况较为严重，掺假的材料基本同蛋氨酸掺假的材料一样。

（1）外观鉴别 赖氨酸为灰白色或淡褐色的小颗粒或粉末，较均匀，无味或稍有酸味。假冒赖氨酸色泽异常，气味不正，个别有氨水刺激味或芳香气味，手感较粗糙，口味不正，具有杂样涩感。

（2）溶解度检验 取少量样品加入 100 毫升水中，搅拌 5 分钟后静置，能完全溶解无沉淀物为真品，若有沉淀或漂浮物，即为掺假和假冒产品。

（3）pH 试纸法 赖氨酸燃烧产生的烟为碱性气体，并散发出一种难闻的气味，可使湿的广泛试纸变蓝色；掺假的赖氨酸燃烧往往无烟（如用石粉、石膏粉冒充时），或者产生的烟使湿的广泛试纸变红（如用淀粉假代时）。

（4）颜色反应鉴别 取样品 0.1～0.5 克，溶于 100 毫升水中，取上液 5 毫升加入 1 毫升 0.1％茚三酮溶液，加热 3～5 分钟，再加水 20 毫升，静置 15 分钟，溶液呈红紫色即为真品，否则为假品。

（5）掺入植物成分的检查 取样品 5 克，加 100 毫升蒸馏水溶解，然后滴加 1％碘-碘化钾溶液 1 毫升，边滴边晃动，此时溶液仍为无色，则该样品中没有植物性淀粉存在，即为真赖氨酸；如溶液变为蓝色，则说明该样品中含有淀粉，为掺假的赖氨酸。

（6）掺入碳酸盐的检查 称取约 1 克样品置于 100 毫升烧杯中，加入 1：2 盐酸溶液 20 毫升，如样品有大量气泡冒出，说明其掺有大量碳酸盐，如无则为真赖氨酸。

（三）通过仓储管理控制

1. 验货入库

原料入库时应认真核对原料品名、规格、数量、重量；生产日期、供货单位、生产单位、包装、标签等，应与供货协议一致，原料包装完好无损，无受潮、虫蛀，并作详细登记。分区、分类、分期码放，留足物流通道。未检验的标示待检原料；检验合格后改标可使用原料（绿牌）和暂不发原料（黄牌），不合格原料标示禁用（红牌），并及时出库。

入库原料水分含量应在安全线以下。如散装堆贮，堆厚不应超过3米，且每隔2米设一通气孔；袋装堆贮时，垛高可达3米，垛与垛之间留一行人小道，以便检查温度和防止自燃。在拿取原料时，要从一端取用；动物性饲料及化工合成的原料，应开启一袋用完一袋，如一时用不完，应将袋口扎严，不使透气。

对流散性强而干燥的大宗原料，一般采用圆桶仓贮藏。在原料水分高于14%，相对湿度大于80%、气温高于30℃的持续高温天气下，应每天测定圆桶仓的料温。对于原料水分含量在14%以下的原料，在天气干燥晴朗时，应每周鼓风1~2次；原料水分在14%以上时，应天天鼓风；在相对湿度高于80%的阴雨天气，应禁止鼓风。原料水分过高、仓贮时间较长、气温渐高的季节，应及时倒仓处理，以降低原料水分含量。

露天存放处的箱装、袋装原料，存放位置应平坦而高于地平面，以便于排水、运输和消防。其地面应为具防潮层的水泥地板，必要时应加托盘或垫以帆布，堆放原料后应加盖防雨帆布或架设顶棚，以防止雨淋、风蚀等。

对于部分结块、发热、有轻微异味的原料可立即进行散热处理，有条件的应进行挤压膨化处理；对于已经有轻度霉变的饲料原料，在使用时可添加专用的霉菌毒素吸附剂或添加一定量沸石粉、黏土等进行毒素的吸附。必要时可根据水分与季节，添加一定量的在"允许使用添加剂目录"中的防霉剂，防止霉变和滋生虫害。如果霉变严重则应坚决不用。

2. 检验、留样

对原料进行抽检，检验项目根据企业制订的原料质量控制要求进行。每批原料样品留存，妥善保管，并作详细登记，以备溯源。

3. 仓库管理

设置货位卡，包括品种、供货单位、进货日期、进货数量、出库时间、数量、生产单位和检验结果等信息，标识明显。遵循先进先出、后进后出的原则发货。发货时核对发货单：品种、数量。定期检查：防潮、防鼠、防鸟、防污染，发现异常及时上报评估；超出保质期的原料须检验评估后再使用；有毒性的原料须要双人管理。建立原料库存明细台账。

4. 原料的贮藏管理

原料库地面和墙壁应作防潮处理，夏季库温在30℃以下，相对湿度不超过75%，并应通风干燥、隔热、无鼠洞、避免光照、不漏雨。

玉米中含有较多的不饱和脂肪酸，加工成粉状后，容易腐败变质，不能长久贮存，若想长期保存，应尽量以原粮的形式贮藏。

米糠中含有较多的不饱和脂肪酸，容易腐败变质，应新鲜使用。花生饼、蚕蛹、肉粉、肉骨粉、鱼粉等蛋白质原料，因含有较多的脂肪，夏秋季节易腐败变质，也不耐贮藏，必须新鲜使用。尤其是花生饼最容易寄生黄曲霉菌，产生黄曲霉毒素，既能危害动物，又会通过畜产品等影响人的健康，还有诱发癌症的危险。蚕蛹、肉粉、肉骨粉、鱼粉等动物性饲料，如果保存不当，极易被肉毒杆菌和沙门菌污染，动物采食后会引起细菌毒素中毒。豆腐渣、粉渣含水量很大，在夏秋季节容易发酵变质，须新鲜使用；要想延长保存时间，应将其晒干后贮藏。另外，豆腐渣中含有抗胰蛋白酶，可产生致甲状腺肿的物质、皂素和血凝集素等不良物质，影响其适口性和消化率，不宜生喂，必须煮熟后使用。

因为稳定性不好，大部分饲料在长时间保存后，会丧失一部分维生素，因此，饲料储藏时间不要太长。同样道理，一些饲料添加剂也不能长期保存，如在25℃环境中保存2年，维生素B_6会丧失10%，维生素B_{12}会丧失5%；在35℃环境中保存2年，维生素B_6会丧失25%，维生素B_{12}会丧失60%。所以，这些饲料添加剂要尽量现购现用。

（四）通过合理使用饲料药物添加剂控制

1. 严格执行有关法律法规

在生产含有药物饲料添加剂的饲料产品时，必须严格执行《饲料药物添加剂使用规范》，按法规要求，根据对象选用抗病原活性强、化学性质稳定、毒性低、安全范围大，而无致突变、致畸变及致癌变等副作用的抗生素；严格控制使用剂量，保证使用效果，防止不良反应；认真执行《饲料标签》标准的规定，在产品标签上必须标注"含有药物饲料添加剂"字样；标明所添加药物的法定名称、准确含量、配伍禁忌、停药期及其他注意事项。

2. 药物添加剂必须要预先制成预混剂，再添加到饲料中使用

同一种饲料产品中尽量避免多种药物合用，确要复合使用时，应遵循药物的配伍原则，并且药物在使用一段时间后，应作变更，以减少长期使用同种药物对畜禽造成耐药性。

3. 加药饲料和不加药饲料分开生产

在生产加工饲料过程中，应将加药饲料和不加药饲料分开生产，以免污染不加药饲料。在加药饲料的生产过程中，对药物的添加要加强管理，专人负责药物添加，有详细的加药记录；注意经常校正计量装置，称量准确；注意清理生产系统的残留物，以防止物料的相互污染。

二、饲草产品质量控制

饲草产品是用于生产绿色畜产品的一类重要家畜饲料。饲草产品中的有毒有害物质（如霉菌、农药残留等）经过家畜食用残留在肉类或牛奶中，降低畜产品品质，危及婴幼儿等人体健康和生命安全。因此，草产品质量安全事关食品安全，事关人体健康和生命安全。

（一）饲草产品的污染来源

1. 重金属污染

饲草生产地环境受到重金属严重污染，如土壤、灌溉水和空气中的铅、砷、汞、氟等有害物质含量较高，超过了相关标准的规定，牧草在生长过程中会吸收这些有害物质并残留在植物体内，致使饲草产品中的有害物质超标，发生重金属等的污染。

2. 农药残留

饲草生长过程中，需经常施用除草剂清除杂草，喷施农药防制病虫害。由于滥用农药、使用禁用农药、在农药安全间隔期内刈割饲草等，致使饲草产品中农药残留超过了规定的限量。

3. 黄曲霉毒素等污染

饲草产品在干燥、加工和贮藏过程中，由于水分含量较高，为微生物繁殖创造了条件，霉菌和细菌等微生物大量繁殖，产生黄曲霉毒素等有毒有害物质。家畜食用这些被污染的饲草产品，不仅诱发多种疾病甚至死亡，而且严重影响畜产品品质，危及人类的健康和生命。

4. 饲草产品中添加违禁物质

饲草产品的种类有草捆、草粉、草颗粒、草块、草饼、叶粒和叶蛋白。为牟取经济利益，不法厂商会人为在饲草产品生产过程中加入一些禁止添加的物质，如三聚氰胺、药物、抗生素等，危害家畜健康和畜产品质量安全。

5. 饲草产品中存在植物性有毒有害物质，如亚硝酸盐、氢氰酸等

（二）加强饲草产品质量安全监管的必要性

饲草产品生产是畜产品生产的源头。饲草产品质量安全是畜产品质量安全的第一道关口。重视饲草产品质量安全，加强饲草产品质量监管，提高饲草产品质量安全水平，具有重要的意义。我国多年来重视饲草产品质量安全，开展了饲草产品质量管理工作，颁布实施了《饲料及饲料添加剂管理条例》，对饲料（包括草产品）中允许添加的化学物质做出了明确的规定；颁布了饲料中重金属、微生物、其他有毒有害物质等多项检测方法标准，建立了饲料中有毒有害物质检测方法标准；颁布实施了饲料卫生国家标准，规定了饲料（包括饲料原料）中有毒有害物质的限量。农业部发布实施了饲料中三聚氰胺的测定标准，规定了饲料中三聚氰胺的最低限量和测定方法。《饲草产品质量安全生产技术规范行业标准》已实施多年，要严格执行。

2005年，我国饲料行业启动了 HACCP 管理（危害因素分析和关键点控制），提高饲料质量安全管理水平。

HACCP 是以预防为主的质量保障办法，其核心是消除可能在饲料生产过程中发生的安全危害，最大限度减少饲料生产的风险，避免了单纯依靠最终产品检验进行质量控制所产生的弊端。这是一种经济高效的质量控制办法。

国家制定了饲草种植地环境质量标准，规范了农产品产地环境条件。实施土壤质量标准、灌溉用水质量标准、空气质量标准、放射物质限量标准、施用肥料标准等，有力地保障了饲草产品质量安全。

农业部发布了禁止使用或限制使用的高毒农药和除草剂公告，制定了绿色食品中严禁使用剧毒、高毒、高残留或具有三致毒性（致癌、致畸、致突变）的农药标准。国家颁布了农药安全使用系列标准，制定了农产品中农药最高残留限量及其检测方法标准，明确规定了农药的使用方法、安全间隔期、检测方法和最高残留限量，保障饲草产品质量安全。

国际组织或国外也重视饲草质量安全，把它列入食品安全的范围。

国际食品法典委员会（CAC）将饲料纳入了食品分类系统，将饲草产品单独归为一类——初级饲料，实行计算机管理。规定了苜蓿草、大麦草、燕麦草、玉米饲草、高粱饲草、水稻秸秆、小麦秸秆等饲草产品中有毒有害物质的最大残留限量。

德国等欧盟国家对57种农药规定了在植物性饲料中的最高允许量。尤其对黑麦草等用量较大的牧草制定了农药残留的最高限量。对牧草中的有毒有害植物和重金属含量制定了限量标准，超出限量标准则禁止使用。

日本制定了40种农药在干牧草中的残留限量标准，并规定了牧草中的重金属等有毒物质的限量。

提高饲草产品质量安全生产意识，控制危及饲草产品质量安全的隐患，加强饲草质量监督管理，生产绿色无公害的饲草产品，才能更好地保证畜产品质量安全，维护社会的稳定。

（三）无公害牧草的质量安全控制

因牧草的种类施肥：不同种类的牧草，吸收硝酸盐程度不同，收获前 20～30 天应停止施用。

春冬牧草少施氮：春冬光照弱，容易积累硝酸盐，应不施或少施氮肥；夏秋牧草生长季节气温高，含硝酸少，可适量施用一些氮肥。

高肥牧草地应禁用氮肥；低肥牧草地，牧草积累硝酸盐较轻，可施氮肥、有机肥培肥地力；富含腐殖质的土壤，牧草的硝酸盐含量高，应禁施氮肥。

不施硝态肥：硝酸铵、硝酸钾、硝酸钙及含硝态氮的复合化肥，容易使牧草积累硝酸盐，不宜施用。尿素、碳酸氢铵、硫酸铵都应控制其用量，使用时一定要深施盖土。

氮肥深施盖土：深施在土表下 15～18 厘米，这样硝化作用缓慢，肥料利用率高，可减少牧草对硝酸盐的积累。

控制氮肥的用量：牧草中硝酸盐积累随施肥量的增加而提高，亩（667 米^2）施肥量应控制在标氮 25 千克以内，60％～70％用作基肥全层施下，30％～40％用作苗肥深施。氮肥要早施，苗期施氮肥最好，有利牧草早发、快长，有利降低硝酸盐积累。

重施有机肥：有机肥应经高温堆沤腐熟，杀死病菌、虫卵后施用，这样有机肥就不会导致牧草硝酸盐污染，不仅品质好，而且耐贮存。沼气废渣液肥效高，经常施用，病虫少，可减少农药用量，提高牧草产量。用沼气渣生产的牧草，是最佳的无公害牧草。

茎叶用牧草类不能叶面施肥：叶面喷施肥液直接与空气接触，铵离子易变成硝酸根离子被叶片吸收，硝酸盐积累增加，又不耐贮存。

控制污水淋灌：污水会污染牧草。凡是被氯、砷、锡、锌等污染后的废水严禁淋灌牧草。城市生活污水应做无害化处理，杀死病菌、虫卵并与清水混合后才能使用，最好在早晚气温较低时进行。

第三节　安全饲养条件下的饲料加工利用技术

一、精饲料的加工利用

（一）能量饲料的加工

能量饲料干物质的 70％～80％ 是由淀粉组成的，所含粗纤维的量也较低，营养价值较高，是适口性比较好的饲料。能量饲料加工的主要目的是提高饲料中淀粉的利用效率和便于进行饲料的配合，促进饲料消化率和饲料利用率的提高。能量饲料的加工方法比较简单，常用的方法有以下几种。

1. 粉碎和压扁

粉碎是能量饲料加工中最古老和使用最广泛、最简便的方法。其作用是用机械的方法引起饲料细胞的物理破坏，使饲料被外皮或壳所包围的营养物质暴露出来，利于接受消化过程的作用，提高这些营养物质的利用效果。如玉米、高粱、小麦、大麦等饲料，常采用粉碎的方法进行饲料的加工，通过粉碎破坏了饲料硬的外皮，增加了饲料的表面积，使饲料与消化液的接触更充分，消化更完全彻底。但是，饲料粉碎的粒度不应太小，否则影响羊的反刍，容易造成消化不良。一般要求将饲料粉碎成两半或 1/4 颗粒即可。谷类饲料也可以在湿软状态下压扁后直接喂羊或者晒干后喂羊，同样可以起到粉碎的饲喂效果。

2. 水浸

水浸饲料的作用，一是使坚硬的饲料软化、膨胀，便于采食利用；二是使一些具有粉尘性质的饲料在水分的作用下不能飞扬，减小粉尘对呼吸道的影响和改善饲料的适口性。一般在饲料饲喂前用少量的水将饲料拌湿放置一段时间，待饲料和水分完全渗透，在饲料的表面上没有游离水时即可饲喂，注意水的用量不宜过多。

3. 液体培养——发芽

液体培养的作用是使谷物整粒饲料在水的浸泡作用下发芽，以增加饲料中某些营养物质的含量，提高饲喂效果。谷粒饲料发芽后，可使一部分蛋白质分解成氨基酸、糖分，维生素与各种酶增加，纤维素增加。如大麦发芽前几乎不含胡萝卜素，经浸泡发芽后胡萝卜素的含量可达 93～100 毫克/千克，核黄素含量提高 10 倍，蛋氨酸的含量增加 2 倍，赖氨酸的含量增加 3 倍。因此发芽饲料对饲喂公羊、母羊和羔羊有明显的效果。一般将发芽的谷物饲料加到营养贫乏的日粮中会有所助益的，日粮营养越贫乏，收益越大。

（二）蛋白质饲料的加工利用

蛋白质饲料不仅具有能量饲料的一些特性，如低纤维、能量较高、适口性好等，而且更主要的是其蛋白质含量高，所以称为蛋白质饲料或蛋白质补充饲料。蛋白质饲料分为动物性蛋白质饲料和植物性蛋白质饲料，植物性蛋白质饲料又可分为豆类饲料和饼类饲料。不同种类饲料的加工方法不一样，现分别介绍如下。

1. 豆类蛋白质饲料的加工

豆类饲料含有一种叫做抗胰蛋白酶的物质，这种物质在羊的消化道内与消化液中的胰蛋白酶作用，破坏了胰蛋白酶的分子结构，使酶失去生物活性，从而影响饲料中营养物质的消化吸收，造成饲料蛋白质的浪费和羊的营养不足。这种抗胰蛋白酶在遇热时就变性而失去活性，因此在生产中常用蒸煮和焙炒的方法来破坏大豆中的抗胰蛋白酶，不仅提高了大豆的消化率和营养价值，而且增加了大豆蛋白质中有效的蛋氨酸和胱氨酸，提高了蛋白质的生物学价值。但有的资料表明，对于反刍家畜，由于瘤胃微生物的作用，不用加热处理。

2. 豆饼饲料的加工

豆饼根据生产的工艺不同可分为熟豆饼和生豆饼。熟豆饼经粉碎后可按日粮的比例直接加入饲料中饲喂，不必进行其他处理；生豆饼由于含有抗胰蛋白酶，在粉碎后需经蒸煮或焙炒后饲喂。豆饼粉碎的细度应比玉米要细，便于配合饲料和防止羊的挑食。

3. 棉籽饼的加工

棉籽饼含有丰富的可消化粗蛋白质、必需氨基酸，基本上和大豆粕的营养相当，还含有较多的可消化碳水化合物，是能量和蛋白质含量都较高的蛋白质饲料。但是棉籽饼中含有较多的粗纤维，还有一定量的有毒物质，所以在饲喂猪、家禽等单胃动物时受到一定的限制，而主要作为羊、牛等反刍家畜的蛋白质饲料。棉籽饼中的有毒物质是棉酚，这是一种复杂的多酚类化合物，饲喂过量时容易引起中毒，所以在饲喂前一定要进行脱毒处理，常用的处理方法有水煮法和硫酸亚铁水溶液浸泡法。

4. 菜籽饼的加工

菜籽饼是油菜产区菜籽油的加工副产品，应用受两个不利因素影响。一是菜籽饼含有苦味，适口性较差；二是菜籽饼含有含硫葡萄糖苷，这种物质在酶的作用下，裂解生成多种有毒物质，如致甲状腺肿大的噻唑烷硫酮（OET）、异硫氰酸酯（ITC）、芥籽苷等，饲喂和处理不当就会发生饲料中毒。因此对菜籽饼的脱毒处理显得十分重要。菜籽饼的脱毒处理常用的方法有两种：土埋法和氨、碱处理法。

（三）薯类及块茎块根类饲料的加工利用

这类饲料的营养较为丰富，适口性也较好，是羊冬季不可多得的饲料之一。加工较为简单，应注意三个方面。

① 特烂的饲料不能饲喂。

② 要将饲料上的泥土洗干净，用机械或手工的方法切成片状、丝状或小块状，块大时容易造成食道堵塞。

③ 不喂冰冻的饲料。饲喂时最好和其他饲料混合饲喂，并现切现喂。

二、青饲料的加工利用

（一）青饲料的加工

主要是指刈割后的饲料加工。一般常用的加工方法有：

① 将刈割后的青饲料用铡刀切碎后放入饲槽内让羊采食；

② 将青饲料用绳子捆绑起来吊在羊舍内让羊采食；

③ 将青饲料晒干后供冬季饲用。

（二）饲喂青饲料时应注意的问题

① 青饲料不宜放置过久，要现割现喂。放置过久的青饲料发热霉烂或变味，容易造成氢氰酸中毒和饲料的浪费。

② 嫩玉米苗、嫩高粱苗中含有氢氰酸，无论是放牧还是刈割饲喂都有发生中毒的危险，不要鲜喂，要让水分蒸发掉一部分后才可以饲喂，并要少喂。

三、牧草饲料的加工利用

无论是野生的牧草还是人工种植的牧草都是羊的主要饲料，占羊饲料总量的90％以上。牧草一年四季都可利用。为了保证冬季的饲料供应，往往在夏季牧草丰盛时期将鲜草刈割晒干长期保存，待冬季再经过加工饲喂，这种夏草冬用的牧草饲用方法具有成本低、收益大、经济效益高、贮藏方便的特点。所以牧草的晒干、调制、保存和利用就成为青饲料的主要加工方式。

四、秸秆饲料的加工配制

秸秆饲料是农区冬季养羊的主要饲料之一，其利用的方式有两种。一是不经加工直接用于饲喂，让羊随意采食。这种饲喂方式羊仅采食了叶片并因踩踏造成了大量的浪费，秸秆的采食利用率仅为20％～30％，浪费现象十分严重。二是加工后用于饲喂。秸秆加工的目的就是要提高秸秆的采食利用率，增加羊的采食量，改善秸秆的营养品质。秸秆饲料常用的加工方法有以下几种。

（一）物理处理法

1. 切短

切短是秸秆饲料加工最常用和最简单的方法，是用铡刀或切草机将秸秆饲料或其他粗饲料切成1.5～2.5厘米的碎料。这种方法适用于青干草和茎秆较细的饲草。对粗的作物秸秆虽有一定的作用，但由于羊的挑食，致使粗的秸秆采食利用率仍很低。

2. 粉碎

用粉碎机将粗饲料粉碎成 0.5～1 厘米的草粉。但应注意的是粉碎的粒度不能太小，否则影响羊的反刍，不利于消化。草粉应和精饲料混合拌湿饲喂，发酵、氨化后饲喂效果更佳。草粉还可以一定的比例和精饲料混合后，用颗粒机压制成一定形状和大小的颗粒饲料，以利于咀嚼和改善适口性，防止羊挑食、减少饲草的浪费。这种颗粒饲料具有体积小，运输方便、易于贮存等优点。

（二）化学处理法

1. 氨化处理法

氨化处理法就是用尿素、氨水、无水氨及其他含氮化合物溶液，按一定比例喷洒或灌注于粗饲料上，在常温、密闭的条件下，经过一段时间闷制后，使粗饲料发生化学变化。这样处理后的饲料叫氨化饲料。氨化可提高粗饲料的含氮量，除去秸秆中的木质素，改善饲料的适口性，提高饲料的营养价值和采食利用率。氨化处理可分为尿素氨化法和氨水氨化法。

（1）尿素氨化法　尿素氨化的方式有挖坑法、塑料袋法、堆垛法和水缸法等，其氨化的原理一样。下面介绍挖坑法。

在避风向阳干燥处，依氨化饲料的多少，挖深 1.5～2 米、宽 2～4 米、长度不等的长方形的土坑，在坑底及四周铺上塑料薄膜，或用水泥抹面形成长久使用的坑。然后将新鲜秸秆切碎分层压入坑内，每层厚度为 30 厘米，并用 10% 的尿素溶液喷洒，其用量为每 100 千克的秸秆需 10% 尿素溶液 40 千克。逐层压入、喷洒、踩实、装满，并高出地面 1 米。上面及四周仍用塑料薄膜封严，再用土压实，防止漏气，土层的厚度约为 50 厘米。在外界温度为 10～20℃ 时，经 2～4 周后即可开坑饲喂，冬季则需 45 天左右。使用时应从坑的一侧分层取料，取出的饲料经晾晒放净氨气味，待具香味时便可饲喂。饲喂量应由少到多逐渐过渡，以防急剧改变饲料引起羊消化道的疾病。

塑料袋氨化法、水缸氨化法和堆垛法尿素的使用量和挖坑法相同，装好后也要注意四周封闭严实，防止漏气。

（2）氨水氨化法　用氨水或无水氨化粗饲料，比尿素氨化的时间短，需要有氨源、容器及注氨管等。氨化的形式与尿素法相同。向坑内填压、踩实秸秆时，应分点填夹注氨塑料管，管直通坑外。填好料后，通过注氨管按原料重12％的比例注入20％的氨水，或按原料重3％的比例注入无水氨，温度不低于20℃。然后用薄膜封闭压土，防止漏气。经1周后即可饲喂。取出的氨化饲料在饲喂前也要通风晾晒12～24小时放氨，待氨味消失后才能饲喂。此法能除去秸秆中的木质素，既可提高粗纤维的利用率，还可提高秸秆中的氮，改善其饲料营养价值。用氨水处理的秸秆，有机质的消化率提高4.7％～8％，其营养价值接近于中等品质的干草。用氨化秸秆饲喂羊，可促进增重，并可降低饲料的成本。

2. 氢氧化钠及生石灰处理法

碱化处理最常用而简便的方法是氢氧化钠和生石灰混合处理。这种处理方法有利于瘤胃中的微生物对饲料的消化，提高粗饲料中有机物的消化率。其处理的方法是：将切碎的秸秆饲料分层喷洒1.5％～2％的氢氧化钠和1.5％～2％的生石灰混合液，每100千克秸秆喷洒160～240千克混合液，然后封闭压实。堆放1周后，堆内的温度达50～55℃，即可饲喂。

（三）微生物处理法

微生物处理法分为干粗饲料发酵法、自然发酵法、人工瘤胃发酵法和利用担子菌法等。常用以下两种方法。

1. 干粗饲料发酵法

将粗饲料粉碎后加入2％的发酵用菌种，用水将菌种化开后喷洒在切碎的秸秆饲料上，使秸秆饲料的水分达到用手握有水而不滴水的程度。然后上面盖上干草粉或麦秸，当内部的温度达40℃左右时，上下翻动饲料1次，封闭1～3天即可饲喂。

2. 自然发酵法

在粉碎后的秸秆饲料中拌入适量的精饲料，然后用水浇湿拌匀，堆放压实，经2～3天后，堆内自然发酵，温度升高，待有发酵的香味时即可饲喂。每次将上次的发酵饲料拌入下次的草粉中，循环使用。

经发酵后的饲料松软，有香味，适口性好，饲料的采食利用率高。

五、微干贮饲料的加工方法

微干贮就是用秸秆生物发酵饲料菌种对秸秆饲料进行发酵处理，达到提高秸秆饲料利用率和营养价值目的的饲料加工方法。此方法是耗氧发酵和厌氧保存，和青贮饲料的制作原理不同。其菌种主要为发酵菌种、无机盐、磷酸盐等。每吨干秸秆或每 3 吨青贮料需加菌种 500 克。每吨干秸秆加水 1 吨，食盐 5 千克，麸皮 3 千克。青玉米秸秆可不加食盐，加水适量。饲料的加工方法如下。

（一）菌液的配制

将菌液倒入适量的水中，加入食盐和麸皮，搅拌均匀备用。微干贮菌液的配制方法是将菌种倒入 200 毫升的自来水中，充分溶解后在常温下静置 1～2 小时。使用前将菌液倒入充分溶解的 1%食盐溶液中拌匀。菌液应当天用完，防止隔夜失效。

（二）饲料加工

微干贮时先按青贮饲料的加工方法挖好窖坑，铺好塑料薄膜。饲料的切碎和装窖的方法和注意事项与青贮饲料相同，只是在装窖的同时将菌液均匀地洒在窖内切碎的饲料上，边洒、边踩、边装。装满后在饲料的上面盖上塑料布，但不密封，过 3～5 天，当窖内的温度达 45℃以上时，均匀地覆土 15～20 厘米。封窖时窖口周围应厚一些并踩实，防止进气漏水。

（三）饲料的取用

窖内饲料经 3～4 周后变得柔软呈醇酸香味时即可饲喂。成年羊的饲喂量为每只每天 2～3 千克，同时应加入 20%的干秸秆饲料和 10%的精饲料混合饲喂。取用时的注意事项与青贮料相同。

六、青贮饲料的加工利用

（一）青贮饲料加工的特点

制作青贮饲料是一项季节性、时间性很强的突击性工作，要求收割、运输、切碎、踩实、密封等操作连续进行，短时间完成。所以青贮前一定要做好各项前期的准备工作，包括青贮坑的挖建、原料装备、人员安排、机械的准备和必要用具、用品的准备等。青饲料经青贮后，保存了青饲料的养分，提高了饲料品质，质地变软，气味芳香，能增进食欲。粗蛋白质中非蛋白氮较多，碳水化合物中糖分减少，乳酸和醋酸增多。在制作青干草过程中，营养物质一般损失 20%～30%，而在青贮过程中，损失一般不超过 10%，特别是胡萝卜素和粗蛋白质损失极少。如果制作半干青贮料，能更好地保存营养物质和青饲料的营养特征。

（二）青贮加工的意义

1. 有效地保存饲料原有的营养成分

饲料作物在收获期及时进行青贮加工保存，营养成分的损失一般不超过 10%。特别是青贮加工可以有效保存饲料中的蛋白质和胡萝卜素；又如甘薯藤、花生蔓等新鲜时藤蔓上叶子要比茎秆的养分高 1～2 倍，在调制干草时叶子容易脱落，而制作青贮饲料时，富有养分的叶子可全部被保存下来，从而保证了饲料质量。同时，农作物在收获时期，尽管子实已经成熟，而茎叶细胞仍在代谢之中，其呼吸继续进行，仍然存在大量的可溶性营养物质，通过青贮加工，创造厌氧环境，可抑制呼吸过程，使大量的可溶性养分保存下来，以供动物利用，从而提高其饲用价值。

2. 青贮饲料适口性好，消化率高

青贮饲料经过微生物作用，产生了具有芳香的酸味，适口性好，可刺激草食动物的食欲、消化液的分泌和肠道蠕动，从而增强消化功能。在青贮保存过程中，可使牧草粗硬的茎秆得到软化，可以提高动物的适口性，增加采食量，提高消化利用率。

3. 制作青贮饲料的原材料广泛

玉米秸秆是制作青贮良好的原料，同时其他禾本科作物都可以用来制作良好的青贮饲料，而荞麦、向日葵、菊芋、蒿草等也可以与禾本科混贮生产青贮饲料，因而取材极为广泛。特别是牛、羊不喜食的牧草或作物秸秆，经过青贮发酵后，可以改变形态、质地和

气味，变成动物喜食的饲料。在新鲜时有特殊气味和叶片容易脱落的作物秸秆，在制作干草时利用率很低，而把它们调制成青贮饲料，不但可以改变口味，而且可软化秸秆、增加可食部分的数量。制作青贮饲料是广开饲料资源的有效措施。

4. 青贮是保存饲料经济而安全的方法

制作青贮比制作干草占用的空间小。一般每立方米干草垛只能垛 70 千克左右的干草，而每立方米的青贮窖能保存青贮饲料 450～600 千克，折合干草 100～150 千克。在贮藏过程中，青贮料不受风吹、雨淋、日晒等影响，亦不会发生火灾等事故，是储备饲草经济、安全、高效的方法。

5. 制作青贮饲料可减少病虫害传播

青贮饲料的厌氧发酵过程可使原料中所含的病菌、虫卵和杂草种子失去活力。减少植物病虫害的传播以及对家畜的危害，有利于环境保护。

6. 青贮饲料可以长期保存

制作良好的青贮饲料，只要管理得当，可贮藏多年。因而制作青贮饲料，可以保证肉羊一年四季均衡地吃到优良的多汁饲料。

7. 调制青贮饲料受天气影响较小

在阴雨季节或天气不好时，干草制作困难，而对青贮加工则影响较小。只要按青贮条件要求严格掌握，就可制成优良的青贮饲料。

（三）青贮原理

青贮是储备青绿饲料的一种方法，是将新鲜的青绿饲料填入密闭的青贮塔、青贮窖或其他的密闭容器内，经过微生物发酵作用而使青贮料发生一系列物理的、化学的、生物的变化，形成一种多汁、耐贮、适口性好、营养价值高、可供全年饲喂的饲料，特别是作为羊冬季和舍饲羊的主要饲料之一。青贮发酵的过程可分为 3 个阶段。第一阶段是好气活动。饲料植物原料装入窖内后活细胞继续呼吸，消耗青贮料间隙中的氧，产生二氧化碳和水，释放能或热量，同时好气的酵母菌与霉菌大量生长和繁殖。从原料装入到原料停止呼吸，变为嫌气状态，这段时间要求越短越好，可以迅速地减少霉菌和其他有害细菌对饲料的作用。第二阶段是厌氧菌——主要是乳酸菌和分解蛋白质的细菌以异常的速度繁殖，同时霉菌和酵母菌死亡，饲料中乳酸增加，pH 值下降到 4.2 以下。第三阶段是当酸度达到一定的程度，青贮窖内的蛋白质分解菌和乳酸菌本身也被杀死，青贮料的调制过程即可完成，各种变化基本处于一个相对稳定的环境状态，使饲料可以长时间保存。

（四）饲料青贮的技术要点

1. 排除空气

乳酸菌是厌氧菌，只有在没有空气的条件下才能进行生长繁殖，如不排除空气，就没有乳酸菌生存的环境，而好气的霉菌、腐败菌会乘机滋生，导致青贮失败。因此在青贮过程中原料要切短（3 厘米以下）、压实和密封严，排除空气，创造厌氧环境，以控制好气菌的活动，促进乳酸菌发酵。

2. 创造适宜的温度

青贮原料温度在 25～35℃ 时，乳酸菌会大量繁殖，很快便占主导优势，致使其他杂菌都无法活动繁殖；若料温达 50℃ 时，丁酸菌就会生长繁殖，使青贮料出现臭味，以致腐败。因此，除要尽量压实、排除空气外，还要尽可能地缩短铡草装料等制作过程，以减少氧化产热。

3. 掌握好物料的水分含量

适于乳酸菌繁殖的含水量为 70％ 左右，过干不易压实，温度易升高，过湿则酸度大，动物不喜食。70％ 的含水量，相当于玉米植株下边保留有 3～5 片叶子；如果二茬玉米全株青贮，割后可以晾半天，青黄叶比例各半，只要设法压实，即可制作成功；而进行秸秆黄贮，则秸秆含水量一般偏低，需要适当加入水分。判断水分含量的简易方法为：抓一把切碎的原料，用力紧握，指缝有水渗出，但不下滴为宜。

4. 原料的选择

用于青贮饲料的原料很多，如各种青绿状态的饲草、作物秸秆、作物茎蔓等。在农区主要是收获作物后的秸秆和其他无毒的杂草等。

最常用的青贮原料是玉米秸秆和专用于青贮的玉米全株。对青贮原料的要求主要是原料要青绿或处于半干的状态，含水量为65%~75%，不低于55%。原料要无泥土、无污染。含水量少的作物秸秆不宜作为青贮的原料。我国青贮饲料的原料主要是收获玉米后的玉米秸秆，秸秆收割得越早越好。青贮过晚，玉米秸秆过干，粗纤维含量增加，维生素和饲料的营养价值降低。乳酸菌发酵需要一定的可溶性糖分，原料含糖多的易贮，如玉米秸、瓜秧、青草等，含糖少的难贮，如花生秧、大豆秸等。含糖少的原料，可以和含糖多的原料混合贮，也可以添加3%~5%的玉米面或麦麸等单贮。

5. 时间的确定

饲料作物青贮，应在作物子实的乳熟期到蜡熟期时进行，即兼顾生物产量和动物的消化利用率。玉米秸秆的收贮时间，一看子实成熟程度，乳熟早，枯熟迟，蜡熟正适时；二是青黄叶比例，黄叶差，青叶好，各占一半就嫌老；三看生长天数，一般中熟品种110天就基本成熟，套播玉米在9月10日左右，麦后直播玉米在9月20日左右，就应收割青贮。利用农作物秸秆进行黄贮时，要掌握好时机：过早会影响粮食产量；过晚又会使作物秸秆干枯老化、消化利用率降低，特别是可溶性糖分减少，影响青贮的质量。秸秆青贮应在作物子实成熟后立即进行，而且越早越好。

（五）青贮的制作方法

1. 准备好青贮设备

（1）青贮容器的选择　根据自己的实际情况，选择青贮窖、池，或使用青贮袋等容器。

（2）机械准备　铡草机、收割装运机械，并准备好密封用的塑料布。

2. 原料的装备

一是要适时收割。收割过晚秸秆粗纤维增加，维生素和水分减少，营养价值也降低。二是收割、运输要快，原料的堆放要到位，保证满足青贮的需要。

3. 切碎

羊的青贮饲料切碎的长度为 1～2 厘米。切碎前一定要把饲料的根和带土的饲料去掉，将原料清理干净。

4. 装窖

装窖和切碎同时进行，边切边装。装窖注意 3 点：一是注意原料的水分含量。适宜的水分含量应为 65%～75%，水分不足时应加入水。适宜水分的作用是有利于饲料中微生物的活动；有利于饲料保持一定的柔软度；有利于在水分的作用下使饲料增加密度，减少间隙，减少饲料中空气的含量，便于饲料的保存。二是注意饲料的踩压。在制作大量青贮饲料时，有条件的可使用履带式拖拉机碾压，没有条件时组织人力踩压。要一层一层地踩实，每层的厚度为 30 厘米左右。特别是窖的四周一定要多踩几遍。三是装窖的速度要快，最好是当天装满、踩实、封窖。装窖时间过长时，容易造成好氧菌的活动时间延长，饲料容易腐败。

5. 密封严实

（1）青贮窖　当窖装满高出地面 50～100 厘米时，在经过多遍的踩压后，把窖四周的塑料薄膜拉起来盖在露出在地面的饲料上，封严顶部和四周。然后压上 50 厘米的土层，拍平表面，并在窖的四周挖好排水沟。要确保封闭严实，不漏气、不渗水。封窖后要经常检查窖顶及四周有无裂缝，如有裂缝要及时补好，保证窖内的无氧状态。

（2）地面堆贮　先按设计好的堆形用木板隔挡四周，地面铺 10 厘米厚的湿麦秸，然后将铡短的青贮料装入，并随时踏实。达到要求高度，制作完成后，拆去围板。

（3）袋式青贮　用专用机械将青贮原料切短，喷入（或装入）塑料袋，排尽空气并压紧后扎口即可。如无抽气机，则应装填紧密，加重物压紧。

（4）整修与管护　青贮原料装填完后，应立即封埋，将窖顶做成隆凸圆顶，在四周挖排水沟。封顶后 2～3 天，在下陷处填土覆盖，使其紧实隆凸。

（六）青贮饲料的品质鉴定

1. 感官鉴定

即通过"看看、闻闻、捏捏"的方法，对青贮料的色、香、味和质地进行辨别，以判定其品质好坏（见表2-1）。

表2-1　青贮饲料感官鉴定

品质等级	颜色	气味	酸味	质地、结构
优良	青绿或黄绿，有光泽，近似原来的颜色	芳香水果、酒酸味，给人以舒适感觉	浓	湿润、紧密、叶脉明显，结构完整
中等	黄褐色或暗褐色	有刺鼻醋酸味，香味淡	中等	茎叶花保持原状，柔软，水分稍多
低劣	黑色、褐色或暗墨绿色	有特殊刺鼻腐臭味或霉味	淡	腐烂、污泥状，黏滑或干燥或黏成块，无结构

2. pH值测定

从被测定的青贮料中，取出具有代表性的样品，切短，在搪瓷杯或烧杯中装入半杯，加入蒸馏水或凉开水，使之浸没青贮料，然后用玻璃棒不断地搅拌，使水和青贮料混合均匀，放置15~20秒后，将水浸物经滤纸过滤。吸取滤得的浸出液2毫升，移入白瓷比色盘内，用滴瓶加2~3滴甲基红-溴甲酚绿混合指示剂，用玻璃棒搅拌，观察盘内浸出物颜色的变化。判断出近似的pH值，借以评定青贮饲料的品质（见表2-2）。

表2-2　青贮饲料pH值测定

品质等级	颜色反应	近似pH值
优良	红、乌红、紫红	3.8~4.4
中等	紫、紫蓝、深蓝	4.6~5.2
低劣	蓝绿、绿、黑	5.4~6.0

（七）青贮饲料的利用

1. 开窖饲喂

青贮 60 天后，待饲料发酵成熟、乳酸达到一定的数量、具备抗有害细菌和霉菌的能力后才可开窖饲喂。质量好的青贮饲料，应有苹果酸味或酒精香味，颜色为暗绿色，表面无黏液，pH 值在 4 以下。青贮料的饲喂要注意以下几点：一是发现有霉变的饲料要扔掉。二是开窖的面积不宜过大，以防暴露面积过大，好氧细菌开始活动，引起饲料变质。三是要随取随用，以免暴露在外面的饲料变质。取用时不要松动深层的饲料，以防空气进入。四是饲喂量要由少到多，使羊逐渐适应。在生产中有的养殖场（户）不了解青贮的原理和使用要点，见饲料的表面有点发霉，怕饲料变质坏掉，就赶快把青贮窖上的塑料薄膜去掉并翻动，结果青贮饲料很快腐烂变质，造成了损失。

2. 喂量

青贮饲料的用量，应视动物的种类、年龄、用途和青贮饲料的质量而定。开始饲喂青贮料时，要由少到多，逐渐增加，给动物一个适应过程。习惯后再增加。青贮饲料具有轻泻性，妊娠母羊可适当减少喂量。饲喂青贮饲料后，要将饲槽打扫干净，以免残留物产生异味。

第四节　安全饲养条件下的饲料配制与应用

一、肉羊的营养需要和饲养标准

（一）肉羊的营养需要

肉羊营养需要包括干物质、能量、蛋白质、矿物质及维生素等。

1. 对干物质的需要

干物质（DM）是指各种绝干的固形饲料养分需要量的总称。一般用干物质采食量（DMI）来表示。干物质采食量是一个综合性的营养指标。日粮中干物质过高，羊吃不下去；干物质不足，养分浓度低。在配制日粮时，要正确协调干物质采食量与营养浓度的关系，严格控制干物质采食量。肉羊干物质采食量一般为体量的3%～5%。

2. 对能量的需要

能量是肉羊的基础营养之一，能量水平是影响生产力的重要因素。肉羊对能量的需要，实则是对占饲料90%以上的有机物质的总需要。只有能量得到满足，各种营养物质如蛋白质、矿物质、维生素等才能发挥其营养作用。否则，即使这些营养物质在日粮的含量能满足需要，仍会导致肉羊体重下降、生产性能下降、健康恶化。

肉羊对能量的需求除与体重、年龄、生长及日粮中能量与蛋白质的比例有关外，还随生活环境（温度、湿度、风速等）、活动程度、肥育、妊娠、泌乳等因素而变化。一般放牧羊比舍饲羊消耗热量多，冬季较夏季多耗热能70%～100%；哺乳双羔需要能量高出维持需要量的1.7～1.9倍。

能量过高对肉羊生产也不利，要掌握控制方法，限量饲喂，限制采食时间，增加粗饲料比例等。

3. 对蛋白质的需要

粗蛋白质包括纯蛋白质和氨化物。蛋白质是由多种氨基酸组成的，对蛋白质的需求也就是对氨基酸的需求，它是细胞的重要组织成分，参与机体内代谢过程中的生化反应，在生命过程中起着重要作用。

肉羊对粗蛋白质的数量和质量要求并不严格，因瘤胃微生物能利用蛋白氮和氨化物中的氮合成生物价值较高的菌体蛋白。但瘤胃中微生物合成必需氨基酸的数量有限，60%以上的蛋白质需从饲料中获得。高产肉羊，单靠瘤胃微生物合成必需氨基酸是不够的。因此，合理的蛋白质供给，对提高饲料利用率和肉羊生产性能是很重要的。

能量和蛋白质是肉羊营养中的两大重要指标。日粮中两大指标的比例关系直接影响肉羊的生产性能。日粮中蛋白质适量或其生物学价值高，可提高饲料代谢能的利用，使能量沉积量增加。日粮中能量浓度低，蛋白质量不变，羊为满足能量需要，增加采食量，则蛋白质摄取量过多，多采食的蛋白质转化为低效的能量，很不经济。反之，日粮中能量过高，采食量少，而蛋白质摄取不足，日增重就下降。因此，日粮中能量和蛋白质要保持合理的比例，可以节省蛋白质，保证能量最大利用率。

肉羊对蛋白质需求量随年龄、体况、体重、妊娠、泌乳等不同而异。幼龄羊生长发育快，对蛋白质需求量就多。随年龄的增长，生长速度减慢，其对蛋白质的需求量随着下降。妊娠、泌乳羊、育肥羊对蛋白质需求量相对较高。

4. 对矿物质的需要

肉羊体组织中的矿物质占 3%～6%，是生命活动的重要物质，几乎参与所有生理过程。缺乏时会引起神经系统、肌肉运动、食物消化、营养运输、血液凝固、体内酸碱平衡等功能紊乱，影响羊只的健康乃至造成死亡。

钙、磷占体内矿物质总量的 65%～70%，长期缺乏钙磷或由于钙磷比例不当和维生素 D 不足，幼龄羊会出现佝偻病，成羊发生骨软症和骨质疏松症。

钾、钠和氯主要在维持体液的酸碱平衡和渗透压方面起重要作用。

5. 对维生素的需要

肉羊在维持生命活动和生产过程中需要消耗各种维生素，特别是脂溶性维生素 A、维生素 D、维生素 E、维生素 K，在羊体内不能合成，必须在饲料中补给。

（二）肉羊的饲养标准

羊的饲养标准就是羊的营养需要量。它是根据科学试验结果、结合实践饲养经验，对不同品种、年龄、性别、体重、生理状况、生产方向和生产水平的羊，科学地规定每只每天应通过饲料供给各种营养物质的数量。它是科学养羊的依据，对合理利用饲料、降低饲养成本，具有重要意义。在应用中不能生硬套，各地应依据羊的品种、生产性能、自然条件和饲养水平等生产实际情况加以调整。

二、安全、环保型肉羊日粮

（一）安全、环保型肉羊日粮配制的方法

日粮配制主要是规划计算各种饲料原料的用量比例。设计配方时采用的计算方法分手工计算和计算机优化饲料配方设计两种。

1. 手工计算法

包括交叉法、方程组法和试差法 3 种，可以借助计算器计算。配方计算技术是近代应用数学与动物营养学相结合的产物，也是饲料配方的常规计算方法，简单易学，可充分体现设计者的意图。设计过程清楚，但需要一定的实践经验，计算过程复杂，且不易筛选出最佳方案。手工计算法适合在饲料品种少的情况下使用。目前我国广大农村养羊适合该种方法。

手工计算法设计饲料配方的基本步骤如下。

① 查看肉羊的饲养标准，根据其性别、年龄、体重等情况查出其营养需要量（如泌乳山羊，包括维持需要和产奶需要，故要确定其总的养分需要量）。

② 查看肉羊常用饲料营养成分和营养价值表。有条件的地方，最好使用实测的原料养分含量值，这样可减少误差。

③ 根据日粮精粗比，计算或设定肉羊每日应给与的青、粗饲料的数量，并计算出青、粗饲料所提供的营养成分的数量。通常给予占羊体重1%～3%的粗饲料（干草）或相当于干草干物质的青贮料。一般每 3 千克的青贮料可代替 1 千克的干草。

④ 与饲养标准相比较，确定应由精料补充料提供的干物质及其养分数量。

⑤ 精料补充料的配制。在确定差值后，可形成新的精料营养标准，选择好精料原料，草拟精料配方，用手工计算法或借助计算工具检查、调整精料配方，直到与标准相符合。

⑥ 钙、磷可用矿物质饲料来补充，食盐可另外添加，根据实

际需要，再确定添加剂的添加量。最后将所有饲料原料提供的各种养分进行综合，与饲养标准相比较，并调整到与其基本一致（范围在±5%）。

⑦ 列出羊的日粮配方和所提供的营养水平，并附以精料补充料配方。

2. 计算机优化饲料配方设计

主要是根据有关数学模型编制专门程序软件进行饲料配方的优化设计。涉及的数学模型主要包括线性规划、多目标规划、模规划等。应用这些方法获得的配方也称优化配方或最低成本配方。肉羊线性规划等方法在配方计算过程中需要大量的运算，手工计算无法胜任。只有在电子计算机出现后，才应用于配方设计。

（二）安全、环保型肉羊日粮配制需要注意的问题

① 加强对饲料原料有毒有害物质的去除。尤其将未经处理的秸秆作为肉羊的饲料时，其中的农药残留会在羊肉中蓄积并造成羊体中毒。

② 用青绿饲料饲喂肉羊时，在注意农药残留问题的同时，要注意剔除那些对羊及羊肉造成不利影响的有毒有害植物。

③ 贮存、饲喂时，要防止饲料的发霉、变质。因为发霉、变质的饲料会产生许多霉菌毒素，这些毒素会侵害肉羊的肝脏、肾脏、大脑和神经系统，危害肉羊的健康。

④ 肉羊生产场在消毒和饲料贮存过程中使用的防虫、防鼠药物，大都具有毒性。应注意防范，避免污染饲料、饲槽和羊体。

⑤ 在羊饲料中使用的防病治病及促生长、保健的药物，要严格按国家相关药物添加的法律法规执行。禁止使用对肉质有影响，在羊体内产生蓄积的对人体有害的违禁药物。

三、肉羊全混合日粮（TMR）颗粒饲料

肉羊全混合日粮（TMR）饲喂是根据肉羊在不同生长发育阶段的营养需要，按营养专家设计的日粮配方，用特制的搅拌机对日粮各组分进行搅拌、切割、混合，并进行饲喂的一种先进的饲养工

艺，现在已经可以制成颗粒型 TMR 全价配合饲料。

（一）肉羊 TMR 颗粒饲料的优点

① 保证各营养成分均衡供应。TMR 颗粒饲料各组分比例适当，混合均匀，反刍动物每次吃进的 TMR 干物质中，含有营养均衡、精粗比适宜的养分，瘤胃内可利用碳水化合物与蛋白质分解利用更趋于同步，有利于维持瘤胃内环境的相对稳定，使瘤胃内发酵、消化、吸收和代谢正常进行，因而有利于提高饲料利用率，减少消化道疾病、食欲不良及营养应激等。

② 有利于充分利用当地的农副产品和工业副产品等饲料资源。某些利用传统方法饲喂适口性差、转化率低的饲料，如鱼粉、棉籽粕、糟渣等经过 TMR 技术处理后适口性得到改善，有效防止肉羊挑食，可以提高干物质采食量和日增重，降低饲料成本。

③ 便于应用现代营养学原理和反刍动物营养调控技术，有利于大规模工厂化饲料生产，制成颗粒后有利于贮存和运输，饲喂管理省工省时，不需要另外饲喂任何饲料，提高了规模效益和劳动生产率。另外，减少了饲喂过程中的饲料浪费、粉尘等问题。

④ 采食 TMR 的反刍动物，与同等情况下精粗料分饲的动物相比，其瘤胃液的 pH 值稍高，因而更有利于纤维素的消化分解。

⑤ 调制和制粒过程中产热破坏了淀粉，使得饲料更易于在小肠消化。颗粒料中大量糊化淀粉的存在，将蛋白质紧密地与淀粉基质结合在一起，生成瘤胃不可降解的蛋白，即过瘤胃蛋白，可直接进入肠道消化，以氨基酸的形式被吸收，有利于反刍动物对蛋白氮的消化吸收。若膨化后再制粒更可显著增加过瘤胃蛋白的含量。

（二）TMR 颗粒饲料饲喂时的注意事项

1. 饲喂量的控制

采食量的控制，明显影响羊的生长情况。喂得过饱，不仅不能使羊快速健康生长，反而会造成饲料的浪费。喂得太少，羊得不到生长所需营养的浓度或许还会消瘦。因此采食量的控制是非常重要的。原则是要让羊吃最适量的饲料，摄取均衡的营养，达到最高的日增重，从而提高整体效益。采食量由个体大小、体重、饥饿程度、采食时间、粪便等情况决定的。绵羊的采食量要比山羊高点。每天山羊的采食量占山羊体重的 $5\%\sim2.5\%$，随着羊体重的增加，羊所需饲料和体重的比例将逐渐变小。例如一只 12.5 千克重的羊饲喂总量定为 $0.5\sim0.625$ 千克/天为宜，一般按体重的 4.8% 计算；再如一只 20 千克左右的羊每天的采食量大概是 $0.75\sim0.85$ 千克，约占体重的 4.2%。采食时间大概可以控制在 $30\sim40$ 分钟；一般控制在 $7\sim8$ 分饱。粪便情况排除驱虫的影响，如果还存在粪便不成形的现象，则说明饲喂量过高了，导致消化不良，形成营养过剩，从而造成饲料的浪费。

2. 供给充足饮水

羊的平均饮水量大概是采食量的 $2\sim3$ 倍，因此要确保羊有充足的干净饮水。此外，不同季节、不同气温，羊的饮水量也不相同。特别值得注意的是，冬季水温要高于 5℃，但是要低于 40℃。切记不要给羊喝冰冻水。在饮水方面一定注意不能少，羊使用 TMR 颗粒饲料时，由于颗粒饲料含水量较低，羊只所需要的水分靠饮水摄取，有些养殖户忽略了饮水的重要性，疏于饮水的供给，导致羊只生产性能下降。曾有一家养殖户，每天只是在早晚饲喂时间照顾羊只，其他时间不闻不问，羊只缺水了饲养员都不知道，一开始羊只日增重接近 7 两，但后来由于缺水羊只的平均日增重只有 $150\sim200$ 克，严重影响了养殖效益。

3. 在合适的温度条件下使用

温度是影响动物生存、健康、繁殖与生产的主要外界环境因素之一。只有在一定的温度条件下使用羊 TMR 颗粒饲料，才能充分发挥遗传潜力、表现良好的生产性能。温度过高或过低，都会使其生产水平下降，甚至危及健康和生命安全。因此，羊舍的温度对舍饲肉羊特别是羔羊至关重要。冬季保温、夏季降温是羊舍环境管理的第一要务。据有关研究资料，我国细毛羊的抓膘气温为 $8\sim22℃$，最适宜的抓膘气温 $14\sim22℃$；掉膘极端低温 $-5℃$，极端高温 25℃ 以上。绵羊对高温的临界耐受力为 25℃。超过这个临界温度，羊就会出现食欲减退、掉膘消瘦、呼吸喘促、抵抗力下降等情况，更为严重者，导致患病乃至死亡。夏季羊舍降温可通过采取遮阳网，降低饲养密度，舍内喷雾降温等办法来实现。

四、秸秆饲料的安全加工调制技术

秸秆饲料是一种潜在的非竞争资源，是我国最丰富的饲料来源之一，分为禾本科作物秸秆、牧草秸秆和其他作物秸秆。稻草、小麦秸、玉米秸是我国三大作物秸秆，秸秆产量已经达到 7 亿吨。目前，仅 20％～30％作为草食家畜的饲料。充分开发利用此类资源，对建立"节粮型"畜牧业结构具有重要意义。秸秆的粗纤维含量高、粗脂肪和粗蛋白含量低，从营养学的角度讲，其营养价值极低，但在粗饲料短缺时，经过适当处理，可提高其适口性和营养价值。主要调制方法为物理方法、化学方法和生物方法。

秸秆因其特殊的化学组成成分，造成了秸秆的营养价值低、消化率低，表现在纤维素类物质含量高、粗蛋白含量低、消化能低、缺乏维生素、钙磷含量低等，秸秆的消化能只有 7.8～10.5 兆焦/千克，只相当于干草的一半；羊对秸秆的消化率为 40％～50％。

（一）秸秆饲料的加工方法

采用适当的加工方法，以提高秸秆的营养价值，改善其适口性。目前可采用物理方法、化学方法或生物方法处理秸秆。物理加工方法包括机械加工、热加工、浸泡等方法。

机械加工是指利用机械将粗饲料铡短、粉碎或揉碎，是秸秆利用最简便而又常用的方法，即将干草和秸秆切短至 2～3 厘米，或用粉碎机粉碎，但不宜粉碎得过细，以免引起反刍停滞，降低消化率。加工后便于肉羊咀嚼、提高采食量，并减少饲喂过程中的饲料浪费。热加工主要指蒸煮和膨化，目的是软化秸秆，提高适口性和消化率。蒸煮可采用加水蒸煮法和通气蒸煮法。膨化是将秸秆置于密闭的容器内，加热加压，然后突然解除压力，使其暴露在空气中膨胀，从而破坏秸秆中的纤维结构并改变某些化学成分，提高其饲用价值。浸泡的方法是在 100 千克水中加入食盐 3～5 千克，将切碎的秸秆分批在桶或池内食盐溶液中浸泡 24 小时左右，目的是软化秸秆，提高其适口性。

化学加工法是利用酸、碱等化学物质对秸秆进行处理，降解秸秆中木质素、纤维素等难以消化的成分，从而提高其营养价值、消化率和改善适口性。目前，主要采用氨化处理方法，分为窖池式、堆垛和袋装氨化法。氨源常用尿素和碳酸氢铵。尿素是一种安全的氨化剂，其使用量为风干秸秆的 2%～5%，使用时先将尿素溶于少量的温水中，再将尿素倒入用于调整秸秆含水量的水中，然后将尿素溶液均匀地喷洒到秸秆上；使用碳酸氢铵氨化时，将 8 千克碳酸氢铵溶于 40 升水，均匀撒于 100 千克麦秸粉或玉米秸粉中，再装入小型水泥池或大塑料袋中，踏实密封，经 15～30 天后即可启封取用。氨化处理要选用清洁、无发霉变质的秸秆，并调整秸秆的含水量至 25%～35%。氨化应尽量避开闷热时期和雨季，当天完成充氨和密封，计算氨的用量一定要准确。

生物学加工法是利用乳酸菌、酵母菌等有益微生物和酶进行处理的方法。它是接种一定量的特有菌种以对秸秆饲料进行发酵和酶解作用，使其粗纤维部分降解转化为可消化利用的营养成分，并软化秸秆，改善其适口性、提高其营养价值和消化利用率。处理时将不含有毒物质的作物秸秆及各种粗大牧草加工成粉，按 2 份秸秆草粉和 1 份豆科草粉比例混合；拌入温水和有益微生物，整理成堆，用塑料布封住周围进行发酵，室温应在 10℃以上。当堆内温度达到 43～45℃、能闻到曲香味时，发酵成功。饲喂时要适当加入食盐，并要求 1～2 天内喂完。

（二）合理利用加工后的秸秆

机械加工后的秸秆饲料可直接用于饲喂，但要注意与其他饲料配合；浸泡秸秆喂前最好用糠麸或精料调味，每 100 千克秸秆加入糠麸或精料 3～5 千克，如果再加入 10%～20% 的优质豆科或禾本科干草效果更好，但切忌再补饲食盐；氨化秸秆取喂时，应提前1～2 天将其取出放氨，初喂时可将氨化秸秆与未氨化秸秆按 1∶2的比例混合饲喂，以后逐渐增加，饲喂量可占肉羊日粮的 60% 左右，但要注意维生素、矿物质和能量的补充，以便取得更好的饲养效果。

秸秆饲料经过加工调制后，可改善其适口性、提高营养价值和消化利用率。秸秆切短后直接喂羊，吃净率只有 70%，但使用揉搓机将秸秆揉搓成丝条状直接喂羊，吃净率可提高到 90% 以上。秸秆进行热喷处理后，采食率提高到 95% 以上，消化率达到 50%，利用率可提高 2～3 倍。秸秆氨化处理后可使秸秆的粗蛋白质从 3%～4% 提高到 8% 以上，消化率提高 20% 左右，采食量也相应提高 20% 左右。秸秆经碱化处理后，有机物质的消化率由原来的 42.4% 提高到 62.8%，粗纤维的消化率由原来的 53.5% 提高到 76.4%。添加尿素的秸秆热喷处理后，玉米秸秆的消化率达到 88.02%、稻草达 64.42%。秸秆制成颗粒，由于粉尘减少，体积压缩，质地硬脆，颗粒大小适中，利于咀嚼，改善了适口性，从而诱使肉羊提高采食量和生产性能。

第五节　饲料的安全贮藏

一、饲料污染造成的危害

（一）饲料的农药污染危害

1. 有机氯农药

这类农药易溶于脂肪和有机溶剂，化学性质稳定，因而可在农作物中残留。当羊采食这些农作物时，农药会在羊体内蓄积，代谢较慢，故可致慢性中毒。有机氯化合物为神经毒，对神经组织、肾、肝以及心脏有毒害作用。此外还有致癌、致突变作用。当人食用这些羊肉产品后，可转移到人体内，危害人的健康。

2. 有机磷农药

这类农药药效高，残留期短，对人畜的毒性相对较低。但它在水中分解缓慢，可蓄积在淤泥和水生动植物体内。有机磷农药主要通过消化道引起羊中毒。羊在采食、误食喷洒农药不久的农作物、牧草、蔬菜时都会引起中毒。中毒羊出现中枢神经症状，严重时出现呕吐、昏厥，甚至发生死亡。

3. 除草剂

这类化合物对各种动物均是高毒性的，羊采食喷洒了除草剂的牧草可引起酸中毒。中毒后的主要症状是呼吸困难，心跳加速和痉挛，继而昏迷死亡。

（二）饲料原料贮存过程污染的危害

1. 饲料霉变

饲料在储存过程中往往会受到真菌侵袭，发生霉变，这会使饲料中产生许多真菌毒素，对羊及家畜造成不同程度的毒害。近年来已从玉米、小麦、大米、棉籽、糠麸等家畜饲料中分离出多种产生毒素的霉菌。现已知的真菌毒素有 150 种，有些毒素可侵害家畜的肝脏、肾脏、大脑和神经系统，有的可侵袭家畜的消化系统和血液系统，使家畜发生肝硬化、肝炎、肝癌、肾炎、胃肠炎、毒血症、神经系统功能失调、严重出血、食欲减退或废绝，严重消瘦甚至死亡。

2. 仓库害虫的污染

饲料在仓库储藏过程中，经常会遭受害虫和鼠害，各种昆虫和螨类对饲料的侵害和污染更为严重。这不仅会损失掉大量饲料，而且也会引起饲料霉变。同时，虫、鸟、鼠的排泄物、代谢产物也会严重污染饲料，致使饲料质量严重下降，营养价值降低，有时还会使羊发生中毒，引起死亡。

3. 饲料生产加工过程污染危害

在饲料生产加工过程中，由于各种原因也可能造成饲料的污染。如在饲料原料的收获采集过程中，混入一些有毒植物、被农药污染的农作物或一些杂物；在饲料的运输、加工调制过程中，可能混入泥沙、铁钉、铁屑等异物，均可引起羊生理机能失调，引发疾病。含泥沙过多的饲料容易在贮存中发霉变质，在饲喂时会增加羊舍中的灰尘，甚至造成羊肠道沙结。

二、防止饲料污染的措施

为了预防农药污染中毒，首先应在农作物及牧草生产中，尽量减少和合理使用农药，应尽量使用非化学方法。如用生物防治方法与其他农业生产措施相配合，采取综合措施预防农药对饲料的污染和对养羊业的危害，这是从根源上解决饲料农药污染的最好途径。其次，在饲料原料的贮存和羊舍消毒卫生处理方面也要避免或减少使用有毒、有害药品，以免对饲料和羊体造成污染。搞好仓库和羊舍卫生，改善饲料贮存条件，也是减少和防止农药污染的重要方面。

为减少和防止饲料在储存过程中病虫害污染导致的饲料霉变、质量下降，应首先改善仓储条件，其次要科学合理管理。饲料仓库应避光、防雨，经常保持良好通风，避免潮湿。饲料原料在仓库内按品种特性和要求科学储存，并经常定期取样抽查，定期翻晒，定期灭鼠和灭虫害。

为预防有毒植物毒害，首先应在饲料原料收获采集时尽可能避免或减少有毒植物的混入；其次饲喂时应注意要有一定限度，不能饲喂过多，或经物理、化学等方法处理，且要与其他饲料搭配饲喂，以减少或冲淡有毒物质的摄入量，降低对羊体的影响。

第三章　搞好羊场的隔离卫生

第一节　羊场场址的选择和规划

一、正确选择羊场场址

羊场场址的选择应按照羊的生活习性、生理特点，充分考虑羊场的生产特点（种羊场或商品羊场）、饲养管理模式、生产集约化程度以及周围环境等，对地势、地形、风向、土质、水源、位置（交通、供电、居民区、工厂区等）、面积等条件进行具体选择。除考虑饲养规模外，还应符合当地土地利用规划的要求，充分考虑羊场的饲草料条件等。

（一）地势与地形选择

建造羊舍的场地，应是地势较高、干燥、地下水位在 1.5 米以下的沙质土壤。地形要开阔整齐，场地不要过于狭长或边角太多；地势要平坦且稍有坡度，坡度以 1%～3% 较为理想，最大不得超过 25%；土质黏性过重，透水透气性差，不易排水，不适于建场。在山区应选择背风向阳，面积较宽敞的缓坡地建场。凡低洼、山谷、背阴的地方都不宜于选建羊场。

（二）风向选择

我国地域辽阔，各地气候差异显著，北方干燥而寒冷，南方天气酷热而湿润，又有明显的季风特征，夏季多数为东南风，冬季多为西北风。所以在选择场址时，一般都应选择坐北朝南或东南方向，这样就避开了冬季北风通道，夏天能充分利用东南风的主风道，以利于场区通风降温避暑。

（三）水质

选择场址前，应考察当地有关地表水、地下水资源的情况，了解是否有因水质问题而出现过某种地方性疾病，是否在羊场附近有屠宰场和排放污水的工厂，尽可能建场于工厂和城镇上游，以保持水质干净。羊场水中大肠杆菌数、固体物总量、硝酸盐和亚硝酸盐的总含量都要符合卫生标准。在此基础上，饮用地下水或自来水都必须满足羊和人的足量饮用。按照每只羊每天需水 10 升，每人每天 30 升的用水量计划设计用水设施。

（四）交通

场址选择重点考虑交通要方便，但不能直接靠近主要公路，肉羊场周围 3000 米以内无大型化工厂、采矿厂、皮革厂、肉品加工厂、屠宰厂等污染源，羊场距离公路干线、铁路、城镇居民区和公共场所要在 1000 米以上，远离高压线。羊场周围有围墙或防疫沟，并建立绿化隔离带。羊场道路 4 米宽即可。

（五）面积的选择

羊场面积要根据饲羊数量、管理方式、集约化程度及饲料供应情况等因素确定。生产区与生活区及未来的发展要相互兼顾，并要留有余地。一般羊场生产区的面积按每只羊占 10～20 平方米计算，种羊场每只羊占面积多一些，商品羊场每只羊所占面积可适当少一些。

二、搞好羊场规划

一个羊场无论规模大小，都应该有羊舍、饲草料贮存加工区、生活管理区、兽医室和粪尿存贮处理区。规模大的羊场还应有专用药浴池、解剖室与焚化炉等。对羊场生产区、管理区、场区道路、羊舍设计、饲养工艺及布局要求等有具体规定。要求羊场应设有废弃物处理设施和病害肉及其产品的无害化处理设备。

（一）羊舍

羊舍是羊场的"生产车间"，是羊生长、发育、生活的地方。要求按性别、年龄、生长阶段设计羊舍，实行分阶段饲养、集中育肥的饲养工艺。羊舍集中的生产区应占羊场总面积的 45%～70%。根据羊的性别、年龄、生理阶段，可划分为种公羊舍、哺乳母羊舍（包括羔羊补饲栏）、母羊舍、育成羊舍及隔离羊舍。羊舍应避开寒冷季节的西北风，面向南或东南。

（二）饲草料贮存加工区

包括干草存放及加工区，青贮池或调制。按每只羊年需青贮料 750～1000 千克计算贮存量，青贮池按每立方米贮存 500～600 千克料来计算设计池的容积。

干草存放区与加工区相连，方便饲草搬运和进行加工。饲草料贮存加工区与饲养区相连，与各舍距离适中，便于拉运，位于饲养区的侧风区或侧下风区。

（三）生活管理区

包括生活居住区和办公管理区。生活管理区因外来人员繁杂，应与饲养区有一定距离，并且有隔离栏和隔离带分隔，生活区和管理区可在一区内分设，也可以分区设计。生活区主要是技术和管理人员居住生活的场所。管理区是办公、管理、销售中心。生活管理区应设计在羊场的上风区和侧风区。

（四）粪尿存贮及处理区

粪尿存贮及处理区，是羊场废渣存贮场所，是隔离区，要有防止粪液渗漏、溢流措施。羊粪要每日清扫运到存贮场所进行处理。存贮区面积根据养殖的数量，一只羊一年可产粪 800～1000 千克，由此可设计出存贮区的面积。处理区应根据处理的方法进行设计。

粪尿存贮区设在羊场的下风区。

沼气是在厌氧环境中，在一定的温度、湿度、酸碱度的条件下，微生物在分解发酵有机物质的过程中所产生的一种可燃气体。用羊粪制造沼气，入池前要堆沤 3 天，然后入池发酵。

（五）药浴池

药浴池是防治羊体外寄生虫的预防治疗设施。药浴池一般设在距羊舍不远，便于驱赶羊群，取水方便，排水便利而又不污染农田及周边环境的地点。

（六）兽医室

兽医室是兽医技术人员办公和药品疫苗存放的地方。位于生产区的中间区域，便于兽医在第一时间到达羊舍。

（七）解剖室与焚化炉

解剖室与焚化炉应设在与生产区分开的隔离区。解剖室是专门对病死羊进行尸体解剖、查检病变、分析病理病因的专用场所。必须严格封闭、隔离，外人不得入内。剖解的尸体不得外运、外移，更不能食用。焚化炉要靠近解剖室，处于羊场下风区。

三、合理设计羊舍

为保证羊场内卫生，便于防疫，羊舍建筑的类型可根据气候条件、饲养要求、建筑场地、建材选用、传统习惯和经济实力等条件灵活设计。南方以防潮和隔热为主要目的，北方以冬季保温为主要目的。

（一）房屋式羊舍

房屋式羊舍（图 3-1）是农民普遍采用的羊舍类型之一，多在北方地区的平川和土质不好的地区使用。建造时主要从保温的角度考虑，羊舍主要为砖木结构，墙壁用砖石块垒成。屋顶有双面式脊式、单面起脊式和平顶式 3 种。羊舍多坐北朝南，呈长方形的布局，前面有运动场和饲槽，在舍内一般不设饲槽。

图 3-1 房屋式羊舍

（二）棚舍式羊舍

棚舍式羊舍（图 3-2）适宜在气候温暖的地区采用。特点是造价低、光线充足、通风良好。夏季可作为凉棚，雪雨天可作为补饲的场所。这种羊舍三面有墙，羊棚的开口在向阳面，前面为运动场。羊群冬季夜间进入棚舍内，平时在运动场过夜。

图 3-2 棚舍式羊舍

（三）塑料大棚式羊舍

塑料大棚式羊舍（图 3-3）是将房屋式和棚舍式羊舍的屋顶部

分用塑料薄膜代替而建设的一种羊舍。这种羊舍主要在我国北方冬季寒冷地区使用，具有经济适用、采光保暖性能好的特点。它可以利用太阳的光能使羊舍的温度升高，又能保留羊体产生的热量，使羊舍内的温度保持在一定的范围内，可以防止羊体热量的散失，提高羊的饲料利用效果和生产性能。

图 3-3　塑料大棚式羊舍

（四）楼式羊舍

楼式羊舍（图 3-4）主要在南方气候炎热和多雨潮湿的地区使用。夏季，羊在楼板上休息活动，可以达到通风、凉爽、防热、防潮的目的；冬季，羊可以在楼下活动和休息。

图 3-4　楼式羊舍

（五）窑洞式羊舍

窑洞式羊舍（图 3-5）适宜于土质比较好的地区，特别是在山区使用。其特点是造价低，建筑方便，经久耐用，羊舍温度和湿度比较恒定，还有利于积粪。这种羊舍冬暖、夏凉，舍内的温度变化范围小。其缺点是采光不足和通风性能差。若在建造时增加门窗的面积，并在窑洞的顶上开通风孔，可弥补这些不足。

图 3-5 窑洞式羊舍

第二节 建设配套的卫生隔离设施

羊舍的配套设施包括饲槽水槽、活动羊栏、药浴设施、饲料库和青贮池等。建设这些设施都要符合卫生隔离要求。

一、饲槽、水槽

饲槽主要是在饲喂羊精饲料、颗粒饲料、青贮料、青草和干草时使用。饲槽分为固定式和移动式两种。

（一）固定式饲槽

在羊运动场的四周或中间，用水泥或砖砌成固定式饲槽（图 3-6）。饲槽要上宽下窄，槽底呈圆形，在槽的边缘用钢筋做成护栏，防止羊踩进饲槽，减少饲料受到粪尿污染。

(a)　　　　　　　　　　　　　(b)

图 3-6　固定式饲槽

（二）移动式饲槽

移动式饲槽（图 3-7）多用木料或铁皮制作而成。具有移动方便、存放灵活的特点。

图 3-7　移动式饲槽

（三）水槽和自动饮水碗

在羊的运动场的中间设置固定式的水槽或放置水盆，在羊舍中可以安装自动饮水碗，供羊饮水用（图 3-8）。

（四）草料架

草料架形式多种多样。有专供喂粗料的草架，有供喂粗料和精

(a) 水槽

(b) 自动饮水碗

图 3-8　水槽和自动饮水碗

料两用的联合草料架，有专供喂精料用的料槽。添设草料架总的要求是不使羊只采食时相互干扰，不使羊脚踏入草料架内，不使架内草料落在羊身上，影响到羊毛质量。一般在羊栏上用木条做成倒三角形的草架，木条间隔一般为 9～10 厘米，让羊在草架外吃草，可减少浪费，避免草料污染。

二、活动羊栏

（一）产羔栏

产羔期间，为了对产羔母羊进行特殊的护理，增加母仔感情，提高羔羊的成活率，经常使用母仔栏。母仔栏多用木板制作，也可用钢筋焊制而成。每块围栏高 1 米、长 1.5 米，使用时靠墙围成 1.2～1.5 平方米的小栏，放入 1 只带羔母羊。一般母羊在产羔栏内饲养 7 天，使母羊完全认羔。

（二）羔羊补饲栏

羔羊补饲栏专用于羊羔的补饲。可在羊运动场内用几个围栏围出一定的面积，在围栏内对羔羊进行补饲补料。围栏应用钢筋焊制而成，钢筋间的间距为 10～15 厘米，使羔羊可以自由出入，而大羊不能进入。

三、药浴设施

药浴是养羊生产中必须进行的生产过程，主要目的是防止羊体外寄生虫对羊体和羊皮的侵害。在养羊专业村可以由养羊户共同投资建设羊的药浴场（图3-9）、药浴池（图3-10），以便定期对羊群进行药浴。药浴池为水泥砌成的长方形的水池，池深80~100厘米，长6~8米，池底宽40~60厘米，上宽60~80厘米，以1只羊可以通过但不能转身为原则。池的两端入口和出口为斜坡，入口一端斜坡稍陡，使羊快速下入池中；在出口处斜坡留台，使药浴后的羊在此停留，把身上多余的药液滴流回药浴池。若无条件，可用水缸或大口锅药浴。

图 3-9 药浴场

图 3-10 药浴池

四、饲料库和青贮池

饲料库（图3-11）是进行羊精饲料加工和饲料贮存的场所，应选择防潮、防鼠和封闭性能好的房屋作饲料库。草棚（图3-12）主要用于存放羊的饲草，要防雪雨、防火、防潮。

青贮池（图3-13）是存放青贮饲料的场所。在舍饲养羊的情况下，离不开青贮池。青贮池应选择在地势较高、土质坚实、排水良好、地面宽敞、离羊舍较近的地方。青贮池一般为长方形，池底和四周用砖、石或水泥砌成。为防止池壁倒塌，应有1/10的坡度，池的断面为梯形。在无条件时，青贮池的四周可用塑料薄膜覆盖，不要使草直接和

| (a) | (b) |

图 3-11　饲料库

图 3-12　草棚

土接触。青贮池的大小以饲养羊数量的多少和补饲的时间长短而定，一般每立方米的青贮池可存放玉米青贮 500 千克左右。

 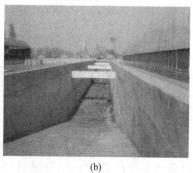

| (a) | (b) |

图 3-13　青贮池

第三节 加强羊舍环境控制

羊作为一种恒温动物，主要是通过产热和散热的平衡来保持稳定的体温。任何环境的变化，都会直接影响羊本身和该环境之间的热交换总量，因而，为了保持体热平衡就必须进行生理调节。若环境条件不符合羊的舒适范围，那么羊就要进行调节，从而影响其生长、生产能力和健康。羊舍环境控制就是通过人工手段以克服羊舍不利环境因素的影响，建立有利羊健康和生产的环境条件。其主要采取的措施包括：羊舍的防寒避暑、通风换气、采光照明、消毒等。

一、羊舍的防暑与降温

为了消除或缓和高温对羊健康和生产力所产生的有害影响，并减少由此而造成的严重经济损失，近年来人们已越来越重视羊舍的防暑与降温工作，并采取了一些措施。

在天气炎热的情况下，一般是通过降低空气温度、增加非蒸发散热，来缓和羊的热负荷。通常是从保护羊免受太阳辐射，增加羊传导散热、对流散热和蒸发散热等行之有效的办法来加以解决。

（一）搭凉棚

对于简易羊舍，要加宽羊舍屋檐，有的羊场的羊槽在运动场，这就使得羊大部分时间在运动场活动和采食，在运动场搭凉棚就尤其重要。搭凉棚一般可减少 30%～50% 的太阳光辐射热。在羊舍周围栽种绿色植物，通过植物蒸腾作用和光合作用，吸收热，有利于降低气温。

（二）设计隔热的屋顶，加强通风

为了减少屋顶向舍内传热，在夏季炎热而冬季不冷的地区，可以采用通风的屋顶，其隔热效果很好。通风屋顶是将屋顶做成两层，层间内的空气可以流动，进风口在夏季宜正对主风向。由于通风屋顶减少了传入舍内的热量，降低了屋顶内的表面温度，所以可以获得很好的隔热防暑效果。在夏凉冬冷地区，则不宜设通风屋顶，这是因为在冬季这种屋顶会促进屋顶散热。另外，羊舍场址宜选在开阔、通风良好的地方，位于夏季主风口，各羊舍间应有足够距离以利通风。

（三）舍饲羊场进行绿化

1. 明显改善羊场内的温度、湿度、气流等情况

在夏季，一部分太阳的辐射热量被稠密的树冠所吸收，而树木所吸收的辐射热量，绝大部分又用于蒸腾和光合作用，所以环境温度的升高并不明显。绿化可以增加空气的湿度，减缓风速，构建凉爽的环境。

2. 净化空气

大型羊场空气中的微粒含量往往很高，在羊场及其四周如种有高大树木组成的林带，能吸收大量的二氧化碳和氨，净化、澄清大气中的粉尘，同时又释放出氧。草地除了可以吸附空气中的微粒外，还可以固定地面上的尘土，不使其飞扬。

3. 减轻噪声

树木与植被等对噪声具有吸收和反射的作用，可以减弱噪声的强度。树叶密度越大，减声效果越显著。因此羊舍周围应栽种树冠较大的树木。

4. 减少空气及水中的细菌含量

树木可使空气中的微粒量大大降低，因而使细菌失去附着物，减少病菌传播的机会。有些树木的花、叶能分泌一种芳香物质，可以杀死细菌、真菌等。

用作羊场绿化的树木不仅要适应当地的水土环境，还要有抗污染、吸收有害气体等功能。常见的绿化树种有：梧桐、小叶白杨、毛白杨、钻天杨、旱柳、垂柳、槐树、红杏、刺槐、油松、侧柏、雪松、核桃树等。

（四）利用主风向、加强通风散热

为了保证夏季羊舍有良好的通风，让羊避暑，羊舍的朝向应尽量面对夏季的主风向，以确保有穿堂风通过，使羊体凉爽。

（五）羊舍降温

通过喷雾和淋浴方法，来降低舍内温度。淋浴降温是通过淋湿羊体表，直接降温和加强蒸发散热，同时可吸收空气中的热量而降低舍温。喷雾降温不用湿润体表，就可以促进羊体蒸发散热。

二、羊舍的防寒与保暖

我国北方地区冬季气候寒冷，应通过羊舍的外围结构合理设计，解决防寒保暖问题。羊舍失热最多的是屋顶、天棚、墙壁和地面。

（一）屋顶和天棚

屋顶和天棚面积大，热空气上升，热能易通过天棚、屋顶散失。因此，要求屋顶、天棚结构严密、不透气，天棚应铺设保温层、锯木灰等，也可采用隔热性能好的合成材料，如聚氨酯板、玻璃棉等。天气寒冷地区可降低羊舍净高，以维护羊舍温度。

（二）墙壁

墙壁是羊舍的主要外围结构，要求墙体能够隔热、防潮，寒冷地区应选择热导率较小的材料，如空心砖、铝箔波形纸板等作墙体。羊舍长轴应呈东西方向配置，北墙不设门，墙上设双层窗，冬季加塑料薄膜、草帘等。

（三）地面

地面是羊活动直接接触的场所，地面冷热情况直接影响羊体。石板、水泥地面坚固耐用，且能防水，但冷、硬，寒冷地区作羊床时应铺垫草、木板。羊舍的地面多数采用三合土和夯实土地面，这种地面在干燥状况下，具有良好的温热特性。而水泥地面又冷又硬，对羊极为不利。空心砖热导率小，是好的羊舍地面材料，在其下面再加一层油毡或沥青防潮，效果较好。

此外，要选择有利的羊舍朝向，羊舍的设计以坐北朝南为好，运动场朝向以南向为好，有利保温采光。冬季通过提高饲养密度，铺设垫草，也可进行防寒。

三、羊舍的通风换气

通风换气是为了排除羊舍内产生过多的水汽和热量，驱走舍内产生的有害气体和臭味。

（一）羊舍的通风换气

羊舍的通风装置多采用流入排出式系统，进气管均匀设置在羊舍纵墙上，排气管均匀设置在羊舍屋顶上。进气管间距为 2～4 米，排气管间距 1～2 米。进气管可分别设置在纵墙距天棚 40～50 厘米处及距地面 10～20 厘米处，设调节板，控制进风量。冬季用上面的进气管，同时堵住下面的进风管，避免羊体受寒。夏季用下面的，有利羊体凉爽。排气管一般设置在羊床上方，沿屋脊两侧交错垂直安装在屋顶上，下端由天棚开始，上端高出屋脊 0.5～0.7 米，管内设调节板。排气管上设风帽。

（二）机械通风

机械通风方式里的负压通风比较简单、投资少、管理费用也较低，羊舍多采用。负压通风也叫排气式通风或排风，是通过风机抽出舍内的污浊空气，舍内空气压力变小，舍外新鲜空气通过进气口或进气管流入舍内而形成舍内外空气交换。

四、羊舍的采光

控制羊舍采光的主要方法有两种。

（一）窗户面积

羊舍窗户面积越大，采光越好。窗户面积常用采光系数来表示。采光系数指窗户的有效采光面积与舍内地面面积之比。

（二）玻璃

干净的玻璃可以阻止大部分的紫外线，脏的玻璃可以阻止15%～19%可见光，结冰的玻璃可以阻止 80% 可见光。

第四节 加强羊场的卫生管理

一、圈舍的清扫与洗刷

要经常对羊圈舍进行清扫与洗刷。为了避免尘土及微生物飞扬，清扫运动场和羊舍时，先用水或消毒液喷洒（图 3-14），然后再清扫（图 3-15）。主要是清除粪便、垫料、剩余饲料、灰尘及墙壁和顶棚上的蜘蛛网、尘土。

图 3-14 喷洒羊舍   图 3-15 清扫羊舍

图 3-16 羊运动场消毒

喷洒消毒液的用量为 1 升/平方米，泥土地面、运动场为 1.5 升/平方米左右。消毒顺序一般从离门远处开始，以墙壁、顶棚、地面的顺序喷洒一遍（图 3-16），再从内向外将地面重复喷洒 1 次，关闭门窗 2～3 小时，然后打开门窗通风换气，再用清水清洗饲槽、水槽及饲养用具等。

二、羊场水的卫生管理

（一）饮用水水质要符合要求

要保证水质符合畜禽饮用水水质标准（表 3-1），以保证干净卫生，防止羊感染寄生虫病或发生中毒等。

表 3-1 畜禽饮用水水质标准

项目		标准值	
		畜	禽
感官性状及一般化学指标	色度	不超过 30°	
	浑浊度	不超过 20°	
	臭和味	不得有异臭、异味	
	肉眼可见物	不得含有	
	总硬度（以 $CaCO_3$ 计）/（毫克/升）	≤1500	
	pH	5.5～9	6.8～8.0
	溶解性总固体/（毫克/升）	≤4000	≤2000
	氯化物（以 Cl^- 计）/（毫克/升）	≤1000	≤250
	硫酸盐（以 SO_4^{2-} 计）/（毫克/升）	≤500	≤250
细菌学指标	总大肠菌群/（个/100 毫升）	成年畜≤10，幼畜和禽≤1	
毒理学指标	氟化物（以 F^- 计）/（毫克/升）	≤2.0	≤2.0
	氰化物/（毫克/升）	≤0.2	≤0.05
	总砷/（毫克/升）	≤0.2	≤0.2
	总汞/（毫克/升）	≤0.01	≤0.001
	铅/（毫克/升）	≤0.1	≤0.1
	铬（六价）/（毫克/升）	≤0.1	≤0.05
	镉/（毫克/升）	≤0.05	≤0.01
	硝酸盐（以 N 计）/（毫克/升）	≤30	≤30

（二）保证用水卫生

① 场区保持整洁，搞好羊舍内外环境卫生、消灭杂草，每半个月消毒 1 次，每季灭鼠 1 次。夏秋两季全场每周灭蚊蝇 1 次，注意人畜安全。

② 圈舍每天进行清扫，粪便要及时清除，保持圈舍整洁、整齐、卫生。做到无污水、无污物、少臭气。每周至少消毒 1 次。

③ 圈舍每年至少要有 2～3 次空圈消毒。其程序为：彻底清扫—清水冲洗—2％火碱水喷洒—次日用清水冲洗干净，并空圈 5～7 天。

④ 饮水槽和食槽要每两周用 0.1％的高锰酸钾水清洗消毒。

⑤ 定期清洗排水设施。

（三）废水符合排放标准

养殖业是我国农村发展的重要产业。近些年来，随着养殖规模的不断扩大、畜禽饲养数量的急剧增加，使得大量的养殖废水成为污染源，这些养殖场产生的污水如得不到及时处理，必将对环境造成极大危害，造成生态环境恶化、畜禽产品品质下降并危及人体健康，养殖废水治理技术的滞后将严重制约养殖业的可持续发展。

针对畜禽养殖污染，我国先后发布了《畜禽养殖业污染物排放标准》（GB 18596—2001）、《畜禽养殖业污染防治技术规范》（HJ/T 81—2001）、《规模化畜禽养殖场沼气工程设计规范》（NY/T 1222—2006）、《畜禽养殖污染防治管理办法》（国家环境保护总局令第 9 号）、《畜禽规模养殖污染防治条例》（国务院令第 643 号）等文件。

国家颁布的《畜禽养殖业污染物排放标准》（GB 18596—2001）文件中针对养殖废水排放标准要求如下。

① 畜禽养殖废水不得排入敏感水域和有特殊功能的水域。排放去向应符合国家和地方的有关规定。

② 标准适用规模范围内的畜禽养殖业的水污染物排放分别执行表 3-2～表 3-4 的规定（羊场标准可参考下表执行）。

表 3-2 集约化畜禽养殖废水水冲工艺最高允许排水量

种类	猪/[立方米/(百头·天)]		鸡/[立方米/(千只·天)]		牛/[立方米/(百头·天)]	
季节	冬季	夏季	冬季	夏季	冬季	夏季
标准值	2.5	3.5	0.8	1.2	20	30

注：1. 养殖废水排放标准最高允许排放量的单位中，百头、千只均指存栏数。

2. 春、秋季养殖废水排放标准最高允许排放量按冬、夏两季的平均值计算。

表 3-3 集约化畜禽养殖业干清粪工艺最高允许排水量

种类	猪/[立方米/(百头·天)]		鸡/[立方米/(千只·天)]		牛/[立方米/(百头·天)]	
季节	冬季	夏季	冬季	夏季	冬季	夏季
标准值	1.2	1.8	0.5	0.7	17	20

注：1. 养殖废水排放标准最高允许排放量的单位中，百头、千只均指存栏数。

2. 春、秋季养殖废水排放标准最高允许排放量按冬、夏两季的平均值计算。

表 3-4 集约化畜禽养殖业水污染物最高允许日均排放浓度

控制项目	5日生化需氧量/(毫克/升)	化学需氧量/(毫克/升)	悬浮物/(毫克/升)	氨氮/(毫克/升)	总磷（以P计）/(毫克/升)	粪大肠菌群数/(个/毫升)	蛔虫卵/(个/升)
标准值	150	400	200	80	8.0	10000	2.0

（四）畜禽饮用水中农药限量与检验方法

（1）当畜禽饮用水中含有农药时，农药含量不能超过表 3-5 中的规定。

表 3-5 畜禽饮用水中农药限量指标

项目	限值/(毫克/升)
马拉硫磷	0.25
内吸磷	0.03
甲基对硫磷	0.02
对硫磷	0.003
乐果	0.08
林丹	0.004
百菌清	0.01
甲萘威	0.05
2,4-D	0.1

（2）畜禽饮用水中农药限量检验方法

① 马拉硫磷按 GB/T 13192 执行。

② 内吸磷参照《农药污染物残留分析方法汇编》中的方法执行。

③ 甲基对硫磷按 GB/T 13192 执行。

④ 对硫磷按 GB/T 13192 执行。

⑤ 乐果按 GB/T 13192 执行。

⑥ 林丹按 GB/T 7492 执行。

⑦ 百菌清参照 GB 14878 执行。

⑧ 甲萘威（西维因）参照 GB/T 17331 执行。

⑨ 2,4-D 参照《农药分析》中的方法执行。

三、羊场饲料的卫生管理

建立和推广有效的卫生管理系统，可有效杜绝有毒有害物质和微生物进入饲料原料或配合饲料生产环节，保证最终产品中各种药物残留和卫生指标均在控制线以下，确保饲料原料和配合饲料产品的安全。

（一）设施设备的卫生管理

饲料饲草加工机械设备和器具的设计要能长期保持防污染，用水的机械、器具要由耐腐蚀材料构成。与饲料饲草等的接触面要具有非吸收性，无毒、平滑。要耐反复清洗、杀菌。接触面使用药剂、润滑剂、涂层要符合规定。设备布局要防污染，为了便于检查、清扫、清洗，要置于用手可及的地方，必要时可设置检验台，并设检验口。设备、器具维护维修时，事前要作出检查计划及检验器械详单，其计划上要明确记录修理的地方，交换部件负责人，保持检查监督作业及记录。

（二）卫生教育

对从事饲料饲草加工的人员要进行认真的教育，对患有可能会导致饲料被病原微生物污染的疾病的人员，不允许从事饲料饲草的加工工作。不要赤手接触制品，必须用外包装。进入生产区域的人要用肥皂及流动的水洗净手。使用完洗手间或打扫完污染物后要洗手。要穿工厂规定的工作服、帽子。考虑到鞋可能把异物带入生产区域，要换专用的鞋。戴手套时需留意不要由手套给原料、制品带来污染。为防止进入生产区的人落下携带物，要事先取下保管。生产区内严禁吸烟。

（三）杀虫灭鼠

由专人负责，制定出高效、安全的计划并得到负责人认可，方可实施。对使用的化学制品要有详细的清单及使用方法。要设置毒饵投放位置图并记录查看次数，写出实施结果报告书。使用的化学制品必须是规定所允许的，实施后调查害虫、老鼠生态情况，确认效果。如未达到效果，须改进计划并实施。

（四）饲料的消毒

对粗饲料要通风干燥，经常翻晒和日光照射消毒；对青饲料要防止霉烂，最好当日割当日喂。精饲料要防止发霉，要经常晾晒。

四、羊场空气环境质量管理

（一）羊场空气环境质量

对羊场场区、舍区要检测氨气、硫化氢、二氧化碳、总悬浮颗粒物、可吸入颗粒浓度、注意空气流通，避免氨气等浓度过高。

无公害生产中，羊场空气环境质量应符合表3-6要求。

表3-6 羊场空气环境质量指标

项目	场区	舍区
氨气/(毫克/立方米)	≤5	≤25
硫化氢/(毫克/立方米)	≤2	≤10
二氧化碳/(毫克/立方米)	≤750	≤1500
可吸入颗粒(标准状态)/(毫克/立方米)	≤1	≤2
总悬浮颗粒物(标准状态)/(毫克/立方米)	≤2	≤4
恶臭(稀释倍数)	≤50	≤70

（二）场区周围区域环境空气质量

密切观察空气质量指数，避免受工业废气的污染。空气质量监测主要包括总悬浮颗粒物、二氧化硫、氮氧化物、氟化物、铅等。

无公害生产中，场区周围区域环境空气质量应符合表 3-7 的要求。

表 3-7　环境空气质量指标

项目	日平均	1 小时平均
总悬浮颗粒物(标准状态)/(毫克/立方米)	≤0.30	
二氧化硫(标准状态)/(毫克/立方米)	≤0.15	≤0.50
氮氧化物(标准状态)/(毫克/立方米)	≤0.12	≤0.24
氟化物/[微克/(立方分米·天)]	≤3(月平均)	
铅(标准状态)/(微克/立方米)	季平均1.50	

（三）空气消毒

人、羊的呼吸道及口腔排出的微生物，随着呼出气体、咳嗽、鼻喷形成气溶胶悬浮于空气中。空气中微生物的种类和数量受地面活动、气象因素、人口密度、地区、室内外、羊的饲养数量等因素影响。一般羊舍被污染的空气中微生物数量较多，特别是在添加粗饲料、更换垫料、清扫、出栏时更多。因此，必须对羊舍的空气进行消毒，尤其是要注意对病原污染羊舍及羔羊舍的空气进行消毒。

五、搞好羊场的驱虫

为了预防羊的寄生虫病，应在发病季节到来之前，用药物给羊群进行预防性驱虫。预防性驱虫的时机，根据寄生虫病季节动态调查确定。例如，某地的肺线虫病主要发生于 11～12 月份及翌年的 4～5 月份，那就应该在秋末冬初草枯以前（10 月底或 11 月初）和春末夏初羊抢青以前（3～4 月份）各进行 1 次药物驱虫；也可将驱虫药小剂量地混在饲料内，在整个冬季补饲期间让羊食用。

预防性驱虫所用的药物有多种，应视病的流行情况选择应用。

阿苯达唑（丙硫苯咪唑）具有高效、低毒、广谱的优点，对羊常见的胃肠道线虫、肺线虫、肝片吸虫和线虫均有效，可同时驱除混合感染的多种寄生虫，是较理想的驱虫药物。使用驱虫药时，要求剂量准确，并且要先做小群驱虫试验；取得经验后再进行全群驱虫。驱虫过程中发现病羊，应进行对症治疗，及时解救出现中毒、副作用的羊。

药浴是防治羊的外寄生虫病，特别是羊螨病的有效措施，可在剪毛后 10 天左右进行。药浴液可用 0.1%～0.2%杀虫脒（氯苯脒）水溶液、1%敌百虫水溶液或速灭菊酯（80～200 毫克/升）、溴氰菊酯（50～80 毫克/升）。也可用石硫合剂，其配法为生石灰 75 千克、硫黄粉末 12.5 千克，用水拌成糊状，加水 150 升，边煮边拌，直至煮沸呈浓茶色为止，弃去下面的沉渣，上清液便是母液。在母液内加 500 升温水，即成药浴液。药浴可在特建的药浴池内进行，或在特设的淋浴场淋浴，也可用人工方法抓羊在大盆（缸）中逐只洗浴。目前还有一种驱虫新药——浇泼剂，驱虫效果很好。

六、搞好羊场的卫生防疫

① 场区大门口、生产管理区、生产区，每栋舍入口处设消毒池（盆）。

羊场大门口的消毒池（图 3-17），长度不小于汽车轮胎周长的 1.5～2 倍，宽度应与门的宽度一样，水深 10～15 厘米，内放 2%～3%氢氧化钠溶液或 5%来苏儿溶液。消毒液 1 周换 1 次。

图 3-17　羊场大门口的消毒池

② 生活区、生产管理区应分别配备消毒设施（喷雾器等）。

③ 每栋羊舍的设备、物品固定使用，羊只不许窜舍，出场后不得返回，应入隔离饲养舍。

④ 禁止生产区内解剖羊，剖后和病死羊要焚烧处理，羊只出场出具检疫证明和健康卡、消毒证明。

⑤ 禁用强毒疫苗，制定科学的免疫程序。

⑥ 场区绿化率（草坪）达到 40％以上。

⑦ 场区内分净道、污道，互不交叉，净道用于进羊及运送饲料、用具、用品，污道用于运送粪便、废弃物、死淘羊。

第五节　羊场粪便及病尸的无害化处理

一、病死畜禽进行无害化处理的规定

病死动物及动物产品携带病原体，如未经无害化处理或任意处置，不仅严重污染环境，还可能传播重大动物疫病，危害畜牧业生产安全，甚至引发严重的公共卫生事件。按照《环境保护法》《畜牧法》《动物防疫法》《规模养殖污染防制条例》以及地方性制定的动物防疫条例等法律法规和畜牧兽医主管部门的规定，从事畜禽养殖的单位和个人是病死动物及动物产品无害化处理的第一责任人，必须自觉履行无害化处理的责任和义务。法律法规明确规定，染疫动物或者染疫动物产品，病死或者死因不明的动物尸体，应当按照国家规定进行无害化处理，不得随意处理，不得随意丢弃；法律法规明令禁止屠宰、生产、经营、加工、贮藏、运输病死或者死因不明、染疫或者疑似染疫、检疫不合格的动物及动物产品。无害化处理应按《病害动物和病害动物产品生物安全处理规程》（GB 16548—2006）要求，以及农业部发布的《病死动物无害化处理技术规范》，采取深埋、焚烧、化制、生物降解等措施，确保病原及时消灭，防止病原扩散蔓延。规模养殖场应配备无害化处理设施设备，建立无害化处理制度。

二、粪便的无害化处理

国家标准《畜禽养殖业污染物排放标准》（GB 18596—2001）规定，用于直接还田的畜禽粪便，必须进行无害化处理，防止污染施用地面。粪尿，适宜寄生虫、病原微生物寄生、繁殖和传播。从防疫的角度看，羊粪不利于羊场的卫生与防疫。为了变不利为有利，需对羊粪进行无害化处理。羊粪无害化处理主要是通过物理、化学、生物等方法，杀灭病原体，改变羊粪中病原体适宜寄生、繁殖和传播的环境，保持和增加羊粪有机物的含量，达到污染物的资源化利用。羊粪无害化环境标准是：蛔虫卵的死亡率≥95％；粪大肠菌群数≤10 个/千克；恶臭污染物排放标准是：臭气浓度标准值 70。

（一）羊粪的处理

1. 发酵处理

粪便的发酵处理利用各种微生物的活动来分解羊粪中的有机成分，从而有效地提高有机物的利用率。在发酵过程中形成的特殊理化环境也可杀死粪便中有些病原菌和一些虫卵，根据发酵过程中依靠的主要微生物种类不同，可分为充气动态发酵、堆肥发酵和沼气发酵处理。

（1）充气动态发酵　在适宜的温度、湿度以及供氧充足的条件下，好气菌迅速繁殖，将粪中的有机物质分解成易消化吸收的物质，同时释放出硫化氢、氨等气体。在 45～55℃下处理 12 小时左右，可生产出优质有机肥料和再生饲料。

（2）堆肥发酵处理　传统处理羊的粪便消毒方法中，最实用的方法是生物热消毒法。在距羊场 100～200 米以外的地方设一堆粪场，将羊粪堆积起来，上面覆盖 10 厘米厚的沙土，发酵 30 天左右，利用微生物进行生物化学反应，分解熟化羊粪中的异味有机物，随着堆肥温度升高，杀灭其中的病原菌、虫卵和蛆蛹，达到无害化并成为优质肥料。

（3）沼气发酵处理　沼气处理是厌氧发酵过程，可直接对水粪进行处理。其优点是产出的沼气是一种高热值可燃气体，沼渣是很好的肥料。经过处理的干沼渣还可作饲料。

2. 干燥处理

（1）脱水干燥处理　通过脱水干燥，使其中的含水量降低到15％以下，便于包装运输，又可抑制畜粪中微生物活动，减少养分（如蛋白质）损失。

（2）高温快速干燥　采用以回转圆筒烘干炉为代表的高温快速干燥设备，可在短时间（10分钟左右）内将含水率为70％的湿粪，迅速干燥至含水仅10％～15％的干粪。

（3）太阳能自然干燥处理采用专用的塑料大棚，长度可达60～90米，内有混凝土槽，两侧为导轨，在导轨上安装有搅拌装置。湿粪装入混凝土槽，搅拌装置沿着导轨在大棚内反复行走，通过搅拌板的正反向转动来捣碎、翻动和推送畜粪，并通过强制通风排除大棚内的水汽，达到干燥畜粪的目的。夏季只需要约1周的时间即可把畜粪的含水量降到10％左右。

（二）羊粪的利用

羊粪属热性肥料，适用于凉性土壤和阴坡地。羊粪含有机质24％～27％，氮0.7％～0.8％，磷（五氧化二磷）0.45％～0.6％，钾（氧化钾）0.4％～0.5％。羊粪粪质较细，含有丰富的氮、磷、钾、微量元素和高效有机质。羊粪能活化土壤中大量存留的氮磷钾，有助于农作物的吸收，同时，还能显著提高农作物的抗病、抗逆、抗掉花、抗掉果能力。与施用无机肥相比，施用羊粪可使粮食作物增产10％以上，蔬菜和经济作物增产30％左右，块根作物增产40％左右。

1. 直接用作肥料

羊粪作为肥料首先根据饲料的营养成分和吸收率，估测粪便中的营养成分。另外，施肥前要了解土壤类型、成分及作物种类，确定合理的作物养分需要量，并在此基础上计算出畜粪施用量。

2. 生产有机无机复合肥

羊粪最好先经发酵后再烘干，然后与无机肥配制成复合肥。复合肥不但松软、易拌、无臭味，而且施肥后也不再发酵，特别适合于盆栽花卉和无土栽培及庭院种植业（图 3-18）。

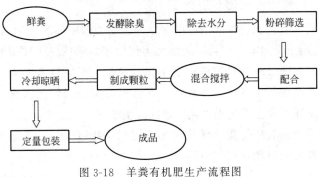

图 3-18　羊粪有机肥生产流程图

3. 制取沼气

沼气是在厌氧环境下，在一定温度、湿度、酸碱度的条件下，微生物在分解发酵有机物质的过程中所产生的一种可燃气体。羊粪制造沼气，入池前要堆沤 3 天，然后入池发酵（见图 3-19）。

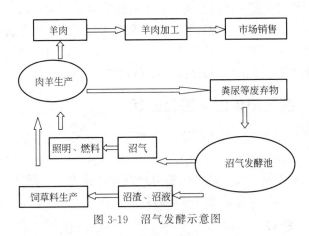

图 3-19　沼气发酵示意图

4. 土地还原法

将羊粪与地表土混合，深度为 20 厘米，用水浇灌超过保水容量。有机物质促土壤中的微生物迅速增加，消耗掉土地中的氧，微生物产生的有机酸、发酵产生的热，可以有效杀灭病菌。使土地转变成还原状态。

（三）粪便无害化卫生标准

畜粪无害化卫生标准是借助卫生部制定的国家标准（GB 7959—87），适用于全国城乡垃圾、粪便无害化处理效果的卫生评价和为建设垃圾、粪便处理构筑物提供卫生设计参数。国家目前尚未制定出对于家畜粪便的无害化卫生标准，在此借鉴人的粪便无害化卫生标准，来阐述对家畜粪便无害化处理的卫生要求。

标准中的粪便是指人体排泄物；堆肥是指以垃圾、粪便为原料的好氧性高温堆肥；沼气发酵是以粪便为原料，在密闭、厌氧条件下的厌氧性消化（包括常温、中温和高温消化）。经无害化处理后的堆肥和粪便，应符合国家的有关规定，堆肥最高温度达 50～55℃甚至更高，应持续 5～7 天，粪便中蛔虫卵死亡率为 95%～100%，有效地控制苍蝇滋生，堆肥周围没有活动的蛆、蛹或新羽化的成蝇。沼气发酵的卫生标准是，密封贮存期应在 30 天以上，(53 ± 2)℃的高温沼气发酵温度应持续 2 天，寄生虫卵沉降率在 95% 以上，粪液中不得检出活的血吸虫卵和钩虫卵，常温沼气发酵的粪大肠菌值应大于 10^{-4}，高温沼气发酵应为 $10^{-2}\sim10^{-1}$，有效地控制蚊蝇滋生，粪液中无孑孓，池的周围无活的蛆、蛹或新羽化的成蝇。

三、病羊尸体的无害化处理

病死羊尸体含大量病原体，只有及时经过无害化处理，才能防止疫病的传播与流行，严禁随意丢弃、出售或作为饲料。根据病症种类的性质不同，按《畜禽病害肉尸及其产品无公害化处理规程》的规定，采用适宜方法处理病羊的尸体。

（一）销毁

患传染病家畜的尸体中含有大量病原体，并可污染环境，若不及时做无害化处理，常可引起人畜患病。对确认为是炭疽、羊快疫、羊肠毒血症、羊猝狙、肉氏梭菌中毒症、蓝舌病、口蹄疫、李氏杆菌病、布鲁杆菌病等传染病和恶性肿瘤或两个器官发现肿瘤的病畜的整个尸体，以及从其他患病畜割除下来的病变部分和内脏都应进行无害化销毁，其方法是利用湿法化制和焚毁。前者是利用湿化机将整个尸体送入密闭容器中进行化制，即熬制成工业油。后者是整个尸体或割除的病变部分和内脏投入焚化炉中烧毁炭化。

（二）化制

除上述传染病外，凡病变严重、肌肉发生退行性变化的其他传染病、中毒性疾病、囊虫病、旋毛虫病以及自行死亡或不明原因死亡的家畜的整个尸体或胴体和内脏，利用湿化机将原料分类分别投入密闭容器中进行化制、熬制成工业油。

（三）掩埋

掩埋是一种暂时看作有效、其实极不彻底的尸体处理方法，但比较简单易行，目前还在广泛地使用。掩埋尸体时应选择干燥、地势较高，距离住宅、道路、水井、河流及牧场较远的偏僻地区。尸坑的长和宽能容纳尸体侧卧为度，深度应为 2 米以上。

（四）腐败

将尸体投入专用的尸体坑内，一般为直径 3 米、深 10～13 米的圆形井，坑壁与坑底用不透水的材料制成。

（五）加热煮沸

对某些危害不是特别严重，而经过煮沸消毒后又无害的患传染病的病畜肉尸和内脏，切成重量不超过 2 千克、厚度不超过 8 厘米的肉块，进行高压蒸煮或一般煮沸消毒处理。但必须在指定的场所处理。对洗涤生肉的泔水等，必须经过无害化处理；熟肉绝不可再与洗过生肉的泔水以及菜板等接触。

四、病羊产品的无害化处理

（一）血液

1. 漂白粉消毒法

患羊痘、山羊关节炎、绵羊梅迪维斯那病、弓形虫病、雏虫病等传染病以及血液寄生虫病的病羊血液的处理方法是，将1份漂白粉加入4份血液中充分搅匀，放入沸水中烧煮，至血块深部呈黑红色并成蜂窝状时为止。

2. 高温处理

凡属上述传染病者均可高温处理。方法是将已凝固的血液划成豆腐方块，放入沸水中烧煮，至血块深部呈黑红色并成蜂窝状时为止。

（二）蹄、骨和角

将肉尸作高温处理时剔出的病羊骨、蹄、角，放入高压锅内蒸煮至脱胶或胶脂时止。

（三）皮毛

1. 盐酸食盐溶液消毒法

此法用于被上述疫病污染的和一般病畜的皮毛消毒。方法是用2.5%盐酸溶液与15%食盐水溶液等量混合，将皮毛浸泡在此溶液中，并使液温保持在30℃左右，浸泡40小时，皮毛与消毒液之比为1∶10，浸泡后捞出沥干，放入2%氢氧化钠溶液中，以中和皮毛上的酸，再用水冲洗后晾干。也可按100毫升25%食盐水溶液中加入盐酸1毫升配制消毒液，在室温15℃条件下浸泡48小时，皮毛与消毒液之比为1∶4。浸泡后捞出沥干，再放入1%氢氧化钠溶液中浸泡，以中和皮毛上的酸，再用水冲洗后晾干。

2. 过氧乙酸消毒法

此法用于任何病畜的皮毛消毒。方法是将皮毛放入新鲜配制的2%过氧乙酸溶液中浸泡30分钟捞出，用水冲洗后晾干。

3. 碱盐液浸泡消毒法

此法用于上述疫病污染的皮毛消毒。具体方法是将病皮浸入5%碱盐液（饱和盐水内加5%氢氧化钠）中，室温（17～20℃）浸泡24小时，并随时加以搅拌，然后取出挂起，待碱盐液流净，放入5%盐酸液内浸泡，使皮上的碱被中和，捞出，用水冲洗后晾干。

4. 石灰乳浸泡消毒法

此法用于口蹄疫和螨病病皮的消毒。方法是，将 1 份生石灰加 1 份水制成熟石灰，再用水配成 10％或 5％混悬液（石灰乳）。将口蹄疫病皮浸入 10％石灰乳中浸泡 2 小时；而将螨病病皮浸入 10％石灰乳中浸泡 12 小时，然后取出晾干。

5. 盐腌消毒法

主要用于布鲁杆菌病病皮的消毒。按皮重量的 15％加入食盐，均匀撒于皮的表面。一般毛皮腌制 2 个月，胎儿毛皮腌制 3 个月。

第四章　加强羊场的消毒管理

第一节　消毒的种类与方法

一、消毒的概念

消毒就是用物理方法、化学方法或生物方法杀灭或清除外界环境中的病原微生物。这里所说的外界环境，一般是指无生命的物体及其表面。近年来，将清除或杀死动物体表皮肤黏膜及浅表体腔的有害微生物也称为消毒。灭菌是指杀灭物体上包括病原微生物在内的所有微生物，是一种彻底消毒措施。

二、消毒的意义

消毒是贯彻预防为主方针，开展综合性防制的重要措施。它的目的是消灭传染源排到外界环境中的病原体，以切断传播途径，阻止传染病的发生和继续蔓延，从而做到防患于未然。在当前疫病较为复杂的情况下，进一步加强和搞好消毒工作具有重要的经济意义和现实意义。

三、消毒的种类

根据消毒的目的不同，可把消毒分为如下三种。

（一）预防性消毒（又称定期消毒）

在没有发生疫病时，以预防感染为目的，进行经常性的消毒，消灭生活环境中可能存在的各种病原体。预防性消毒的重点是羊舍、饮水、栏圈、饲养用具、运输工具、活羊交易所、羊产品加工场、仓库、工作服、鞋帽、器械等。

（二）紧急性消毒

在发生疫病流行时，直到疫病扑灭之前（即疫情发生期间）所进行的消毒称为紧急消毒（又叫随时消毒）。这种消毒可以减少或消灭病原体，切断传染途径，防止传染病的蔓延。由于病羊的排泄物含有大量的病原体，带有很大的危险性，因此必须反复进行多次消毒。消毒前应封锁管制。在解除隔离或封锁前，对隔离病羊用的圈舍，每天应消毒一次。凡与病羊接触过的和能使传染病蔓延的器物和排泄物，如栏舍、墙壁、饲养工具、垫草、粪便、污水和工作人员的衣物、器械等都要进行彻底消毒。同时，消毒药的浓度也要比预防消毒适当提高。如必须带畜消毒时，则应选择对人畜无害的消毒药物。

（三）终末消毒

发生传染病以后，待全部病羊处理完毕，即当全部羊群中的患羊痊愈或最后一只羊死亡后，经两周再没有新的病例发生；或在疫区解除封锁之前为了消灭疫区内可能残留的病原体，巩固前期的消毒效果所进行的全面彻底的大消毒，所以又叫善后消毒或巩固消毒。

四、消毒的方法

（一）物理消毒法

1. 机械清除与消毒

主要是通过清扫、冲洗、洗涮、通风、过滤等机械方法清除环境中的病原体，是常用的一种消毒方法，但是这种方法不能杀灭病原菌。在发生疫病时应先使用药物消毒，然后再机械消毒。

应用肥皂刷洗，流水冲净，可消除手上绝大部分细菌，使用多层口罩可防止病原体自呼吸道排出或侵入。应用通风装置过滤器可使手术室、实验室及隔离病室的空气保持无菌状态。

2. 干热消毒

是指通过焚烧法、灼烧法、热空气消毒法，以达到消毒的目的。

（1）日光消毒法　是指将物品放在阳光下曝晒，利用光谱中的紫外线、阳光的灼热和蒸发水分造成干燥等，使病原微生物灭活而达到消毒的目的。

（2）火焰或焚烧消毒　通过火焰喷射器喷火或焚烧处理达到彻底消毒的目的。凡经济价值小的污染物、金属器械和尸体等均可用焚烧法消毒，简便经济、效果稳定。

（3）煮沸消毒　耐煮物品及一般金属器械均用本法，100℃、1～2分钟即完成消毒，但芽孢则需较长时间。炭疽杆菌芽孢需煮沸30分钟，破伤风芽孢需3小时，肉毒杆菌芽孢需6小时。金属器械消毒，加1%～2%碳酸钠或0.5%软肥皂等碱性剂，可溶解脂肪，增强杀菌力。棉织物加1%肥皂水15升/千克，有消毒去污之功效。物品煮沸消毒时，不可超过容积的3/4，应浸于水面下。注意留空隙，以利对流。

（4）流通蒸汽消毒　将不能煮沸而潮湿的物品放入蒸笼或特制的柜内密封后，充入蒸汽，一般30分钟左右即可达到消毒的目的。

（5）巴氏消毒　加温到60℃经30分钟称为低温巴氏消毒，加温到85～87℃经几分钟为高温巴氏消毒。此种方法经常用于牛奶的消毒，既可以杀灭或灭活病原菌，又不致严重损害其营养成分。

（6）高压蒸汽消毒　是用高热高温的蒸汽，使病原微生物丧失活性的一种消毒方法。常用于耐高湿热的物质，如培养基、玻璃器皿、金属器械的消毒灭菌。

（7）干热灭菌消毒　利用热空气灭菌以达到消毒的目的，如控制在 140～160℃维持 2 小时可以杀死全部细菌和芽孢。一般使用电热干燥箱进行消毒。

3. 辐射消毒

有非电离辐射与电离辐射两种。前者有紫外线、红外线和微波，后者包括丙种射线的高能电子束（阴极射线）。红外线和微波主要依靠产热杀菌。

电离辐射设备昂贵，对物品及人体有一定伤害，故使用较少。目前应用最多为紫外线，可引起细胞成分，特别是核酸、原浆蛋白核酸发生变化，导致微生物死亡。紫外线波长范围 2100～3280 埃（"埃"为长度单位，1 埃＝10^{-10}米＝0.1纳米），杀灭微生物的波长为 2000～3000 埃，以 2500～2650 埃作用最强。对紫外线耐受力以真菌孢子最强，细菌芽孢次之，细菌繁殖体最弱，仅少数例外。紫外线穿透力差，波长 3000 埃以下者不能透过 2 毫米厚的普通玻璃。空气中尘埃及相对湿度可降低其杀菌效果。对水的穿透力随深度和浊度而降低。但因使用方便，对药品无损伤，故广泛用于空气及一般物品表面消毒。照射人体能发生皮肤红斑，紫外线眼炎和臭氧中毒等，故使用时人应避开或用相应的保护措施。

日光曝晒亦依靠其中的紫外线，但由于大气层中的散射和吸收使用，仅 39％可达地面，故仅适用于耐力低的微生物，且须较长时间曝晒。此外过滤除菌除实验室应用外，仅换气的建筑中可采用空气过滤，故一般消毒工作难以应用。

（二）化学消毒法

化学消毒是指用化学消毒药物作用于微生物和病原体，使其蛋白质变性，失去正常功能而死亡。目前常用的有含氯消毒剂、氧化消毒剂、碘类消毒剂、醛类消毒剂、杂环类气体消毒剂、酚类消毒剂、醇类消毒剂、季铵盐类消毒剂等。

（三）生物消毒法

生物消毒法是一种最常用最简单的消毒方法，主要是对大量废物、污物、粪便等进行消毒，但消毒作用的时间较长。其方法是将废物、污物、粪尿堆积在一起，表面加盖约 10 厘米厚的土泥或喷洒消毒药液，经 3~6 周的时间，通过微生物发酵产热杀死病原体和寄生虫幼虫及虫卵。

（四）综合消毒法

综合消毒法就是将机械的、物理的、化学的、生物的消毒方法综合起来进行消毒，在实际工作中多采用综合消毒法，以确保消毒的效果。

第二节　常用的消毒药物及使用方法

一、常用消毒药物

（一）醛类消毒剂

醛类消毒剂是使用最早的一类化学消毒剂，这类消毒剂抗菌谱广、杀菌作用强，具有杀灭细菌、芽孢、真菌和病毒的作用；性能稳定、容易保存和运输、腐蚀性小，而且价格便宜。广泛应用于畜禽舍的环境、用具、设备的消毒，尤其是对疫源地芽孢消毒。

1. 甲醛

又称蚁醛，有特殊的刺激性气味，久置发生浑浊。易溶于水和醇，水中有较好的稳定性。37%~40%的甲醛溶液称为福尔马林。制剂主要有福尔马林（37%~40%甲醛）和多聚甲醛（91%~94%甲醛），适用于环境、笼舍、用具、器械、污染物品等的消毒；常用的方法为喷洒、浸泡、熏蒸。一般以 2%的福尔马林消毒器械，浸泡 1~2 小时。5%~10%福尔马林溶液喷洒畜禽舍环境或每立方米空间用福尔马林 25 毫升、水 12.5 毫升，加热（或加等量高锰酸钾）熏蒸 12~24 小时后开窗通风。本品对眼睛和呼吸道有刺激作用，消毒时穿戴防护用具（口罩、手套、防护服等），熏蒸时人员、动物不可停留于消毒空间。

2. 戊二醛

为无色挥发性液体，其主要产品有碱性戊二醛、酸性戊二醛和强化中性戊二醛。杀菌性能优于甲醛 2～3 倍，能高效、广谱、快速杀死细菌繁殖体、细菌芽孢、真菌、病毒等微生物。适用于器械、污染物品、环境、粪便、圈舍、用具等的消毒。可采取浸泡、冲洗、清洗、喷洒等方法。2％的碱性水溶液用于消毒诊疗器械，熏蒸用于消毒物体表面。2％的碱性水溶液杀灭细菌繁殖体及真菌需 10～20 分钟，杀灭芽孢需 4～12 小时，杀灭病毒需 10 分钟。使用戊二醛消毒灭菌后的物品应用清水及时去除残留物质；保证足够的浓度（不低于 2％）和作用时间；灭菌处理前后的物品应保持干燥；本品对皮肤、黏膜有刺激作用，亦有致敏作用，应注意操作人员的保护；注意防腐蚀；可以带动物使用，但空气中最高允许浓度为 0.05×10^{-6}；戊二醛在 pH 小于 5 时最稳定，在 pH7～8.5 时杀菌作用最强，可杀灭金黄色葡萄球菌、大肠杆菌、肺炎双球菌和真菌，作用时间只需 1～2 分钟。兽医诊疗中不能加热消毒的诊疗器械均可采用戊二醛消毒（浓度为 0.125％～2.0％）。本品对环境易造成污染，英国现已停止使用。

（二）卤素及含卤化合物类消毒剂

主要有含氯消毒剂（包括次氯酸盐，各种有机氯消毒剂）、含碘消毒剂（包括碘酊、碘仿及各种不同载体的碘伏）和海因类卤化衍生物消毒剂。

1. 含氯消毒剂

是指在水中能产生具有杀菌作用的活性次氯酸的一类消毒剂，包括传统使用的无机含氯消毒剂，如次氯酸钠（10％～12％）、漂白粉（25％）、粉精（次氯酸钙为主，80％～85％）、氯化磷酸三钠（3％～5％）等和有机含氯消毒剂，如二氯异氰尿酸钠（60％～64％）、三氯异氰尿酸（87％～90％）、氯铵 T（24％）等，品种达数十种。

由于无机氯制剂的性质不稳定、难储存、强腐蚀等缺点，近年来国内外研究开发出性质稳定、易储存、低毒、含有效氯达 60％～90％的有机氯，如二氯异氰尿酸钠、三氯异氰尿酸、三氯异氰尿酸钠、氯异氰尿酸钠，是世界卫生组织公认的消毒剂。随着畜牧养殖业的飞速发展，以二氯异氰尿酸钠为原料制成的多种类型的消毒剂已得到了广泛的开发和利用。

含氯消毒剂的优点是广谱、高效、价格低廉、使用方便，对细菌、芽孢和多种病毒均有较好的灭菌能力，其杀菌效果取决于有效氯的含量，含量越高，杀菌力越强。含氯消毒剂在低浓度时即可有效杀灭牛结核分枝杆菌、肠杆菌、肠球菌、金黄色葡萄球菌。含氯复合制剂可以对各种病毒具有较强的杀灭作用。其缺点是在养殖场应用时受有机质、还原物质和 pH 的影响大，在 pH4 时，杀菌作用最强；pH8.0 以上，可失去杀菌活性。受日光照射易分解，温度每升高 10℃，杀菌时间可缩短 50%～60%。含氯消毒剂的广泛使用也带来了环境污染问题，有研究表明有机氯有致癌作用。

（1）漂白粉　又称含氯石灰、氯化石灰。白色颗粒状粉末，主要成分是次氯酸钙，含有效氯 25%～32%，在一般保存过程中，有效氯每月可减少 1%～3%。杀菌谱广，作用强，对细菌、芽孢、病毒等均有效，但不持久。漂白粉干粉可用于地面和人、畜排泄物的消毒，其水溶液用于厩舍、畜栏、饲槽、车辆、饮水、污水等消毒。饮水消毒用 0.03%～0.15%，喷洒、喷雾用 5%～10% 乳液，也可以用干粉撒布。用漂白粉配制水溶液时应先加少量水，调成糊状，然后边加水边搅拌配成所需浓度的乳液使用，或静置沉淀，取澄清液使用。漂白粉应保存在密闭容器内，放在阴凉、干燥、通风处。漂白粉对织物有漂白作用，对金属制品有腐蚀性，对组织有刺激性，操作时应做好防护。

漂粉精白色粉末，比漂白粉易溶于水且稳定，成分为次氯酸钙，含杂质少，有效氯含量 80%～85%。使用方法、范围与漂白粉相同。

（2）次氯酸钠　无色至浅黄绿色液体，存在铁时呈红色，含有效氯 10%～12%。为高效、快速、广谱消毒剂，可有效杀灭各种微生物，包括细菌、芽孢、病毒、真菌等。饮水的消毒，每立方米水加药 30～50 毫克，作用 30 分钟；环境消毒，每立方米水加药 20～50 克搅匀后喷洒、喷雾或冲洗；食槽、用具等的消毒，每立方米水加药 10～15 克搅匀后刷洗并作用 30 分钟。本品对皮肤、黏膜有较强的刺激作用。水溶液不稳定，遇光和热都会加速分解，闭光密封保存有利于其稳定性。

氯胺 T 又称氯亚明，化学名为对甲基苯磺酰氯胺钠。荷兰英特威公司在我国注册的这种消毒剂，商品名为海氯。消毒作用温和持久，对组织刺激性和受有机物影响小。0.5％～1％溶液，用于食槽、器皿消毒；3％溶液，用于排泄物与分泌物消毒；0.1％～0.2％溶液用于黏膜、阴道、子宫冲洗；1％～2％溶液，用于创伤消毒；饮水消毒，每立方米水用 2～4 毫克。与等量铵盐合用，可显著增强消毒作用。

（3）二氯异氰尿酸钠　又称优氯净，商品名为抗毒威。白色晶体，性质稳定，含有效氯 60％～64％，本品广谱、高效、低毒、无污染、储存稳定、易于运输、水溶性好、使用方便、使用范围广，为氯化异氰尿酸类产品的主导品种。20 世纪 90 年代以来，二氯异氰尿酸钠在剂型和用途方面已出现了多样化，由单一的水溶性粉剂，发展为烟熏剂、溶液剂、烟水两用剂（如得克斯消毒散）。烟碱、强力烟熏王等就是综合了国内现有烟雾消毒剂的特点，发展其烟雾量大、扩散渗透力强的优势，从而达到杀菌快速、全面的效果。二氯异氰尿酸钠能有效地快速杀灭各种细菌、真菌、芽孢、霉菌、霍乱弧菌。用于养殖业各种用具的消毒，乳制品业的用具消毒及乳牛的乳头浸泡，防止链球菌或葡萄球菌感染的乳腺炎；兽医诊疗场所、用具、垃圾和空间消毒，化验器皿、器具的无菌处理和物体表面消毒。饮水消毒，每立方米水用药 10 毫克；环境消毒，每立方米水加药 1～2 克搅匀后，喷洒或喷雾地面、厩舍；粪便、排泄物、污物等消毒，每立方米水加药 5～10 克搅匀后浸泡 30～60 分钟；食槽、用具等消毒，每立方米水加药 2～3 克搅匀后刷洗作用 30 分钟；非腐蚀性兽医用品消毒，每立方米水加药 2～4 克搅匀后浸泡 15～30 分钟。可带畜、禽喷雾消毒；本品水溶液不稳定，有较强的刺激性，对金属有腐蚀性，对纺织品有损坏作用。

（4）三氯异氰尿酸　白色结晶粉末，微溶于水，易溶于丙酮和碱溶液，是一种高效的消毒杀菌漂白剂，含有效氯 89.7％。具有强烈的消毒杀菌与漂白作用，其效率高于一般的氯化剂，特别适合于水的消毒杀菌。水中溶解后，水解为次氯酸和氰尿酸，无二次污染，是一种高效、安全的杀菌消毒和漂白剂。用于饮用水的消毒杀菌处理及畜牧、水产、传染病疫源地的消毒杀菌。

2. 含碘消毒剂

含碘消毒剂包括碘及以碘为主要杀菌成分制成的各种制剂。常用的有碘、碘酊、碘甘油、碘伏等。常用于皮肤、黏膜消毒和手术器械的灭菌。

（1）碘酒　又称碘酊，是一种温和的碘消毒剂溶液，兽医上一般配成 5％（质量浓度）。常用于免疫、注射部位、外科手术部位皮肤以及各种创伤或感染的皮肤或黏膜消毒。

（2）碘甘油　含有效碘 1％，常用于鼻腔黏膜、口腔黏膜及幼畜的皮肤和母畜的乳房皮肤消毒和清洗脓腔。

（3）碘伏　由于碘水溶性差，易升华、分解，对皮肤黏膜有刺激性和较强的腐蚀性等缺点，限制了其在畜牧兽医上的广泛应用。因此，20 世纪 70～80 年代国外发展了一种碘释放剂，我国称碘伏，即将碘伏载在表面活性剂（非离子、阳离子及阴离子）、聚合物如聚乙烯吡咯烷酮（PVP）、天然物（淀物、糊精、纤维素）等载体上，其中以非离子表面活性剂最好。1988 年瑞士汽巴-嘉基公司打入我国市场的雅好生（IOSAN）就是以非离子表面活性剂为载体的碘伏。目前，国内已有多个厂家生产同类产品，如爱迪伏、碘福（天津）、爱好生（湖南）、威力碘、碘伏（北京）、爱得福、消毒劲、强力碘以及美国打入大陆市场的百毒消等。百毒消具有获世界专利的独特配方，有零缺点消毒剂的美称，多年来一直是全球畜牧行业首选的消毒剂。我国研制成功的固体碘伏即 PVP-I，在山东、江苏、深圳均有厂家生产，商品名为安得福、安多福。碘伏高效、快速、低毒、广谱、兼有清洁剂的作用。对各种细菌繁殖体、芽孢、病毒、真菌、结核分枝杆菌、螺旋体、衣原体及滴虫等有较强的杀灭作用。在兽医临床常用于：饮水消毒，每立方米水加 5％

碘伏 0.2 克即可饮用；黏膜消毒，用 0.2%碘伏溶液直接冲洗阴道、子宫、乳室等；清创处理，用浓度 0.3%～0.5%碘伏溶液直接冲洗创口，清洗伤口分泌物、腐败组织。也可以用于临产前母畜乳头、会阴部位的清洗消毒。碘伏要求在 pH2～5 范围内使用，如 pH2 以下则对金属有腐蚀作用。其灭菌浓度 10 毫升/升（1 分钟），常规消毒浓度 15～75 毫克/升。碘伏易受碱性物质及还原性物质影响，日光也能加速碘的分解，因此环境消毒受到限制。

3. 海因类卤化衍生物消毒剂

近年来，在寻找新型消毒剂中发现，二甲基海因（5，5-二甲基乙内酰脲，DMH）的卤化衍生物均有很好的杀菌作用，对病毒、藻类和真菌也有杀灭作用。常用的二氯海因、二溴海因、溴氯海因等，其中以二溴海因为最好。本类消毒剂应储存在阴凉、干燥的环境中，严禁与有毒、有害物品混放，以免污染。

（1）二溴海因（DBDMH）　为白色或淡黄色结晶性粉末，微溶于水，溶于氯仿、乙醇等有机溶剂，在强酸或强碱中易分解，干燥时稳定，有轻微的刺激气味。本品是一种高效、安全、广谱杀菌消毒剂，具有强烈杀真菌、细菌、病毒和芽孢的效果，且具有杀灭水体不良藻类的功效。可广泛用于畜禽养殖场所及用具、水产养殖业、饮水、水体消毒。一般消毒，250～500 毫克/升，作用 10～30 分钟；特殊污染消毒，500～1000 毫克/升，作用 20～30 分钟；诊疗器械用 1000 毫克/升，作用 1 小时；饮水消毒，根据水质情况，加溴量 2～10 毫克/升；用具消毒，用 1000 毫克/升，喷雾或超声雾化 10 分钟，作用 15 分钟。

（2）二氯海因（DCDMH）　为白色结晶粉末，微溶于水，溶于多种有机溶剂与油类，在水中加热易分解，工业品有效氯含量 70%以上，氯气味比三氯异氰尿酸或二氯异氰尿酸钠小得多，其消毒最佳 pH5～7，消毒后残留物可在短时间内生物降解，对环境无任何污染。主要作为杀菌、灭藻剂，可有效杀灭各种细菌、真菌、病毒、藻类等，可广泛用于水产养殖、水体、器具、环境、工作服及动物体表的消毒杀菌。

（3）溴氯海因（BCDMH）　为淡琥珀色结晶性粉末，可进一步加工成片剂，气味小，微溶于水，稍溶于某些有机溶剂，干燥时稳定，吸潮时易分解。本产品主要用作水处理剂、消毒杀菌剂等，具有高效、广谱、安全、稳定的特点，能强烈杀灭真菌、细菌、病毒和藻类。在水产养殖中也有广泛的运用。使用本品后，能改善水质，水中氨、氮下降，溶解氧上升，维护浮游生物优良种群，且残留物短期内可生物降解完全，无任何环境污染。使用本品时不受水体 pH 和水质肥瘦影响，具有缓释性，有效性持续长。

（三）氧化剂类消毒剂

此类消毒剂具有强氧化能力，各种微生物对其十分敏感，可将所有微生物杀灭。是一类广谱、高效的消毒剂，特别适合饮水消毒。主要有过氧乙酸、过氧化氢、臭氧、二氧化氯、高锰酸钾等。它们的优点是消毒后在物品上不留残余毒性，由于化学性质不稳定须现用现配，且因其氧化能力强，高浓度时可刺激、损害皮肤黏膜，腐蚀物品。

1. 过氧乙酸

过氧乙酸是一种无色或淡黄色的透明液体，易挥发、分解，有很强的刺激性醋酸味，易溶于水和有机溶剂。市售有一元包装和二元包装两种规格，一元包装可直接使用；二元包装，是指由 A、B 两个组分分别包装的过氧乙酸消毒剂，A 液为处理过的冰醋酸，B 液为一定浓度的过氧化氢溶液。临用前一天，将 A 和 B 按 A：B＝10：8（质量分数）或 12：10（体积分数）混合后摇匀，第二天过氧乙酸的含量高达 18%～20%。若温度在 30℃左右混合后 6 小时浓度可达20%，使用时按要求稀释用于浸泡、喷雾、熏蒸消毒。配制液应在常温下 2 天内用完，4℃下使用不得超过 10 天。过氧乙酸常用于被污染物品或皮肤消毒，用 0.2%～0.5%过氧乙酸溶液，喷洒或擦拭表面，保持湿润，消毒 30 分钟后，用清水擦净；0.1%～0.5%的溶液可用于消毒蛋外壳。手、皮肤消毒，用 0.2%过氧乙酸溶液擦拭或浸洗 1～2 分钟；在无动物环境中可用于空气消毒，用 0.5%过氧乙酸溶液，每立方米 20 毫升，气溶胶喷雾，密闭消毒 30 分钟，或用

15％过氧乙酸溶液，每立方米 7 毫升，置瓷或玻璃器皿内，加入等量的水，加热蒸发，密闭熏蒸（室内相对湿度在 60％～80％），2 小时后开窗通风；车、船等运输工具内外表面和空间，可用 0.5％过氧乙酸溶液喷洒至表面湿润，作用 15～30 分钟。温度越高杀菌力越强，但温度降至−20℃时，仍有明显杀菌作用。过氧乙酸稀释后不能放置时间过长，须现用现配，因其有强腐蚀性、较大的刺激性，配制、使用时应戴防酸手套、防护镜，严禁用金属制容器盛装。成品消毒剂须避光 4℃保存，容器不能装满，严禁曝晒。在搬运、移动时，应注意小心轻放，不要拖拉、摔碰、摩擦、撞击。

2. 过氧化氢

又称双氧水，为强腐蚀性、微酸性、无色透明液体，深层时略带淡蓝色，能与水任何比例混合，具有漂白作用。可快速灭活多种微生物，如致病性细菌、细菌芽孢、酵母、真菌孢子、病毒等，并分解成无害的水和氧。气雾用于空气、物体表面消毒，溶液用于饮水器、饲槽、用具、手等消毒。畜禽舍空气消毒时使用 1.5％～3％过氧化氢喷雾，每立方米 20 毫升，作用 30～60 分钟，消毒后进行通风。10％过氧化氢可杀灭芽孢。温度越高杀菌力越强，空气的相对湿度在 20％～80％时，湿度越大，杀菌力越强，相对湿度低于 20％，杀菌力较差，浓度越高杀菌力越强。过氧化氢有强腐蚀性，避免用金属制容器盛装；配制、使用时应戴防护手套、防护镜，须现用现配；成品消毒剂避光保存，严禁曝晒。

3. 臭氧

是一种强氧化剂，具有广谱杀灭微生物的作用，溶于水时杀菌作用更为明显，能有效地杀灭细菌、病毒、芽孢、包囊、真菌孢子等，对原虫及其卵囊也有很好的杀灭作用，还兼有除臭、增加畜禽舍内氧气含量的作用，用于空气、水体、用具等的消毒。饮水消毒时，臭氧浓度为 0.5～1.5 毫克/升，水中余臭氧量 0.1～0.5 毫克/升，维持 5～10 分钟可达到消毒要求，在水质较差时，用 3～6 毫克/升。国外报告，臭氧对病毒的灭活程度与臭氧浓度高度相关，而与接触时间关系不大。随温度的升高，臭氧的杀菌作用加强。但与其他消毒剂相比，臭氧的消毒效果受温度影响较小。臭氧在人医上已广泛使用，但在兽医上则是一种新型的消毒剂。在常温和空气相对湿度 82% 的条件下，臭氧对在空气中自然菌的杀灭率为 96.77%，对物体表面的大肠杆菌、金黄色葡萄球菌等的杀灭率为 99.97%。臭氧的稳定性差，有一定腐蚀性的毒性，受有机物影响较大，但使用方便、刺激性低、作用快速、无残留污染。

4. 二氧化氯

二氧化氯在常温下为黄绿色气体或红色爆炸性结晶，具有强烈的刺激性，对温度、压力和光均较敏感，其杀菌效果比一般含氯消毒剂高 2.5 倍，而且在杀菌消毒过程中还不会使蛋白质变性，对人、畜、水产品无害，无致癌、致突变性，是一种安全可靠的消毒剂。

本品适用于畜禽活动场所的环境、场地、栏舍、饮水及饲喂用具等方面消毒。能杀灭各种细菌、病毒、真菌等微生物及藻类及原虫，目前尚未发现能够抵抗其氧化性而不被杀灭的微生物。本品兼有去污、除腥、除臭之功能，是养殖行业理想的灭菌消毒剂，现已较多地用于牛奶场、家禽养殖场的消毒。用于环境、空气、场地、笼具喷洒消毒，浓度为 200 毫克/升；禽畜饮水消毒，0.5 毫克/升；饲料防霉，每吨饲料用浓度 100 毫克/升的消毒液 100 毫升，喷雾；动物体表消毒，200 毫克/升，喷雾至表面微湿；牲畜产房消毒，500 毫克/升，喷雾至垫草微湿；预防各种细菌、病毒传染，500 毫克/升，喷洒；烈性传染病及疫源地消毒，1000 毫克/升，喷洒。

5. 酸性氧化电位水

是由日本于 20 世纪 80 年代中后期发明的高氧化还原电位（+1100 毫伏）、低 pH（2.3～2.7）、含少量次氯酸（溶解氯浓度 20～50 毫克/升）的一种新型消毒水。杀菌谱广，可杀灭一切病原微生物（细菌、芽孢、病毒、真菌、螺旋体等）；作用速度快，数十秒钟完全灭活细菌，使病毒完全失去抗原性；使用方便，取之即用，无需配制；无色、无味、无刺激；无毒、无害、无任何毒副作用，对环境无污染；

价格低廉。但对易氧化金属（铜、铝、铁等）有一定腐蚀性，对不锈钢和碳钢无腐蚀性，因此浸泡器械时间不宜过长；在一定程度上受有机物的影响，清洗创面时应大量冲洗或直接浸泡，消毒时最好事先将被消毒物用清水洗干净；稳定性较差，遇光和空气及有机物可还原成普通水（室温开放保存 4 天；室温密闭保存 30 天；冷藏密闭保存可达 90 天），最好近期配制使用；贮存时最好选用不透明、非金属容器；应密闭、遮光保存，40℃以下使用。

6. 高锰酸钾

强氧化剂，可有效杀灭细菌繁殖体、真菌、细菌芽孢和部分病毒。主要用于皮肤黏膜消毒，100～200 毫克/升；物体表面消毒，1～2 克/升；饲料饮水消毒，50～100 毫克/升；冲洗脓腔、生殖道、乳房等的消毒，50 毫克/升；浸洗种蛋和环境消毒，浓度 5 克/升。

（四）烷基化气体消毒剂

是一类主要通过对微生物的蛋白质、DNA 和 RNA 的烷基化作用而将微生物灭活的消毒灭菌剂。对各种微生物均可杀灭，包括细菌繁殖体、芽孢、分枝杆菌、真菌和病毒；杀菌力强，对物品无损害。主要包括环氧乙烷、乙型丙内酯、环氧丙烷、溴化甲烷等，其中环氧乙烷应用比较广泛，其他在兽医消毒上应用不广。

环氧乙烷在常温常压下为无色气体，具有芳香的醚味，当温度低于 10.8℃时，气体液化。环氧乙烷液体无色透明，极易溶于水，遇水产生有毒的乙二醇。环氧乙烷可杀灭所有微生物，而且细菌繁殖体和芽孢对环氧乙烷的敏感性差异很小，穿透力强，对大多数物品无损害，属于高效消毒剂。常用于皮毛、塑料、医疗器械、用具、包装材料、畜禽舍、仓库等的消毒或灭菌，而且对大多数物品无损害。杀灭细菌繁殖体，每立方米空间用 300～400 克作用 8 小时；杀灭污染霉菌，每立方米空间用 700～950 克作用 8～16 小时；杀灭细菌芽孢，每立方米空间用 800～1700 克作用 16～24 小时。环氧乙烷气体消毒时，最适宜的相对湿度是 30%～50%，温度以 40～54℃为宜，不应低于 18℃，消毒时间越长，消毒效果越好，一般为 8~24 小时。

消毒过程中注意防火防爆，防止消毒袋、柜泄漏，控制温、湿度，不用于饮水和食品消毒。工作人员发生头晕、头痛、呕吐、腹泻、呼吸困难等中毒症状时，应立即移离现场，脱去污染衣物，注意休息、保暖，加强监护。如环氧乙烷液体沾染皮肤，应立即用大量清水或 3％ 硼酸溶液反复冲洗。皮肤症状较重或不缓解，应去医院就诊。眼睛污染者，于清水冲洗 15 分钟后点四环素可的松眼膏。

（五）酚类消毒剂

酚类消毒剂为一种最古老的消剂，19 世纪末出现的商品名为来苏儿的消毒剂，就是酚类消毒剂。目前国内兽医消毒用酚类消毒剂的代表品种是，20 世纪 80 年代我国从英国引进的复合酚类消毒剂——农福，国内也出现了许多类似产品，如菌毒敌、农富复合酚、菌毒净、菌毒灭、畜禽安等。其有效成分是烷基酚，是从煤焦油中高温分离出的焦油酸，焦油酸中含的酚是混合酚类，所以又称复合酚。由广东省农业科学院兽医研究所研制的消毒灵是国内第一个符合农福标准的复合酚消毒药。这类消毒剂适用于禽舍、畜舍环境消毒，对各种细菌灭菌力强，对带膜病毒具有灭活能力，但对结核分枝杆菌、芽孢、无囊膜病毒（如法氏囊病毒、口蹄疫病毒）和霉菌杀灭效果不理想。酚类消毒剂受有机物影响小，适用于养殖环境消毒。酚类消毒剂的 pH 越低，消毒效果越好，遇碱性物质则影响效力。由于酚类化合物有气味滞留，对人畜有毒，不宜用做养殖期间消毒，对畜禽体表消毒也受到限制。另外，国外也研制出可专门用于杀灭鸡球虫的邻位苯基酚。

1. 石炭酸

又称苯酸，为带有特殊气味的无色或淡红色针状、块状或三棱形结晶，可溶于水或乙醇。性质稳定，可长期保存。可有效杀灭细菌繁殖体、真菌和部分亲脂性病毒。用于物体表面、环境和器械浸泡消毒，常用浓度为 3％～5％。本品具有一定毒性和不良气味，不可直接用于黏膜消毒；能使橡胶制品变脆变硬；对环境有一定污染。近年来，由于许多安全、低毒、高效的消毒剂问世，石炭酸这种古老的消毒剂已很少应用。

2. 煤酚皂溶液

又称来苏儿，黄棕色至红棕色黏稠液体，为甲醛、植物油、氢氧化钠的皂化液，含甲酚 50%。可溶于水及醇溶液，能有效杀灭细菌繁殖体、真菌和大部分病毒。1%～2%溶液用于手、皮肤消毒3 分钟，目前已较少使用；3%～5%溶液用于器械、用具、畜禽舍地面、墙壁消毒；5%～10%溶液用于环境、排泄物及实验室废弃细菌材料的消毒。本品对黏膜和皮肤有腐蚀作用，需稀释后应用。因其杀菌能力相对较差，且对人畜有毒，有气味滞留，有被其他消毒剂取代的趋势。

3. 复合酚

是一种新型、广谱、高效、无腐蚀的复合酚类消毒剂，国内同类商品较多。主要用于环境消毒，常规预防消毒稀释配比 1∶300，病原污染的场地及运载车辆可用 1∶100 喷雾消毒。严禁与碱性药品或其他消毒液混合使用，以免降低消毒效果。

（六）季铵盐类消毒剂

季铵盐类消毒剂为阳离子表面活性剂，具有除臭、清洁和表面消毒的作用。性能稳定，pH6～8 时，受 pH 变化影响小，碱性环境能提高药效，还有低腐蚀、低刺激性、低毒等特点，对有机质及硬水还有一定抵抗力。早期季铵盐对病毒灭活力差，但是双长链季铵盐，除对各种细菌有效外，对马立克氏病毒、新城疫病毒、猪瘟病毒等均有良好的效果。但季铵盐对芽孢及无囊膜病毒（如法氏囊病毒、口蹄疫病毒等）效力差。此类消毒剂的配伍禁忌多，使用范围受限制。季铵盐类消毒剂如果与其他消毒剂科学组成复方制剂，可弥补上述不足，形成一种既能杀灭细菌又能杀灭病毒的安全、无刺激性的复方消毒制剂。目前，季铵盐类多复合戊二醛，制成复合消毒剂，从而克服了季铵盐的不足，将在兽医上有广泛的应用前景。

1. 苯扎溴铵

又称新洁尔灭或溴苄烷铵，为淡黄色胶状液体，具有芳香气味，极苦，易溶于水和乙醇，溶液无色透明，性质较稳定，价格低廉，市售产品的浓度为5%。0.05%～0.1%水溶液用于手术前洗手消毒、皮肤和黏膜消毒，0.15%～2%水溶液用于畜禽舍空间喷雾消毒，0.1%用于种蛋消毒等。本品现配现用，确保容器清洁，不可用作器械消毒，不宜作污染物品、排泄物的消毒。

度米芬又称消毒宁，为白色或微黄色的结晶片剂或粉剂，味微苦而带皂味，能溶于水或乙醇，性能稳定。其杀菌范围及用途与新洁尔灭相似。

2. 百毒杀

为双链季铵盐类消毒剂，代表性化合物主要有溴化二甲基二癸基铵（百毒杀）和氯化二甲基二癸基铵（1210消毒剂），毒性低，无刺激性，无不良气味，推荐使用剂量对人、畜禽绝对无毒，对用具无腐蚀性，消毒力可持续10～14天。饮水消毒，预防量按有效药量10000～20000倍稀释；疫病发生时可按5000～10000倍稀释。畜禽舍及环境、用具消毒，预防消毒按3000倍稀释，疫病发生时按1000倍稀释。

（七）醇类消毒剂

醇类消毒剂具有杀菌作用，随着分子量的增加，杀菌作用增强，但分子量过大水溶性降低，反而难以使用，实际工作中应用最广泛的是乙醇。

1. 乙醇

又称酒精，为无色透明液体，有较强的酒气味，在室温下易挥发、易燃。可快速、有效地杀灭多种微生物，如细菌繁殖体、真菌和多种病毒，但不能杀灭细胞芽孢。最佳使用浓度为70%或75%。常用于皮肤消毒、物体表面消毒、皮肤消毒脱碘、诊疗器械和器材擦拭消毒。

2. 异丙醇

为无色透明易挥发可燃性液体，类似乙醇与丙酮的混合气味。其杀菌效果和作用机制与乙醇类似，杀菌效力比乙醇强，但毒性比乙醇高，只能用于物体表面及环境消毒。可杀灭细菌繁殖体、真菌、分枝杆菌及灭活病毒，但不能杀灭细菌芽孢。常用 50％～70％水溶液擦拭或浸泡 5～60 分钟。国外常将其与洗必泰配伍使用。

（八）胍类消毒剂

此类消毒剂中，氯己定（洗必泰）已得到广泛的应用。近年来，国外又报道了一种新的胍类消毒剂，即盐酸聚六亚甲基胍消毒剂。

1. 氯己定

又称洗必泰，为白色结晶粉末，无臭但味苦，微溶于水和乙醇，溶液呈碱性。杀菌谱与季铵盐类相似，具有广谱抑菌作用，对细菌繁殖体、真菌有较强的杀灭作用，但不能杀灭细菌芽孢、结核分枝杆菌和病毒。因其性能稳定、无刺激性、腐蚀性低、使用方便，是一种用途较广的消毒剂。0.02％～0.05％水溶液用于饲养人员、手术前洗手消毒浸泡 3 分钟；0.05％水溶液用于冲洗创伤；0.01％～0.1％水溶液可用于阴道、膀胱等冲洗。洗必泰（0.5％）在酒精（70％）作用及碱性条件下可使其灭菌效力增强，可用于术部消毒。但有机质、肥皂、硬水等会降低其活性。配制好的水溶液最好 7 天内用完。

2. 盐酸聚六亚甲基胍

为白色无定形粉末，无特殊气味，易溶于水，水溶液无色至淡黄色。对细菌和病毒有较强的杀灭作用，作用快速，稳定性好，无毒、无腐蚀性，可降解，对环境无污染。用于饮水、水体消毒除藻及皮肤黏膜和环境消毒，一般浓度为 2000～5000 毫克/升。

（九）其他化学消毒剂

1. 乳酸

乳酸是一种有机酸，为无色澄明或微黄色的黏性液体，能与水或醇任意混合。本品对伤寒杆菌、大肠杆菌、葡萄球菌及链球菌具有杀灭和抵制作用。黏膜消毒浓度为 200 毫克/升，空气熏蒸消毒为 1000 毫克/升。

2. 醋酸

醋酸为无色透明液体，有强烈酸味，能与水或醇任意混合。其杀菌和抑菌作用与乳酸相同，但比乳酸弱，可用于空气消毒。

3. 氢氧化钠

为碱性消毒剂的代表产品。浓度为 1% 时，主要用于玻璃器皿的消毒；2%～5% 时，主要用于环境、污物、粪便等的消毒。本品具有较强的腐蚀性，消毒时应注意防护，消毒 12 小时后用水冲洗干净。

4. 生石灰

又称氧化钙，为白色块状或粉状物，加水后产热并形成氢氧化钙，呈强碱性。本品可杀死多种病原菌，但对芽孢无效，常用 20% 石灰乳溶液进行环境、圈舍、地面、垫料、粪便及污水沟等的消毒。生石灰应干燥保存，以免潮解失效；石灰乳应现用现配，最好当天用完。

二、消毒药物的使用方法

由于消毒药品和被消毒对象种类繁多，消毒药品的使用方法也是多种多样，实践中，常用的有以下几种。

1. 喷雾法

把药物装在喷雾器内，手动或机动加压使消毒液呈雾粒状喷出，均匀地滴落在物体表面或地面。

2. 熏蒸法

将消毒药加热或利用药品的理化特性使消毒药形成含药的蒸汽。一般用于空间消毒或密闭消毒室内物品消毒，如福尔马林熏蒸消毒等。

3. 喷洒法

一般是将药物装入喷壶或直接泼洒，使消毒液均匀地洒到物体表面或地面。场地和圈舍消毒时常用此法。

4. 冲洗法

将消毒药装入密闭容器或高压枪里，可采用各种不同的压力喷洗，冲入的药液视不同的消毒药而定。

5. 浸泡法

就是将消毒药品浸没在消毒药中一定时间。

6. 洗刷法

用毛刷等蘸取消毒药适量，在动物体表或物品表面洗刷。对金属物品洗刷消毒时应禁用腐蚀性的药品。

7. 涂擦法

用纱布蘸取消毒液在物体表面擦拭消毒，或用脱脂棉球浸湿消毒液在皮肤、黏膜伤口等处进行涂擦等。

8. 撒布法

将粉剂型消毒药均匀撒布在消毒对象表面。如用生石灰加适量水使之松散后，撒布在潮湿地面、粪池周围及污水沟进行消毒。

9. 拌和法

对粪便、垃圾等污物消毒时，可用粉剂消毒药品与其拌合均匀，堆放一定时间，就能达到消毒目的。如将漂白粉与粪便按 1∶5 的比例拌合均匀可进行粪便的消毒。

第三节　养羊场的消毒规程

规范的养羊场须制定饲养人员、圈舍、带羊消毒，用具、周围环境消毒，发生疫病的消毒，预防性消毒等各种制度及按规范的程序进行消毒。

一、圈舍消毒

一般先用扫帚清扫并用水冲洗干净后，再用消毒液消毒。用消毒液消毒的操作步骤如下。

（一）消毒液选择与用量

常用的消毒药有 10%～20% 石灰乳、30% 漂白粉、0.5%～1% 菌毒敌（原名农乐，同类产品有农福、农富、菌毒灭等）、0.5%～1% 二氯异氰尿酸钠（以此药为主要成分的商品消毒剂有强力消毒灵、灭菌净等）、0.5% 过氧乙酸等。消毒液的用量，以羊舍内每平方米面积用 1 升药液配制，根据药物用量说明来计算。

（二）消毒方法

将消毒液盛于喷雾器内，喷洒圈舍（图 4-1）、地面、墙壁、天花板，然后再开门窗通风，用清水刷洗饲槽、用具等，将消毒药味除去。如羊舍有密闭条件，可关闭门窗，用福尔马林熏蒸消毒 12～24 小时，然后开窗 24 小时。福尔马林的用量是每平方米空间 12.5～50 毫升，加等量水一起加热蒸发。在没有热源的情况下，可加入等量的高锰酸钾（每平方米用 7～25 克），即可反应产生高热蒸汽。

图 4-1　喷洒圈舍消毒

（三）空羊舍消毒规程

育肥羊出栏后，先用 0.5%～1% 菌毒杀对羊舍消毒，再清除羊粪。3% 火碱水喷洒舍内地面，0.5% 过氧乙酸喷洒墙壁。打扫完羊舍后，用 0.5% 过氧乙酸或 30% 漂白粉等交替多次消毒，每次间隔一天。

二、环境消毒

在大门口设消毒池，使用 2% 火碱或 5% 来苏儿溶液，注意定期更换消毒液。

羊舍周围环境每 2～3 周用 2% 火碱消毒或撒生石灰一次，场周围及场内污水池、排粪坑、下水道出口，每月用漂白粉消毒一次。每隔 1～2 周，用 2%～3% 火碱溶液（氢氧化钠）喷洒消毒道路；用 2%～3% 火碱，或 3%～5% 甲醛或 0.5% 过氧乙酸喷洒消毒场地。

圈舍地面消毒可用含 2.5% 有效氯的漂白粉溶液、4% 福尔马林或 10% 氢氧化钠溶液。停放过芽孢杆菌所致传染病（如炭疽）病羊尸体的场所，应严格加以消毒。首先用含 2.5% 有效氯的漂白粉溶液喷洒地面，然后将表层土壤掘起 30 厘米左右，撒上干漂白粉，并与土混合，将此表土妥善运出掩埋。其他传染病所污染的地面土壤，则可先将地面翻一下，深度约 30 厘米，在翻地的同时撒上干漂白粉（用量为 1 平方米面积 0.5 千克），然后以水浸湿，压平。如果放牧地区被某种病原体污染，一般利用阳光来消除病原微生物；如果污染的面积不大，则应使用化学消毒药消毒。

三、用具和垫料消毒

定时对水槽、料槽、饲料车等进行消毒。一般先将用具冲洗干净后，可用 0.1% 新洁尔灭或 0.2%～0.5% 过氧乙酸消毒，然后在密闭的室内进行熏蒸。注射器、针头、金属器械，煮沸消毒 30 分钟左右。

对于养殖场的垫料，可以通过阳光照射的方法进行消毒。这是一种最经济、最简单的方法，将垫草等放在烈日下，暴晒 2～3 小时，能杀灭多种病原微生物。

四、污物消毒

（一）粪便消毒

按照粪便的无害化处理执行。

（二）污水消毒

最常用的方法是将污水引入污水处理池，加入化学药品（如漂白粉或生石灰）进行消毒。消毒药的用量视污水量而定，一般 1 升污水用 2～5 克漂白粉。

（三）皮毛消毒

皮毛消毒，目前广泛利用环氧乙烷气体消毒法。消毒必须在密闭的专用消毒室或密闭良好的容器（常用聚乙烯或聚氯乙烯薄膜制成的篷布）内进行。此法对细菌、病毒、霉菌均有良好的消毒效果，对皮毛等产品中的炭疽芽孢也有较好的消毒作用。

对患炭疽、口蹄疫、布氏杆菌病、羊痘、坏死杆菌病等的羊皮羊毛均应消毒。应当注意，发生炭疽时，严禁从尸体上剥皮；在储存的原料中即使只发现1张患炭疽病的羊皮，也应将整堆与它接触过的羊皮消毒。

（四）病死尸体的处置

病死羊尸体含有大量病原体，只有及时经过无害化处理，才能防止各种疫病的传播与流行。严禁随意丢弃、出售或作为饲料。应根据疾病种类和性质不同，按《畜禽病害肉尸及其产品无害化处理规程》的规定，采用适宜方法处理病羊尸体。

1. 销毁

将病羊尸体用密闭的容器运送到指定地点焚毁或深埋。

2. 焚毁

对危险较大的传染病（如炭疽和气肿疽等）病羊的尸体，应采用焚烧炉焚毁。对焚烧产生的烟气应采取有效的净化措施，防止烟尘、一氧化碳、恶臭等对周围大气环境的污染。

3. 深埋

不具备焚烧条件的养殖场应设置1个以上安全填埋井，填埋井应为混凝土结构，深度大于3米、直径1米，井口加盖密封。进行填埋时，在每次投入尸体后，应覆盖一层厚度大于10厘米的熟石灰，井填满后，须用黏土填埋压实并封口。

或者选择干燥、地势较高，距离住宅、道路、水井、河流及羊场或牧场较远的指定地点，挖深坑掩埋尸体，尸体上覆盖一层石灰。尸坑的长和宽以容纳尸体侧卧为度，深度应在2米以上。

4. 化制

将病羊尸体在指定的化制站（厂）加工处理。可以将其投入干化机化制，或将整个尸体投入湿化机化制。

五、人员消毒

饲养管理人员应经常保持个人卫生，定期进行人畜共患病的检疫，并进行免疫接种。

养殖场一般谢绝参观，严格控制外来人员，必须进入生产区时，要换厂区工作服和工作鞋，并通过厂区门口消毒池进入。入场要遵守场内防疫制度，按指定路线行走。

场内工作人员备有从里到外至少两套工作服装，一套在场内工作时间用，一套场外用。进场时，将场外穿的衣物、鞋袜全部在外更衣室脱掉，放入各自衣柜锁好，穿上场内服装、着水鞋，经脚踏放在羊舍门口用3％火碱液浸泡着的草垫子。

工作人员外出羊场，脚踏用3％火碱液浸泡着的草垫子进入更衣间，换上场外服装，可外出。

送料车等或经场长批准的特殊车辆可进出场。由门卫对整车用0.5％过氧乙酸或0.5％～1％菌毒杀，进行全方位冲刷喷雾消毒。经盛3％火碱液的消毒池入场。驾驶员不得离开驾驶室，若必须离开，则穿上工作服进入，进入后不得脱下工作服。

办公区、生活区每天早上进行一次喷雾消毒。

六、带羊消毒

定期进行带羊消毒（图4-2），有利于减少环境中的病原微生物，减少疾病发生。常用的药物有0.2％～0.3％过氧乙酸，每立方米空间用药20～40毫升，也可用0.2％次氯酸钠溶液或0.1％新洁尔灭溶液。0.5％以下浓度的过氧乙酸对人畜无害，为了减少对工作人员的刺激，在消毒时可佩戴口罩。一般情况下每周消毒1～2次，春秋疫情常发季节，每周消毒3次，在有疫情发生时，每天消毒1次。带羊消毒时可以将3～5种消毒药交替进行使用。

在助产、配种、注射及其他任何对羊接触操作前，应先将有关部位进行消毒擦拭，以减少病原体污染，保证羊只健康。

图 4-2　带羊消毒

七、发生传染病时的措施

　　羊群发生传染病时，应立即采取一系列紧急措施，就地扑灭，以防止疫情扩大。兽医人员要立即向上级部门报告疫情；同时要立即将病羊和健康羊隔离，不让它们有任何接触，以防健康羊受到传染；对于发病前与病羊有过接触的羊（虽然在外表上看不出有病，但有被传染的嫌疑，一般叫做"可疑感染羊"），不能再同其他健康羊在一起饲养，必须单独圈养，经过 20 天以上的观察不发病，才能与健康羊合群；如有出现病灶的羊，则按病羊处理。对已隔离的病羊，要及时进行药物治疗；隔离场所禁止人、畜出入和接近，工作人员出入应遵守消毒制度；隔离区内的用具、饲料、粪便等，未经彻底消毒不得运出；没有治疗价值的病羊，由兽医根据国家规定进行严格处理；病羊尸体要焚烧或深埋，不得随意抛弃。对健康羊和可疑感染羊，要进行疫苗紧急接种或用药物进行预防性治疗。发生口蹄疫、羊痘等急性烈性传染病时，应立即报告有关部门，划定疫区，采取严格的隔离封锁措施，并组织力量尽快扑灭。

八、提高羊场消毒效果的措施

（一）选择合格的消毒剂

　　养羊场选择消毒剂要在兽医人员指导下，根据场内不同的消毒对象、要求及消毒环境条件等，有针对性地选购经兽药监察部门批准生产的消毒剂，或是选购经当地畜牧兽医主管部门推荐的适宜本地使用的消毒剂。选择时要检查消毒剂的标签和说明书，看是否是合格产品，是否在有效使用期内。消毒剂要具有价格低，易溶于硬水，无残毒，对被消毒物无损伤，在空气中较稳定，且使用方便，对要预防和扑灭的疫病有广谱、快速、高效消毒作用。还要注意的是，不要经常性地选择单一品种的消毒剂。因为长期使用单一品种，会使病原体产生耐药性。所以，在选择时，应定期及时更换使用过的消毒剂，以保证良好的消毒效果。

（二）选择适宜的消毒方法

应用消毒药剂时，要选择适宜的消毒方法，根据不同的消毒环境、消毒对象和被消毒物的种类等具体情况，选择高效可行的消毒方法。如拌和、喷雾、浸泡、刷拭、熏蒸、撒布、涂擦、冲洗等。

（三）按要求科学配制消毒剂

市售的化学消毒药品，因其规格、剂型、含量不同，往往不能直接应用于消毒工作。使用前，要按说明书严格要求配制实际所需的浓度。配制时，要注意选择稀释后对消毒效果影响最小的水，以及稀释后适宜的浓度和温度等。还要注意有些消毒药品要现配现用，配好的药液不宜久贮；有的消毒药液可一次配制，多次使用；还有些消毒药品（如漂白粉等）在久贮后使用时，要先测定有效氯含量，然后根据测定结果进行配制。做好这些都可以提高消毒效果。

（四）设计科学的消毒程序

有些养殖场消毒效果差，主要是执行的消毒程序不科学。畜禽养殖场现行的有两种消毒程序，一种消毒程序的观点是消毒能代替清洁，使用直接消毒程序；另一种消毒程序的观点是先清洁被消毒物上的有机物质障碍后再消毒，使用先清洁后消毒程序。这两种消毒程序都不尽科学，带有弊端，第1种消毒程序的弊端是附着在被消毒物上的有机物质会阻碍消毒药剂与病原体的接触，大大降低消毒药剂对病原体的杀灭作用，达不到预期目的和效果；第2种消毒程序的弊端是在清洁被消毒物的过程中，病原体有随之扩散的潜在危险。

正确的方法应该是综合现行两种消毒程序，把一次消毒程序改为二次消毒程序。具体为：第一次时使用稀释好的消毒药剂直接进行消毒，待一定作用时间后，清洁被消毒物上的有机物质或其他障碍物质，再用消毒药剂重复消毒一次。设计这种二次消毒程序，既科学彻底，消毒效果又好。

（五）科学消毒

在消毒工作中，有的养殖场户往往是用消毒药剂全面喷洒一次就算消毒完了，不注意应用浓度和接触作用时间，这样往往也达不到良好的消毒效果。在执行消毒工作时，应让被消毒物充分与消毒药剂接触，有效应用浓度每平方米至少需要 300 毫升。要掌握好消毒作用时间，当接触时间过短时，往往达不到杀灭病原体的目的，只有达到规定作用时间后才能保证消毒药剂将病原体杀灭。在畜禽养殖场内应用熏蒸消毒时，还需注意保证相对的湿度，以达到良好的消毒效果。消毒工作中，不要随意把两种或两种以上消毒药剂混合使用，以免出现配伍禁忌而产生拮抗现象，降低消毒效果。

（六）严把人员、车辆、物品进出的消毒关

在养殖场内，虽然都执行了严格的消毒工作，又在进出口设置了消毒槽，但还不能完全切断外界病原体的侵入。必须严格控制场外人员进出，定期更换消毒槽中的消毒药剂，以防挥发后失去药效。饲养管理人员要注意保持身体清洁与健康，入场前需在洗手池清洗，换上工作帽、工作服和工作靴。车辆、饲养工具及有关物品等进出要经过严格消毒。只有采取综合控制措施，从严把关，才能保证场内取得良好的消毒效果。

（七）做好消毒工作记载

将养殖场消毒工作中的执行人员、被消毒物、消毒药剂品种、配制浓度、消毒方法、消毒时间等详细情况（数据）记入《消毒工作记录》，以便总结查找。

第五章　羊场的防疫制度化

第一节　羊场常用药物的合理使用

一、常用药物的分类与保存

（一）常用药物的分类

1. 抗微生物药

青霉素、红霉素、庆大霉素，氟哌酸、氯霉素、环丙沙星等。

2. 驱虫药

盐酸噻咪唑（驱虫净）、阿苯达唑、敌敌畏、阿维菌素等。

3. 作用于消化系统的药物

健胃药、促反刍药及止酵药，如马钱子酊、胃蛋白酶、干酵母、鱼石脂等；泻药、止泻药及解痉药，如硫酸钠、硫酸镁、液体石蜡、活性炭等。

4. 作用于呼吸系统的药物

氯化铵、咳必清、复方甘草片、氨茶碱等。

5. 作用于泌尿、生殖系统的药物

利尿酸、乌洛托品、绒毛膜促性腺激素、黄体酮、催产素等。

6. 作用于心血管系统的药物

安钠咖、安络血、仙鹤草素等。

7. 镇静与麻醉药

盐酸氯丙嗪、静松灵、盐酸普鲁卡因等。

8. 解热镇痛抗风湿药

氨基比林、安痛定、安乃近等。

9. 体液补充剂

葡萄糖、氯化钠、氯化钙、葡萄糖酸钙、碳酸氢钠等。

10. 解毒药

阿托品、碘解磷定等。

11. 消毒药及外用药

碘酊、新洁尔灭、高锰酸钾、鱼石脂、双氧水、龙胆紫、氢氧化钠、碘伏、漂白粉、二氯异氰尿酸钠等。

（二）保存

保存药物应定期检查，防止过期、失效，阅读药品说明书，按所要求储存方法分类保存，不宜与其他杂物混放。

① 对于因湿而易变性，易受潮，易风化，易挥发，易氧化及吸收二氧化碳而变质的药物需用玻璃瓶密闭储存。

② 易因受热而变质，易燃、易爆、易挥发等药物，需 $2\sim15℃$ 低温保存。

③ 见光易发生变化或导致药效降低的，需避光容器内储存。

④ 分门别类，做好标记。原包装完好的药物，可以原封不动地保存，散装药应按类分开，并贴上醒目的标签，标清有效日期、名称、用法、用量及失效期。内服药与外用药宜严格分开。

⑤ 定期更换淘汰。每年定期对备用药进行检查。例如维生素 C 存放一年药效可降低一半，中药丸剂容易发霉生虫，最多存放 2 年，其他药物参照生产日期查对处理。

二、药物的制剂、剂型与剂量

剂型是根据医疗、预防等的需要，将兽药加工制成具有一定规格、一定形状而有效成分不变，以便于使用、运输和储存的形式。

兽药的剂型种类繁多，常用的分类方法如下。

（一）按兽药形态分类

1. 液态剂型

（1）溶液剂　是一种透明的可供内服或外用的溶液，一般由两种或两种以上成分所组成，其中包括溶质和溶媒。溶质多为不挥发的化学药品，溶媒多为水，但也有醇溶液或油溶液等。内服药如鱼肝油溶液，外用消毒药如新洁尔灭溶液等。

（2）注射剂　注射剂也称针剂，是指灌封于特制容器中的灭菌的澄明液、混悬液、乳浊液或粉末（粉针剂，临用时加注射用水等溶媒配制），必须用注射法给药的一种剂型。如果密封于安瓿瓶中，称为安瓿剂。如青霉素粉针，庆大霉素注射液等。

（3）酊剂　是指将化学药品溶解于不同浓度的酒精或药物用不同浓度的酒精浸出的澄明液体剂型，如碘酊等。

（4）煎剂或浸剂　都是药材（生药）的水性浸出制剂。煎剂是将药材加水煎煮一定时间后的滤液；浸剂是用沸水、温水或冷水将药材浸泡一定时间后滤过而制得的液体剂型。如板蓝根煎剂。

（5）乳剂　是指两种以上不相混合的液体（油和水），加入乳化剂后制成的乳状混浊液，可供内服、外用或注射。

2. 半固体剂型

（1）浸膏剂　是药材的浸出液经浓缩除去溶媒的膏状或粉状的半固体或固体剂型。除有特殊规定外，浸膏剂每克相当于原药材2～5克。如酵母浸膏等。

（2）软膏剂　是将药物加赋形剂（或称基质），均匀混合而制成的易于外用涂布的一种半固体剂型。供眼科用的软膏又叫眼膏。如盐酸四环素软膏等。

（3）固体剂型

① 粉剂。是一种干燥粉末剂型，由一种或一种以上的药物经粉碎、过筛、均匀混合制成的固体剂型。可供内服或外用。

② 可溶性粉剂。是由一种或几种药物与助溶剂、助悬剂等辅助药组成的可溶性粉末。多作为饲料添加剂型，投入饮水中使药物均匀分散。

③ 预混剂。是指一种或几种药物与适宜的基质（如碳酸钙、麸皮、玉米粉等）均匀混合制成供添加于饲料的药物添加剂。将它掺入饲料中充分混合，可达到使药物微量成分均匀分散的目的。如土霉素预混剂等。

④ 片剂。是将粉剂加适当赋形剂后，制成颗粒经压片机加压制成的圆片状剂型。

⑤ 胶囊剂。是将药粉或药液密封入胶囊中制成的一种剂型，其优点是可避免药物的刺激性或不良气味。如氯霉素胶囊。

⑥ 微型胶囊。简称微囊，系利用天然的或合成的高分子材料（通称囊材），将固体或液体药物（通称囊芯物）包裹成直径 1～5000 微米的微小胶囊。药物的微囊可根据临床需要制成散剂、胶囊剂、片剂、注射剂以及软膏剂等各种剂型的制剂。药物制成微囊后，具有提高药物稳定性、延长药物疗效、掩盖不良气味、降低在消化道的副作用、减少复方的配伍禁忌等优点。用微囊作原料制成的各种剂型的制剂，应符合该剂型的制剂规定与要求。如维生素 A 微囊剂。

（4）气体剂型　是指某些液体药物稀释后或固体药物干粉利用雾化器喷出形成微粒状的制剂。可供皮肤和腔道等局部使用，或由呼吸道吸入后发挥全身作用。

（二）按分散系统分类

1. 真溶液类液体剂型

是指由分散相和分散介质组成的液态分散系统剂型，其分散相质点直径小于 1 纳米，如溶液剂、糖浆剂、甘油剂等。

2. 胶体溶液类液体剂型

是指均匀的液体分散系统药剂，其分散相质点直径在 1～100

纳米，如胶浆剂。

3. 混悬液类液体剂型

是指固态分散相和液体分散介质组成的不均匀的分散系统药剂，其分散相质点一般在 0.1～100 微米，如混悬剂。

4. 乳浊液类液体剂型

是指液体分散相和液体分散介质不均匀的分散系统药剂，其分散相质点直径在 0.1～50 微米，如乳剂等。

（三）按给药途径分类

1. 肠道给药剂型

如片剂、散剂、胶囊剂、栓剂等。

2. 不经肠道给药剂型

如注射剂、软膏剂、口含片、滴眼剂、气雾剂等。

在选定药物以后，制剂的选择就是一个重要问题。同一药物，相同剂量，所用的制剂不同，其吸收程度也不同。有时，甚至同一制剂，如果生产工艺不同，其吸收程度和速度也不尽相同。因此，应根据疾病的轻重缓急慎重选择药物的剂型。

剂量是指药物产生治疗作用所需的用量。在一定范围内，剂量愈大，体内药物浓度愈高，作用也愈强；剂量愈小，作用愈小。但如果浓度过大，超过一定限度，就会出现不良反应，甚至中毒。因此，为了既经济又有效地发挥药物的作用，达到用药目的，避免不良反应，应充分了解并严格掌握各种药物的剂量。

药物剂量的计量单位，一般固体药物用重量表示。按照 1984 年国务院关于在我国统一实行法定计量单位的命令，一般采用法定计量单位，如克、毫克、升、毫升等。对于固体和半固体药物用克、毫克表示；液体药物用升和毫升表示。常用计量单位的换算关系如下。

1 千克＝1000 克，1 克＝1000 毫克，1 升＝1000 毫升，1 毫升＝1000 微升

一些抗生素和维生素，如青霉素、庆大霉素、维生素 A、维生素 D 等药物多用国际单位来表示，英文缩写为 IU。

三、药物的治疗作用和不良反应

用药的目的在于防制疾病。凡符合用药目的，能达到防制效果的作用叫治疗作用。不符合用药目的，甚至对机体产生损害的效果称为不良反应。在多数情况下，这两种效果会同时出现，这就是药物作用的两重性。在用药中，应尽量发挥药物的治疗作用，避免或减少不良反应。药物不良反应有副作用、毒性作用和过敏反应等。

（一）副作用

指药物在治疗剂量时出现的与治疗目的无关的作用。如阿托品有松弛平滑肌和抑制胰腺分泌的作用，当利用其松弛平滑肌的作用治疗肠痉挛时，同时出现的唾液腺分泌减少（口腔干燥）即为副作用。

（二）毒性作用

指用药量过大、时间过长而对机体造成的损害作用。毒性作用可在用药不久后发生，称为急性毒性；也可能在长期用药过程中逐渐蓄积后产生，称为慢性毒性。大多数药物都有一定的毒性，当达到一定剂量后，多数动物均可出现相同的中毒症状。故药物的毒性作用大多也是可以预防的。在用药中，以增加剂量来增强药物的作用是有限的，而且也是危险的。此外，有些药物可以致畸胎、致癌，也属药物的毒性作用，必须警惕。

（三）过敏反应

是指少数具有特异体质的动物，在应用治疗量甚至极小量的某种药物时，产生一种与药物作用性质完全不同的反应，称为过敏反应。它与药物剂量的大小无关，而且不同的药物发生的过敏反应大多相似。过敏反应难以预知。轻度的过敏反应，常有发热、呕吐、皮疹、哮喘等症状，可给予苯海拉明、溴化钙等抗过敏药物进行处理。严重的过敏反应，可引起动物发生过敏性休克，应使用肾上腺素或高效糖皮质激素等进行抢救。

（四）继发反应

是在药物治疗作用之后的一种继发反应。是药物发挥治疗作用的不良后果，也称治疗矛盾。如长期应用广谱抗生素时，由于改变了肠道正常菌群，敏感细菌如被消灭，不敏感的细菌如葡萄球菌或真菌则大量繁殖，导致葡萄球菌肠炎或念珠菌病等的继发性感染。

四、药物的选择及用药注意事项

羊病临床合理用药的目的是要达到最理想的疗效和最大安全性。因此药物治疗过程中有其选择原则和注意事项。

（一）药物选择原则

用于预防和治疗疾病的药物种类很多，各有独特的优点和缺点。临床实践证明，对于任何一种疾病常有多种药物有疗效。为了获得最佳疗效，就应根据病情、病因及症状加以选择。选用药物应坚持疗效高，毒性反应低，价廉易得的基本原则。

1. 疗效高

疗效高是选择药物首先考虑的因素。在治疗和预防疾病中，选用药物的基本点是药物的疗效。如具有抗菌作用的药物可有数种，选用时应首选对病原菌最敏感的抗菌药。

2. 毒性反应低

毒性反应低是选择用药考虑的重要因素，多数药物都有不同程度的毒性，有些药物疗效虽好，但毒性反应严重，因此必须放弃，临床上多数选用疗效稍差而毒性作用更低的药物。

3. 价廉易得

价廉易得是兽医人员应高度重视的问题。滥用药物，贪多求全，既会降低疗效，增加毒性或产生耐受性，又会造成畜主经济损失和药品浪费。

（二）合理用药注意事项

在选择用药基本原则指导下，认真制定临床用药方案。临床用药应该注意以下方面。

1. 明确诊断

明确诊断是合理用药的先决条件，选用药物要有明确的临床指征。要根据药物的药理特点，针对病例的具体病症，选用疗效可靠、使用方便、廉价易得的药物制剂。注意避免滥用药物及疗效不确切的药物。

2. 选择最适宜的给药方法

给药方法应根据病情缓急、用药的目的以及药物本身的性质等决定。病情危重或药物局部刺激性强时，宜以静脉注射。油溶剂或混悬剂应严禁用于静脉注射，可用于肌内注射。治疗消化系统疾病的药物多经口投药。局部关节、子宫内膜等炎症可用局部注入给药。

3. 适宜剂量与合理疗程

选择剂量的根据是《中华人民共和国兽药典》（2010 年版）及《中华人民共和国兽药规范》（1992 年版）。该药典及规范中的剂量适用于多数成年动物，对于老弱、病幼的个体，特别是肝、肾功能不良的个体，应酌情调整剂量。有些药物排泄缓慢，药物半衰期长，在连续应用时，应特别预防蓄积中毒。为此，在经连续治疗一个疗程之后，应停药一定时间，才可以开始下一疗程。疗程可长可短，一般认为，慢性疾病的疗程要长，急性疾病的疗程要短。传染病需在病情控制之后有一定巩固时间，必要时，可用间歇休药再给药的方式进行治疗。

4. 合理配伍用药

临床用药时，多数合并用药。此外，既要考虑药物的协同作用、减轻不良反应，同时还应注意避免药物间的配伍禁忌，尤其应注意避免药理性配伍禁忌。药理性配伍禁忌包括药物疗效互相抵消和毒性增加，如胃蛋白酶和小苏打片配伍使用，会使胃蛋白酶活性下降。药物理化性配伍禁忌，在临床用药时应认真对待。在两种药物配伍时，由于物理性质的改变，使药物或抑制剂发生变化，即可以使两种药物化学本质发生变化而失效，有时还产生有毒的反应，如解磷定与碳酸氢钠注射配伍时，可产生微量氰化物而增加毒性。

第二节 羊群的免疫保护

一、羊传染病的控制原则

传染病的一个基本特征是能在个体之间直接或间接相互传染，构成流行。传染病能在羊群中发生、传播和流行，必须具备三个必要环节：传染源、传播途径、易感羊。控制羊的传染病，要采取控制传染源、切断传播途径、保护易感羊只三条途径。

(一) 控制传染源

传染源一般就是受感染的羊，包括已发病的病羊和带菌（毒）的羊，尤其是带菌（毒）的羊，外表无临诊症状且一般不易查出，容易被人们忽视。对已发病的病羊和带菌（毒）的羊，要隔离，积极治疗；如果不治死亡后，要采取焚烧或深埋处理，切断传染源；如果治愈，也要继续观察一段时间，再和其他羊合群。

(二) 切断传播途径

指病原从传染源排出后，经过一定的方式再侵入健康动物经过的途径。传播途径可分为水平传播和垂直传播两类。

水平传播的传播方式可分为直接接触传播和间接接触传播。直接接触传播是在没有任何外界因素参与下，病羊与健康羊直接接触引起传染，特点是一个接一个发生，有明显连锁性。间接接触传播，即病原体通过媒介如饲料、饮水、土壤、空气等间接地使健康羊发生传染。大多数传染病以间接接触为主要传播方式。垂直传播即从母体经胎盘、产道将病原体传播到后代。

对病羊要早发现、早隔离、早治疗，切断病原体的传播途径，对母畜患有传染病的要及时治疗，对不能治愈的要及时淘汰，防止将病原体传播给后代。

(三) 保护易感羊只

羊只对某种传染病病原体感受性的大小不同。羊对病原体的感受性与病原体的种类和毒力强弱、羊的免疫状态、遗传特性、外界环境、饲养管理等因素有关。给羊注射疫苗、抗病血清，或通过母源抗体使羊变为不易感，都是常采取的措施。

二、免疫保护的原理

免疫是动物体的一种生理功能，动物体依靠这种功能识别"自己"和"非己"成分，从而破坏和排斥进入体内的抗原物质、或本身所产生的损伤细胞和肿瘤细胞等，以维持健康。抵抗微生物、寄生物的感染或其他所不希望的生物侵入的状态。免疫涉及特异性成分和非特异性成分。非特异性成分不需要事先暴露，可以立刻响应，可以有效地防止各种病原体的入侵。特异性免疫是在主体的寿命期内发展起来的，专门针对某个病原体的免疫。

三、疫苗的概念

是指为了预防、控制传染病的发生、流行，用于预防接种的疫苗类预防性生物制品。生物制品，是指用微生物或其毒素、酶，人或动物的血清、细胞等制备的供预防、诊断和治疗用的制剂。预防接种用的生物制品包括疫苗、菌苗和类毒素。其中，由细菌制成的为菌苗；由病毒、立克次体、螺旋体制成的为疫苗，有时也统称为疫苗。

疫苗是将病原微生物（如细菌、立克次氏体、病毒等）及其代谢产物，经过人工减毒、灭活或利用基因工程等方法制成的用于预防传染病的自动免疫制剂。疫苗保留了病原菌刺激动物体免疫系统的特性。当动物体接触到这种不具伤害力的病原菌后，免疫系统便会产生一定的保护物质，如免疫激素、活性生理物质、特殊抗体等；当动物再次接触到这种病原菌时，动物体的免疫系统便会依循其原有的记忆，制造更多的保护物质来阻止病原菌的伤害。

四、羊常用疫苗的种类和选择

（一）无毒炭疽芽孢苗

预防羊炭疽。绵羊颈部或后腿内皮下注射 0.5 毫升，注射后

14 天产生免疫力，免疫期一年。山羊不能使用。2～15℃干燥冷暗处保存，储存期两年。

（二）第Ⅱ号炭疽芽孢苗

预防羊炭疽。绵羊、山羊均于股内或尾部皮内注射 0.2 毫升或皮下注射 1 毫升，注射后 14 天产生免疫力，绵羊免疫期一年，山羊为 6 个月。0～15℃干燥冷暗处保存，储存期两年。

（三）布氏杆菌病猪型疫苗

预防布氏杆菌病。肌内注射 0.5 毫升（含菌 50 亿个）。3 月龄以下羔羊、妊娠母羊、有该病的阳性羊，均不能注射。用饮水免疫法时，用量按每只羊服 200 亿个菌体计算，2 天内分 2 次饮用；在饮服疫苗前一般应停止饮水半天，以保证每只羊都能饮用一定量的水。应当用冷的清水稀释疫苗，并迅速饮喂，效果最佳。

（四）羊快疫、猝狙、肠毒血症三联灭活疫苗

羔羊、成年羊均为皮下或肌内注射 5 毫升，注射后 14 天产生免疫力，免疫期 6 个月。

（五）羔羊大肠杆菌病灭活疫苗

3 月龄以下羔羊，皮下注射 0.5～1.0 毫升，3 月龄至 1 岁的羊，皮下注射 2 毫升，注射后 14 天产生免疫力，免疫期 5 个月。

（六）羊厌气菌氢氧化铝甲醛五联灭活疫苗

预防羊快疫、猝狙、肠毒血症、羔羊痢疾和黑疫。不论年龄大小，均皮下或肌内注射 5 毫升，注射后 14 天产生免疫力，免疫期 6 个月。

（七）羊肺炎支原体氢氧化铝灭活疫苗

预防由绵羊肺炎支原体引起的传染性胸膜肺炎。颈部皮下注射，6 月龄以下幼羊 2 毫升，成年羊 3 毫升，免疫期 1 年半以上。

（八）羊痘鸡胚化弱毒疫苗

冻干苗按瓶签上标注射的疫苗量，用生理盐水 25 倍稀释，振荡均匀，不论年龄大小，均皮下注射 0.5 毫升，注射后 6 天产生免疫力，免疫期 1 年。

（九）山羊痘弱毒疫苗

预防山羊、绵羊羊痘。皮下注射 0.5～1.0 毫升，免疫期 1 年。

（十）口蹄疫疫苗

疫苗应为乳状液，允许有少量油相析出或乳状液柱分层，疫苗应在 2～8℃下避光保存，严防冻结。口蹄疫疫苗宜肌内注射，绵羊、山羊使用 4 厘米长的 18 号针头。羊使用 O 型口蹄疫灭活疫苗，均为深层肌内注射，免疫期 6 个月。其用量是：羔羊每只 1 毫升，成年羊每头 2 毫升。

五、羊场免疫程序的制定

达到一定规模的羊场，需根据当地传染病流行情况建立一定的免疫程序。各地区可能流行的传染病不止一种，因此，羊场往往需用多种疫苗来预防，也需要根据各种疫苗的免疫特性合理地安排免疫接种的次数和时间。目前对于羊还没有统一的免疫程序，只能在实践中根据实际情况，制定一个合理的免疫程序。以下是按月份制定的免疫程序，见表 5-1。

表 5-1　羊场免疫程序（按月份）

免疫时间	疫苗	免疫对象及方法
3～4 月份	羊口蹄疫亚Ⅰ、O 型双价苗	4 月龄以上所有羊只肌内注射 1 毫升，间隔 20 天强化注射 1 次
3～4 月份	羊三联四防	全群免疫，每头份用 20% 氢氧化铝胶盐水稀释，所有羊只一律肌内注射 1 毫升
5 月份	羊痘冻干苗	全群免疫，用生理盐水 25 倍稀释，所有羊只一律皮下注射 0.5 毫升
9～10 月份	羊口蹄疫亚Ⅰ、O 型双价苗	4 月龄以上所有羊只肌内注射 1 毫升，间隔 20 天强化注射 1 次
9～10 月份	羊三联四防	全群免疫，每头份用 20% 氢氧化铝胶盐水稀释，所有羊只一律肌内注射 1 毫升

免疫时间	疫苗	免疫对象及方法
11月份	羊痘冻干苗	全群免疫,所有羊只一律皮下注射0.5毫升

六、羊免疫接种的途径及方法

(一)肌内注射法

适用于接种弱毒或灭活疫苗,注射部位在臀部及两侧颈部,一般用12号针头。

(二)皮下注射法

适用于接种弱毒或灭活疫苗,注射部位在股内侧、肘后。用大拇指及食指捏住皮肤,注射时,确保针头插入皮下,为此进针后摆动针头,如感到针头摆动自如,推压注射器推管,药液极易进入皮下,无阻力感。

(三)皮内注射法

一般适用于羊痘弱毒疫苗等少数疫苗,注射部位在颈外侧和尾部皮肤褶皱壁。左手拇指与食指顺皮肤的皱纹,从两边平行捏起一个皮褶,右手持注射器使针头与注射平面平行刺入。注射药液后在注射部位有一豌豆大小泡,且小泡会随皮肤移动,则证明确实注入皮内。

(四)口服法

是将疫苗均匀地混于饲料或饮水中经口服后获得免疫。免疫前应停饮或停喂半天,以保证饮喂疫苗时每头羊都能饮一定量的水或吃入一定量的饲料。

七、影响羊免疫效果的因素

(一)遗传因素

机体对接种抗原的免疫应答在一定程度上是受遗传控制的,因此,不同品种甚至同一品种的不同个体的动物,对同一种抗原的免疫反应强弱也有差异。

(二) 营养状况

维生素、微量元素、氨基酸的缺乏都会使机体的免疫功能下降。例如，维生素 A 缺乏会导致淋巴器官的萎缩，影响淋巴细胞的分化、增殖、受体表达与活化，导致体内的 T 淋巴细胞数量减少，吞噬细胞的吞噬能力下降。

(三) 环境因素

环境因素包括动物生长环境的温度、湿度、通风状况、环境卫生及消毒等。如果环境过冷过热、湿度过大、通风不良都会使机体出现不同程度的应激反应，导致机体对抗原的免疫应答能力下降，接种疫苗后不能取得相应的免疫效果，表现为抗体水平低、细胞免疫应答减弱。环境卫生和消毒工作做得好，可减少或杜绝强毒感染的机会，使动物安全度过接种疫苗后的诱导期。只有搞好环境卫生，才能减少动物发病的机会，即使抗体水平不高也能得到有效的保护。如果环境差，存有大量的病原，即使抗体水平较高也会存在发病的可能。

(四) 疫苗的质量

疫苗质量是免疫成败的关键因素。弱毒疫苗接种后在体内有一个繁殖过程，因而接种的疫苗中必须含有足够量的有活力的病原，否则会影响免疫效果。灭活苗接种后没有繁殖过程，因而必须有足够的抗原量做保证，才能刺激机体产生坚强的免疫力。保存与运输不当会使疫苗质量下降，甚至失效。

(五) 疫苗的使用

在疫苗的使用过程中，有很多因素会影响免疫效果，例如疫苗的稀释方法、水质、雾粒大小、接种途径、免疫程序等都是影响免疫效果的重要因素。

(六) 病原的血清型与变异

有些疾病的病原含有多个血清型，给免疫防制造成困难。如果疫苗毒株（或菌株）的血清型与引起疾病病原的血清型不同，则难以取得良好的预防效果。因而针对多血清型的疾病应考虑使用多价苗。针对一些易变异的病原，疫苗免疫往往不能取得很好的免疫效果。

（七）疾病对免疫的影响

有些疾病可以引起免疫抑制，从而严重影响疫苗的免疫效果。另外，动物的免疫缺陷病、中毒病等对疫苗的免疫效果都有不同程度的影响。

（八）母源抗体

母源抗体的被动免疫对新生动物是十分重要的，然而对疫苗的接种也带来一定的影响，尤其是弱毒疫苗在免疫动物时，如果动物存在较高水平的母源抗体，会严重影响疫苗的免疫效果。

（九）病原微生物之间的干扰作用

同时免疫两种或多种弱毒疫苗往往会产生干扰现象，给免疫带来一定的影响。

第六章 肉羊安全饲养管理技术

第一节 各阶段肉羊的饲养管理

一、羔羊饲养管理技术

（一）羔羊的饲养管理

1. 尽快吃上初乳

羔羊出生后要尽快吃上初乳（图 6-1），母羊产后 5 天以内的乳叫初乳，初乳中含有丰富的蛋白质（17%～23%）、脂肪（9%～16%）等营养物质和抗体，具有营养、抗病和轻泻作用。羔羊及时吃到初乳，对增强体质，抵抗疾病和排出胎粪具有很重要的作用。因此，应让初生羔羊尽量早吃、多吃初乳，吃得越早，吃得越多，增重越快，体质越强，发病少，成活率高。

2. 羔羊要早开食、早开料

羔羊在出生后 10 天左右就有采食饲料和饲草的行为（图 6-2）。为促进羔羊瘤胃发育和锻炼羔羊的采食能力，在羔羊出生 15 天后应开始训练羔羊采食。将羔羊单独分出来组成一群，在饲槽内加入

图 6-1　羔羊吃初乳

图 6-2　羔羊早开食、早开料

粉碎后的高营养、容易消化吸收的混合饲料和饲草。在饲喂过程中，要少喂勤添，定时定理，先精后粗。补草补料结束后，将槽内剩余的草料喂给母羊，把槽打扫干净，并将食槽翻扣，防止羔羊卧在槽内或将粪尿排在槽内。

3. 羔羊哺乳后期

当羔羊出生 2 个月后，由于母羊泌乳量逐渐下降，即使加强补饲（图 6-3），也不会明显增加产奶量。同时，由于羔羊前期已补饲草料，瘤胃发育及机能逐渐完善，能大量采食草料，饲养重点可转入羔羊饲养，每日补喂混合精料 200～250 克，自由采食青干草。要求饲料中粗蛋白质含量为 13%～15%。不可给公羔饲喂大量麸皮，否则会引发尿道结石。

图 6-3　羔羊补饲

在哺乳时期要保持羊舍干燥清洁，经常垫铺褥草或干土，羔羊运动场和补饲场也要每天清扫，防止羔羊啃食粪土和散乱羊毛而发病。舍内温度保持在 5℃ 左右为宜。

4. 断奶

羔羊一般在 3.5～4 月龄采取一次性断奶，断奶后的羔羊可按性别、体质强弱、个体大小分群饲养（图 6-4）。在断奶前 1 周，对母羊要减少精饲料和多汁饲料的供给量，以防止乳房炎的发生。断乳后的羔羊，要单独组群放牧育肥或舍饲肥育（图 6-5），要选择水草条件好的草场进行野营放牧，突击抓膘。羊舍要求每天通风良好，冬天保暖防寒，保持清洁，净化环境，经常消毒。

图 6-4　断奶羔羊

图 6-5　断奶羔羊单独组群舍饲肥育

（二）羔羊的育肥

肥羔生产具有生产周期短、成本低、充分利用夏秋牧草资源和生产的肉质好等特点，所以它成为近年来国外羊肉生产的主要方式。断奶后不作种用的羔羊可转入育肥期，育肥可采取放牧加补饲法，半牧半舍饲加补饲法，舍饲加补饲法进行肥育。

为了提高肥羔生产效益，必须掌握以下技术措施。

1. 选择育肥羔羊

羔羊来自早熟、多胎、生长快的母羊所生；也可以用肉用品种公羊来交配本地土种羊，生产一代杂种，利用杂种优势生产肥羔。例如，用陶赛特与本地母羊杂交，生产的杂交一代（图 6-6）；波尔山羊与当地母羊杂交生产的杂交一代（图 6-7），这些杂交一代肥育效果都很好。

图 6-6　陶赛特与本地母羊杂交一代双胎羔羊

图 6-7　波尔山羊与当地母羊杂交一代

合理安排母羊配种，多安排在早春产羔，这样可以延长生长期而增加胴体重。

母羊产后母仔最好一起舍饲 15～20 天。这段时间羔羊吃奶次数多，几乎隔 1 个多小时就需要吃一次奶。20 天以后，羔羊吃奶次数减少，可以让羔羊在羊舍饲养，白天母羊出去放牧，中午回来奶一次羔。

2. 及时补饲

母羊泌乳量随着羔羊的快速生长而逐渐不能满足其营养需要，必须补饲，一般羔羊生后 15 天左右开始啃草，这时应喂一些嫩草、树叶等，枯草季节可喂些优质青干草。补饲精料时要磨碎，最好炒一下，并添加适量食盐和骨粉。补充多汁饲料时要切成丝状，并与精料混拌后饲喂。补饲量可做如下安排：15～30 日龄的羔羊，每天补混合精料 50～75 克，1～2 月龄补 100 克，2～3 月龄补 200 克，3～4 月龄补 250 克，每只羔羊在 4 个月哺乳期需补精料 10～15 千克。对青草的补饲可不限量，任其采食（图 6-8）。

图 6-8　羔羊自由采食树叶

对放牧肥育的羔羊而言，在枯草期前后也要进行补饲，可延长肥育期，提高胴体重量。对舍饲肥育羔羊要用全价配合饲料肥育，最好制成颗粒料饲喂，玉米可整粒饲喂，并注意充足饮水和矿物质的补饲。

3. 加强育肥羔羊的饲养管理

① 肥育前要驱除体内外的寄生虫，用虫克星 0.2 克/千克体重，盐酸左旋咪唑 10 毫克/千克体重。

② 按品种、性别、年龄、体况、大小、强弱合理进行分群，制订育肥的进度和强度。公羔可免去势育肥，若需去势宜在 2 月龄进行，去势后要加强管理。

③ 储备充分的饲草饲料，保证育肥期不断料，不轻易地变更饲料。一种饲料代替另一种饲料时，先代替 1/3（3 天），再加到 2/3（3 天），逐步全部替换。

④ 育肥羊在育肥期如要舍饲，应保持有一定的活动场地，羔羊每只占地 0.75～0.95 平方米。

⑤ 推广青贮、氨化饲草，充分利用秸秆，扩大饲草来源。青贮、氨化秸秆制作方法简便易行，成本低，且营养价值高，适口性好，羊爱吃。饲喂青贮、氨化秸秆时，喂量由少到多，逐步代替其他牧草，适应后，每只羊每日喂青贮饲料 3～4 千克，氨化秸秆 1～1.5 千克，并补充适量的尿素。

⑥ 要确保育肥羊每日都能喝足清洁的水。据估计，气温在 15℃时，每只育肥羊饮水量在 1 千克左右；15～20℃时，饮水量 1.2 千克；20℃以上时饮水量接近 1.5 千克，冬季不宜饮用雪或冰水。

⑦ 保证饲料的品质，不喂发霉变质和冰冻的饲料。喂饲时避免羊只拥挤、争食。因此，饲槽长度要与羊数相称，每只羊应用 25～40 厘米，自动食槽可适当缩短，每只羊 5～10 厘米。投饲量不能过多，以吃完不剩为理想。

4. 育肥阶段与饲料配方

羔羊育肥阶段的划分应根据羔羊体重的大小确定，不同阶段补饲的饲料组成、补饲量都有所不同。一般在羔羊育肥的前期，由于羔羊的身体各个器官和组织都在生长发育，饲料中的蛋白质含量就要求高；在育肥的后期，主要是脂肪沉积时所需的能量饲料比例应加大。

在管理上，育肥前期管理的重点是观察羔羊对育肥管理是否习惯，有无病态羊，羔羊的采食量是否正常，根据采食情况调整补饲标准、饲料配方等；到了育肥中期，应加大补饲量，增加蛋白质饲料的比例，注重饲料中营养的平衡质量；育肥后期，在加大补饲量的同时，增加饲料中的能量，适当减少蛋白质的比例，以增加羊肉的肥度，提高羊肉的品质。补饲量的确定应根据体重的大小，参考饲养标准补饲，并适当超前补饲，以期达到应有的增重效果。无论是哪个阶段都应注意观察羊群的健康状态和增重效果，随时改变育肥方案和技术措施。

（1）前期　玉米 55％、麸皮 14％、豆饼（豆粕）30％、骨粉 1％。每天加添加剂（羊用）20 克，食盐 5～10 克。每日每只供精料 0.5 千克左右。

（2）中期　玉米 60％、麸皮 15％、豆饼（豆粕）24％、骨粉 1％。每天加添加剂（羊用）20 克，食盐 5～10 克。每日每只供精料 0.7 千克左右。

（3）后期　玉米 65％、麸皮 14％、豆饼（豆粕）20％、骨粉 1％。每天加添加剂（羊用）20 克，食盐 5～10 克。每日每只供精料 0.9 千克左右。

5. 适时出栏

在冬季来临之前，除留一定数量的基础母羊、种羊外，商品羔羊全部出栏。实践证明，实行以羔羊当年育成出栏，可以实现"双赢"的效果：羔羊当年育成出栏，养羊的出栏率、商品率提高了，羔羊肉好吃、卖价高；羔羊当年育成出栏，商品肉羊在秋季出栏，越冬的只有种羊和母羊，冬春季减少了对饲草料、棚圈的需求，冬春舍饲喂养，不再进行放牧，有效地保护了草原、草场生态。

二、育成羊的饲养管理

从断乳到配种前的羊叫青年羊或育成羊（图 6-9）。这一阶段是羊骨骼和器官充分发育的时期，如果营养跟不上，便会影响生长发育、体质、采食量和将来的繁殖能力。加强培育，可以增大体格，促进器官的发育，对将来提高肉用能力、增强繁殖性能具有重要作用。

图 6-9　育成羊

1. 育成羊的选种

选择适宜的育成羊留作种用是羊群质量进步的根底和重要手段，生产中经常在育成期对羊只进行选择，把种类特性优秀的、高产的、种用价值高的公羊和母羊选出来留作繁衍，不契合要求的或运用不完的公羊则转为商品消费用。生产中常用的选种办法是，依据羊自身的体形外貌、生产成绩进行选择，辅以系谱检查和后代测定。

2. 育成羊的培育

断乳以后，羔羊按性别、大小、强弱分群，增强补饲，按饲养规范采取不同的饲养计划，按月抽测体重，依据增重状况调整饲养计划。羔羊在断奶组群放牧后，仍需继续补喂精料，补饲量要依据牧草状况决定。

3. 育成羊的营养

在枯草期，特别是第一个越冬期，育成羊还处于生长发育时期，而此时饲草枯槁、营养质量低劣，加之冬季时间长、气候冷、风大，耗费能量较多，需要摄取大量的营养物质才能抵御冰冷的侵袭、保证生长发育，所以必须增强补饲。在枯草期，除坚持放牧外，还要保证有足够的青干草和青贮料。精料的补饲量应视草场情况及补饲粗饲料状况而定，一般每天喂混合精料 0.2～0.5 千克。由于公羊普遍生长发育快，需求营养多，所以公羊要比母羊多喂些精料，同时还应留意对育成羊补饲矿物质如钙、磷、盐及维生素A、维生素D。

4. 育成羊的管理

刚断乳组群后的育成羊，正处在早期发育阶段，这一时期是育成羊生长发育最旺盛时期，这时正值夏季青草期。在青草期应充分应用青绿饲料，由于其营养丰富全面，十分有利于促进羊体消化器官的发育，能够培育出个体大、身腰长、肌肉匀称、胸围圆大、肋骨之间间隔较宽、整个内脏器官健旺，而且具备各类型羊典型外貌特征的优质羊。因而夏季青草期应以放牧为主，并进行少量补饲。放牧时要留意锻炼头羊，控制好羊群，不要养成好游走、挑好草的不良习气。放牧间隔不可过长。在春季由舍饲向青草期过渡时，正值北方牧草返青时期，应控制育成羊跑青。放牧要采取先阴后阳（先吃枯草树叶后吃青草），控制游走，增加采草时间。

丰富的营养和充足的运动，可使青年羊胸部宽广，心肺发达，体质强壮。断奶后至 8 月龄，每日在吃足优质干草的基础上，补饲含可消化粗蛋白 15％的精料 250～300 克。如果草质优良也可以少给精料。舍饲的育成羊，若有质量优秀的豆科干草，其日粮中精料的粗蛋白以 12％～13％为宜。若干草质量普通，可将精料粗蛋白质的含量提高到 16％。混合精料中能量以不低于整个日粮能量的70％～75％为宜。

三、母羊的饲养管理

依照母羊生理特点和生产目的不同可分为空怀期，配种前的催情期，妊娠前期，妊娠后期，哺乳前期和哺乳后期 6 个阶段，其饲养的重点是妊娠后期和哺乳前期这 4 个月。

1. 空怀期的饲养管理技术

空怀期（图 6-10）是指母羊从哺乳期结束到下一个配种期的一段时间。这个阶段管理的重点是要迅速恢复种母羊的体况，为下一个配种期做准备。以饲喂青贮饲料为主，可适当补喂精饲料，对体况较差的可多补一些精饲料，夏季不补，冬季补，在此阶段除搞

图 6-10 空怀期母羊

好饲养管理外，还要对羊群的繁殖技术进行调整，淘汰老龄母羊和生长发育差、哺乳性能不好的母羊，调整羊群结构。

2. 配种前的催情补饲

为了保证母羊在配种季节发情整齐，缩短配种期，增加排卵数和提高受胎率，在配种前 2～3 周，除保证青饲草的供应，还要适当喂盐，满足自由饮水，还要对繁殖母羊进行短期补饲，每只每天喂混合精料 0.2～0.4 千克。这样有助于发情。

3. 妊娠前期的饲养管理

妊娠前期（图 6-11）指开始妊娠的前 3 个月，这阶段胎儿发育较慢，所需要营养无显著增多，但要求母羊能继续保持良好膘度。依靠青草基本上能满足其营养需要，如不能满足时，应考虑补饲。管理上要避免吃霜草和霉烂饲料，不饮冰水，不使受惊猛跑，以免发生流产。

图 6-11 妊娠前期的母羊

4. 妊娠后期的饲养管理

妊娠后期（图 6-12）的 2 个月中，胎儿发育速度很快，90%的初生重在这阶段完成。为保证胎儿的正常发育，并为产后哺乳储备营养，应加强母羊的饲养管理。对在冬春季产羔的母羊，由于缺乏优质的青草，饲草中的营养相对要差，所以应补优质的青干草。每只妊娠母羊每天补充含蛋白质较高的精饲料 0.4～0.8 千克，胡萝卜 0.5 千克，食盐 8～10 克；对在夏季和秋季产羔的妊娠母羊，由于可以采食到青草，饲草的营养价值相对较好，根据妊娠母羊的不同体况，每只妊娠母羊每天可以补充精饲料量为 0.2～0.5 千克，食盐 10 克，骨粉 8～10 克。在管理上严防挤压、跳跃和惊吓，以免造成流产，不喂发霉变质和冰冻饲料。

图 6-12　妊娠后期的母羊

5. 哺乳前期饲养管理

哺乳前期（图 6-13）是指产后到羔羊 2 月龄内，这段时间的泌乳量增加很快，2 个月后泌乳量逐渐减少，即使增加营养，也不会增加羊的泌乳量。所以在泌乳前期必须加强哺乳母羊的饲养和营养。为保证母羊有较高的泌乳量，在夏季要充分满足母羊的青草供应，在冬季要饲喂品质较好的青干草和各种树叶等。同时要加强对哺乳母羊的补饲，根据母羊哺乳羔羊的数量、母羊的体况来考虑哺乳母羊的补饲量。每天喂混合精料 0.8 千克，胡萝卜 0.5 千克。

产后母羊的管理要注意控制精料的用量，产后 1～3 天内，母

图 6-13 哺乳前期的母羊

羊不能喂过多的精料，不能喂冷、冰水。羔羊断奶前，应逐渐减少多汁饲料和精料喂量，防止发生乳房疾病。母羊舍要经常打扫、消毒，胎衣和毛团等污物要及时清除，以防羔羊吞食发病。

6. 哺乳后期的饲养管理

哺乳后期母羊（图 6-14）的泌乳性能逐渐下降，产奶量减少，同时羔羊的采食能力和消化能力也逐渐提高，羔羊生长发育所需要的营养可以从母羊的乳汁和羔羊本身所采食的饲料中获得。所以哺乳后期母羊的饲养已不是重点，精饲料的供给量应逐渐减少，每天减为 0.5 千克，胡萝卜 0.3 千克左右。同时应增加青草和普通青干草的供给量，逐步过渡到空怀期的饲养管理。

图 6-14 哺乳后期的母羊

四、种公羊的饲养管理

俗话说："公羊好，好一坡；母羊好，好一窝"。种公羊饲养得好坏，与肉羊羊群品质、生产繁殖性能的高低关系很大，种公羊在羊群中的数量少，但种用价值高。对种公羊必须精心饲养管理，要求常年保持中上等膘情，健壮的体质，充沛的精力，保证优质的精液品质，提高种公羊的利用率。

（一）种公羊的日粮需要

种公羊的饲料要求营养价值高，有足量的蛋白质、维生素和矿物质，且易消化，适口性好，保证饲料的多样性及较高的能量和粗蛋白质含量。在种公羊的饲料中要合理搭配精、粗饲料，尽可能保证青绿多汁饲料、矿物质、维生素能均衡供给，种公羊的日粮体积不宜过大，以免形成"草腹"，造成种公羊过肥而影响配种能力。夏季补以半数青割草，冬季补以适量青贮料，日粮营养不足时，补充混合精料。精料中不可多用玉米或大麦，可多用麸皮、豌豆、大豆或饼渣类补充蛋白质。配种任务繁重的优秀公羊可补动物性饲料。补饲定额依据公羊体重、膘情与采精次数而定，另外，保证充足干净的饮水，饲料切勿发霉变质。钙磷比例要合理，以防产生尿路结石。

1. 圈舍要求

种公羊舍（图 6-15）要宽敞坚固，保持圈舍清洁干燥，定期消毒，尽量离母羊舍远些。舍饲时要单圈饲养，防止角斗消耗体力或受伤；在放牧时要公母分开，有利于种公羊保持旺盛的配种能力，切忌公母混群放牧，造成早配和乱配。控制羊舍的湿度，不论气温高低，相对湿度过高都不利于家畜身体健康，也不利于精子的正常生成和发育，从而使母羊受胎率低或不能受孕。另外要防止高温，高温不仅影响种公羊的性器官发育、性欲和睾酮水平，而且影响射精量、精子数、精子活力和密度等。夏季气候炎热，要特别注意种公羊的防暑降温，为其创造凉爽的条件，增喂青绿饲料，多给饮水。

图 6-15　种公羊舍

2. 适当运动

在补饲的同时，要加强放牧，适当增加运动（图 6-16），以增强公羊体质和提高精子活力。放牧和运动要单独组群，放牧时距母羊群尽量远些，并尽可能防止公羊间互相斗殴，公羊的运动和放牧要求定时间、定距离、定速度。饲养人员要定时驱赶种公羊运动，舍饲种公羊每天运动 4 小时左右（早、晚各 2 小时），以保持旺盛的精力。

图 6-16　运动场内运动

3. 配种适度

种公羊配种采精要适度（图 6-17）。一般 1 只种公羊可承担 30～50 只母羊的配种任务。种公羊配种前 1～1.5 个月开始采精，同时检

167

查精液品质。开始一周采精 1 次，以后增加到一周 2 次，到配种时每天可采 1～2 次，连配 2～3 天，休息 1 天为宜，个别配种能力特别强的公羊每日配种或采精也不宜超过 3 次。公羊在采精前不宜吃得过饱。在非繁殖季节，应让种公羊充分休息，不采精或尽量少采精。种公羊采精后应与母羊分开饲养。

图 6-17　采精

种公羊在配种时要防止过早配种。种公羊在 6～8 月龄性成熟，晚熟品种推迟到 10 月龄。性成熟的种公羊已具备配种能力，但其身体正处于生长发育阶段，过早配种可导致元气亏损，严重阻碍其生长发育。

在配种季节，种公羊性欲旺盛，性情急躁，在采精时要注意安全，放牧或运动时要有人跟随，防止种公羊混入母羊群进行偷配。

4. 日常管理

定期做好种公羊的免疫、驱虫和保健工作，保证公羊的健康，并多注意观察平日的精神状态。有条件的每天给种公羊梳刷 1 次（图 6-18），以利清洁和促进血液循环。检查有无体外寄生虫病和皮肤病。定期修蹄，防止蹄病，保证种公羊蹄坚实，以便配种。

（二）种公羊的合理利用

种公羊在羊群中数量小，配种任务繁重，合理利用种公羊对于提高羊群的生产性能和产品品质具有重要意义，对于羊场的经济效益有着明显的影响。因此，除了对种公羊的科学饲养外，合理利用

图 6-18　给种公羊梳刷

种公羊提高种公羊的利用率是发展养羊业的一个重要环节。

1. 适龄配种

公羊性成熟为 6～10 月龄，初配年龄应在体成熟之后开始为宜，不同品种的公羊体成熟时间略有不同，一般在 12～16 月龄，种公羊过早配种影响自身发育，过晚配种造成饲养成本增加。公羊的利用年限一般为 6～8 年。

2. 公母比例合理

羊群应保持合理的公母比例。自然交配情况下公母比例为 1：30，人工辅助交配情况下公母比例为 1：60，人工授精情况下公母比例为 1：500。

3. 定期测定精液品质

要定期对种公羊进行体检，每周采精一次，检查种公羊精液品质（图 6-19）并做好记录。对于精液外观异常或精子的活率和密度达不到要求的种公羊，暂停使用，查找原因，及时纠正。对于人工授精的饲养场，每次输精前都要检查精液和精子品质，精子活率低于 0.6 的精液或稀释精

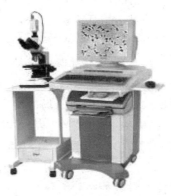

图 6-19　精液品质检查

液不能用于输精。

4. 合理安排

在配种期最好集中配种和产羔，尽量不要将配种期拖延过长，否则不利于管理和提高羔羊的成活率，同时对种公羊过冬不利。种公羊繁殖利用的最适年龄为 3～6 岁，在这一时期，配种效果最好，并且要及时淘汰老公羊并做好后备公羊的选育和储备。

5. 人工授精供精

公羊的生精能力较强，每次射出精子数达 20 亿～40 亿，自然交配每只公羊每年配种 30～50 只，如采用人工授精就可提高到 700～1000 只，可以大大提高种公羊的配种效能。在现代的规模化肉羊饲养场、养羊专业村和养羊大户中推广人工授精技术，可提高种公羊的利用率，减少母羊生殖道疾病的传播，是实现肉羊高效养殖的一项重要繁殖技术。

第二节　肉羊生产常规安全管理措施

一、编号

进行肉羊改良育种、检疫、测重、鉴定等工作，都需要掌握羊的个体情况，为便于管理，需要给羊编号（图 6-20）。

编号多用耳标法。耳标分为金属耳标和塑料耳标两种，形状有圆形、长条形、凸字形等。使用金属耳标时，先用钢字钉将编号打在耳标上，习惯上编号的第一个字母代表年份的最后一位数，第二、三个数代表月份，后面跟个体号，"0"的多少由羊群规模大小而宜。种羊场的编号一般采用公单母双进行编号。如50200018，"502"代表该羊是 2015 年 2 月生的，后面的"00018"为个体顺序号，双数表示此羊为母羊。耳标一般佩戴在左耳上。在小型肉羊场，因为规模小，所产羔羊不多，也可选用五位数对羔羊进行编号：第一个字母代表品种，第二、三位数代表年份的最后两位数，后面直接跟个体号，公羔标单号，母羔标双号，"0"的多少由羊群规模大小来定。如 T1502，T 代表所养的肉羊品种是陶赛特，"15"代表是 2015 年，"02"代表该羔羊的个体号是 02 号，并且是母羔。

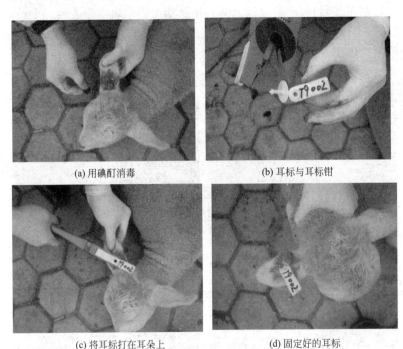

(a) 用碘酊消毒　　　　　　(b) 耳标与耳标钳

(c) 将耳标打在耳朵上　　　(d) 固定好的耳标

图 6-20　给羔羊打耳标

打耳标时，先用碘酊消毒，然后在靠近耳根软骨部避开血管处，用打孔钳打上耳标。塑料耳标目前使用很普遍，可以直接将耳标打在羊的耳朵上，成本低，而且以红、黄、蓝等不同颜色代表羊的等级，适用性更强。

二、羔羊断尾

一些长瘦尾型的羊，为了保护臀部羊毛免受粪便污染和便于人工授精，应在羔羊出生一周后将尾巴在距尾根 4～5 厘米处去掉，所留尾巴长度以母羊尾巴能遮住阴部为宜。通常羔羊断尾和编号同时进行，可减少抓羊次数，降低劳动强度。

1. 结扎法

就是用橡皮筋或专用橡皮圈，套紧在尾巴的适当位置上（第三、四尾椎间），断绝血液流通，使下端尾巴因缺血而萎缩、干枯，经 7～10 天而自行脱落（图 6-21）。此方法优点是不受断尾时条件限制，不需专用工具、不出血、无感染，操作简单，速度快，安全可靠，效果好。

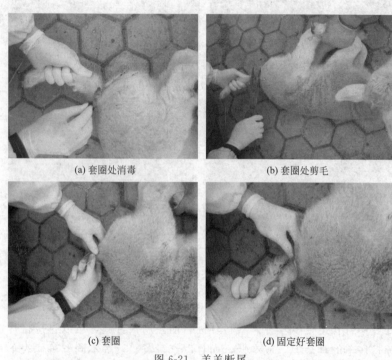

(a) 套圈处消毒　　　　　　　　(b) 套圈处剪毛

(c) 套圈　　　　　　　　　　　(d) 固定好套圈

图 6-21　羔羊断尾

2. 热断法

用带有半月形的木板压住尾巴，将特制的断尾铲烧热后用力将尾巴铲掉。此方法需要有火源和特制的断尾工具及 2 人以上的配合，操作不太方便，且有时会形成烫伤，伤口愈合慢，故不多采用。

三、剪毛与抓绒

（一）剪毛

春季在清明前后，秋季在白露前剪毛。

剪毛应注意6点。

① 剪毛应在天气较温暖且稳定时进行，特别是春季更应如此，剪毛后要有圈舍，以防寒流袭击而造成羊群伤亡。

② 剪毛前 12～24 小时内不应饮水、补饲，空腹剪毛比较安全。

③ 不管是手工剪毛（图 6-22）还是电动剪毛（图 6-23），剪毛动作要轻、要快，特别是对于妊娠母羊要小心，对妊娠后期的母羊不剪毛为好，以防造成流产。

图 6-22　手工剪毛

④ 不要剪重剪毛（回刀毛、重茬毛），剪毛应紧贴皮肤，留毛茬 0.3～0.5 厘米，即使留毛茬过高，也不要重剪第二次，因第二次剪下的毛过短，失去纺织价值。

⑤ 剪毛场所要干净，防止杂物混入毛内。

⑥ 剪毛时，对剪破的皮肤伤口要用碘酒涂擦消毒。在发生破伤风的疫区，每年都应注意注射破抗疫苗，以防发生破伤风。

（二）抓绒

春天气候暖和，在青草开始抽芽后的第 10～15 天，山羊特别

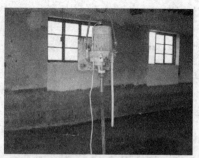

(a) 电动剪毛机的动力

(b) 电动剪毛机

(c) 电动剪毛

图 6-23　电动剪毛

是绒山羊要进行抓绒。

1. 顺次抓绒

按身体的部位，应先头部、耳根，逐步移向颈肩、胸、背、腰和股部来抓绒；按群，应按照成年母羊、后备母羊、成年公羊、后备公羊的顺序进行抓绒；按牧场的地势，应先平原，再山前到山后抓绒。

2. 抓洁净

抓绒要进行 1～2 次。一般第一次抓绒后经 18～25 天再第二次抓绒，以便将羊体上残存的绒抓尽，抓绒后一周进行剪毛。

3. 保平安

被抓绒的羊只，先禁食 12 小时以上，对怀胎后期的母羊抓绒时，特别要留意，避免因动作粗鲁导致流产。对于种公羊和育成羊亦要留意平安，避免蛮干形成大块皮肤抓破和压挤而形成内脏出血。

4. 用铁梳

要用铁梳抓绒，普通抓绒用的铁梳有两种。一种是密梳，由12～14根钢梳齿构成，梳齿间距0.5～1厘米。另一种是稀梳，由7～8根钢梳齿构成，间距2～2.5厘米。抓绒时，先用稀梳顺着毛抓一遍，再用密梳顺着毛抓一遍，然后再运用密梳逆着毛抓，梳子要切近皮肤，用力平均。

5. 保质量

捉到羊后，先用手稍稍拍打，把羊身上的草粪和土等杂物拍落，把羊蹄捆束，将羊放倒在干燥洁净的地上再开始抓。在抓绒前，把所有参与抓绒的羊只，按绒的颜色分隔，防止混色。

四、去角

肉羊公母羊一般均有角，有角羊只不仅在角斗时易引起损伤，而且饲养及管理都不方便，少数性情恶劣的公羊还会攻击饲养员，造成人身伤害。因此，采用人工方法去角十分重要。羔羊一般在生后7～10天去角，对羊的损伤小。人工哺乳的羔羊，最好在学会吃奶后进行。有角的羔羊出生后，角蕾部呈漩涡状，触摸时有一较硬的凸起。去角时，先将角蕾部分的毛剪掉，剪的面积要稍大些（直径约3厘米）。去角的主要方法如下。

（一）烧烙法

将烙铁于炭火中烧至暗红（亦可用功率为300瓦左右的电烙铁）后，对保定好的羔羊的角基部进行烧烙，烧烙的次数可多一些，但每次烧烙的时间不超过1秒钟。当表层皮肤破坏，并伤及角质组织后可结束，对术部应进行消毒。在条件较差的地区，也可用2～3根40厘米长的锯条代替烙铁使用。

（二）化学去角法

即用棒状苛性碱（氢氧化钠）在角基部摩擦，破坏其皮肤和角质组织。术前应在角基部周围涂抹一圈医用凡士林，防止碱液损伤其他部分的皮肤。操作时先重、后轻，将表皮擦至有血液浸出即可。摩擦面积要稍大于角基部。术后应将羔羊后肢适当捆住（松紧程度以羊能站立和缓慢行走即可）。由母羊哺乳的羔羊，在半天以内应与母羊隔离；哺乳时，也应尽量避免羔羊将碱液污染到母羊的乳房上而造成损伤。去角后，可给伤口撒上少量的消炎粉。

五、修蹄

肉羊由于长期舍饲，往往蹄形不正，过长的蹄甲，使羊行走困难，影响采食。长期不修，还会引起蹄腐病，四肢变形等疾病，特别是种公羊，还直接影响配种。

修蹄最好在夏秋季节进行，因为此时雨水多，牧场潮湿，羊蹄甲柔软，有利于削剪和剪后羊只的活动。操作时，先将羊只固定好，清除蹄底污物，用修蹄刀把过长的蹄甲削掉。蹄子周围的角质修得与蹄底基本平齐，并且把蹄子修成椭圆形，但不要修剪过度，以免损伤蹄肉，造成流血或引起感染（图6-24）。

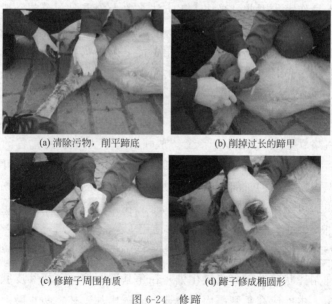

(a) 清除污物，削平蹄底　　　　　(b) 削掉过长的蹄甲

(c) 修蹄子周围角质　　　　　(d) 蹄子修成椭圆形

图6-24　修蹄

第七章　羊病的安全诊治

第一节　羊病的临床诊断方法

一、群体检查

临床诊断时，羊的数量较多，不可能逐一进行检查时应先作大群检查，从羊群中先剔出病羊和可疑病羊，然后再对其进行个体检查。

运动、休息和采食饮水三种状态的检查，是对大群羊进行临床检查的三大环节；眼看、耳听、手摸、检温是对大群羊进行临床检查的主要方法。运用"看、听、摸、检"的方法通过"动、静、食"三态的检查，可以把大部分病羊从羊群中检查出来。运动时的检查，是在羊群的自然活动和人为驱赶活动时的检查，从不正常的动态中找出病羊。休息时的检查，是在保持羊群安静的情况下，进行看和听，以检出姿态和声音异常的羊。采食饮水时的检查，是在羊自然采食、饮水时进行的检查，以检出采食饮水有异常表现的羊。"三态"的检查可根据实际情况灵活运用。

（一）运动时的检查

首先观察羊的精神外貌和姿态步样。健康羊精神活泼，步态平稳，不离群，不掉队。而病羊多精神不振，沉郁或兴奋不安，步态踉跄，跛行，前肢软弱跪地或后肢麻痹，有时突然倒地发生痉挛等。应将其挑出作个体检查。其次，注意观察羊的天然孔及分泌物。健康羊鼻镜湿润，鼻孔、眼及嘴角干净；病羊则表现鼻镜干燥，鼻孔流出分泌物，有时鼻孔周围污染脏土杂物，眼角附着脓性分泌物，嘴角流出唾液。发现这样的羊，应将其剔出复检。

（二）休息时的检查

首先，有顺序地并尽可能地逐只观察羊的站立和躺卧姿态，健康羊吃饱后多合群卧地休息，时而进行反刍，当有人接近时常起身离去。病羊常独自呆立一侧，肌肉震颤及痉挛，或离群单卧，长时间不见其反刍，有人接近也不动。其次，与运动时的检查一样要注意羊的天然孔、分泌物及呼吸状态等。再次，注意被毛状态，如发现被毛有脱落之处，无毛部位有痘疹或痂皮时，以及听到磨牙、咳嗽或喷嚏声时，均应剔出来检查。

（三）采食饮水时的检查

在放牧、喂饲或饮水时，对羊的食欲及采食饮水状态进行观察。健康羊在放牧时多走在前头，边走边吃草，饲喂时也多抢着吃；饮水时，多迅速奔向饮水处，争先喝水。病羊吃草时，多落在后边，时吃时停，或离群停立不吃草；饮水时或不喝或暴饮，如发现这样的羊应予剔出复检。

二、个体检查

临床诊断最常用的方法是：望、闻、问、切等，根据所发现的症状表现及异常变化，综合起来加以分析，往往可以对疾病做出诊断，或为进一步检验提供依据。

（一）望诊

望诊也叫视诊，即观察病羊的表现。视诊时，最好先从离病羊几步远的地方观察羊的肥瘦、姿势、步态等情况；然后靠近病羊详细查看被毛、皮肤、黏膜、结膜、粪尿等情况。

1. 肥瘦

一般急性病，如急性胸胀、急性炭疽等，病羊身体仍然肥壮；相反，一般慢性病，如寄生虫病等，病羊身体多瘦弱。

2. 姿势

观察病羊一举一动是否与平时相同，如果不同，就可能是有病的表现。有些疾病表现出特殊的姿势，如破伤风表现四肢僵直，行动不灵便。

3. 步态

一般健康羊步态活泼而稳健。羊患病时，常表现行动不稳，或不喜行走。当羊的四肢肌肉、关节或胯部发生疾病时，则表现为跛行。

4. 毛和皮肤

健康羊的被毛，平整而不易脱落，富有光泽。在病理状态下，被毛粗乱蓬松，失去光泽，而且容易脱落。患螨病的羊，脊部被毛可成片脱落，同时皮肤变厚变硬，出现蹭痒和摔伤。在检查皮肤时，除注意皮肤的颜色外，还要注意有无水肿、炎性肿胀、外伤以及皮肤是否温热等。

5. 黏膜

一般健康羊的眼结膜、鼻腔、口腔、阴道和肛门黏膜呈光滑粉红色。如口腔黏膜发红，多半是由于体温升高，身体上有发炎的地方。黏膜发红并带有红点、血丝或呈紫色，是严重的中毒或传染病引起的。黏膜呈苍白色，多为患贫血病；呈黄色，多为患黄疸病；呈蓝色，多为肺脏、心脏患病。

检查眼结膜时，用左手拇指与食指拨开上下眼睑观察结膜颜色（图7-1）。健康羊结膜为淡红色、湿润。病羊的结膜呈苍白、发黄或赤紫色。

健康羊的鼻腔黏膜潮湿红润，鼻孔周围干净，鼻孔内无污物；鼻孔周围有大量鼻汁和脓液，常打喷嚏，有时有虫体喷出，如羊鼻

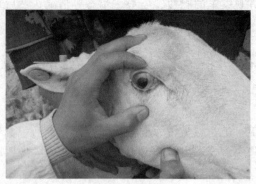

图 7-1　眼结膜检查

蝇幼虫。用手触觉鼻孔，能感到温度偏高。

6. 吃食、饮水、口腔和粪尿

羊吃食或饮水忽然增多或减少，以及喜欢舔泥土、吃草根等，也是有病的表现，可能是慢性营养不良。反刍减少、无力或停止，表示羊的前胃有病。口腔有病时，如喉头炎、口腔溃疡、舌有烂伤等，打开口腔就可以看出来。羊的排粪也要检查，主要检查粪便的形状、硬度、色泽及附着物等。正常时，羊粪呈小球形，没有难闻的臭味。病理状态下，粪便有特殊臭味，见于各型肠炎；粪便过于干燥，多为缺水和肠弛缓；粪便过于稀薄，多为肠机能亢进；前部肠管出血，粪呈黑褐色，后部出血则是鲜红色；粪内有大量黏液，表示肠黏膜有卡他性炎症；粪便混有完整谷粒或纤维很粗，表示消化不良；混有纤维素膜时，表示为纤维素性肠炎；混有寄生虫及其节片时，表示体内有寄生虫。正常羊每天排尿 3～4 次，排尿次数和尿量过多或过少，以及排尿痛苦、失禁，都是有病的征候。

7. 呼吸

正常时，羊每分钟呼吸 12～20 次。呼吸次数增多，见于热性病、呼吸系统疾病、心脏衰弱及贫血、腹压升高等；呼吸次数减少，主要见于某些中毒、代谢障碍、昏迷。另外，还要检查呼吸型、呼吸节律以及呼吸是否困难等。

（二）闻诊

闻诊有两方面内容：鼻闻气味（即嗅诊）、耳听声音。

1. 闻气味

诊断羊病时，用鼻嗅闻病羊的分泌物、排泄物、呼出气体及口腔气味很重要。如肺坏疽时，鼻闻可带有腐败性恶臭；胃肠炎时，粪便腥臭或恶臭；消化不良时，可从呼气中闻到酸臭味。

2. 听声音

即听诊，是利用听觉来判断羊体内正常的和有病的声音。最常用的听诊部位为胸部（心、肺）和腹部（胃、肠）。听诊的方法有两种：一种是直接听诊，即将一块布铺在被检查的部位，然后把耳朵紧贴在上边，直接听羊体内的声音；另一种是间接听诊，即用听诊器听诊。不论用哪种方法听诊，都应当把病羊牵到清静的地方，以免受外界杂音的干扰。

（1）心脏听诊　心脏跳动的声音，正常听诊时可听到"嘣—咚"两个交替发出的声音（图7-2）。"嘣"音，为心脏收缩时所产生的声音，其特点是低、钝、长、间隔时间短，叫做第一心音。"咚"音为心脏舒张时所产生的声音，其特点是高、锐、短、间隔时间长，叫做第二心音。第一、第二心音均增强，见于热性病的初期；第一、第二心音均减弱，见于心脏机能障碍的后期或患有渗出性胸膜炎、心包炎；第一心音增强时，常伴有明显的心搏动增强和第二心音微弱，主要见于心脏衰弱的后期，排血量减少，动脉压下降；第二心音增强时，见于肺气肿、肺水肿、鼻炎等病理过程中。如果在正常心音以外听到其他杂音，多为瓣膜疾病、创伤性心包炎、胸膜炎等。

（2）肺脏听诊　是听取肺脏在吸入和呼出空气时，由于肺脏振动而产生的声音（图7-3）。一般有下列5种。

图 7-2　心脏听诊

图 7-3　肺部听诊

① 肺泡呼吸音：健康羊吸气时，从肺部可听到"夫"的声音；呼气时，可以听到"呼"的声音，这称为肺泡呼吸音。肺泡呼吸音过强，多为支气管炎、黏膜肿胀等；过弱时，多为肺泡肿胀、肺泡气肿、渗出性胸膜炎等。

② 支气管呼吸音：是空气通过喉头狭窄部所发出的声音，类似"赫"的声音。如果在肺部听到这种声音，多为肺炎的病变，见于羊的传染性胸膜肺炎等病。

③ 啰音：支气管发炎时，管内积有分泌物，被呼吸的气流冲动而发出的声音。啰音可分为干啰音和湿啰音两种。干啰音很复杂，有咚隆声、笛声、口哨声及猫鸣声等，多见于慢性支气管炎、慢性肺气肿、肺结核等；湿啰音类似含漱音、沸腾音或水泡破裂音，多发生于肺水肿、肺充血、肺出血、慢性肺炎等。

④ 捻发音：这种声音像用手指捻毛发时所发出的声音，多见于慢性肺炎、肺水肿等。

⑤ 摩擦音：一般有两种，一为胸膜摩擦音，多发生在肺脏与胸膜之间，见于纤维素性胸膜炎、胸膜结核等。因为胸膜发炎、纤维素沉积，使胸膜变得粗糙，当呼吸时，互相摩擦而发出声音，这种声音像一手贴在耳上，用另一手的手指轻轻摩擦贴耳的手背所发出的声音。另一种为心包摩擦音，当发生纤维素性心包炎时，心包的两叶失去润滑性，因而伴随心脏的跳动两叶互相摩擦而发生杂音。

（3）腹部听诊　主要是听取腹部胃肠运动的声音。羊健康的时候，于左肷部可听到瘤胃蠕动音，呈逐渐增强又逐渐减弱的沙沙音，每两分钟可听到 3～6 次。羊患前胃弛缓或发热性疾病时，瘤胃蠕动音减弱或消失。羊的肠音，类似于流水声或漱口声，正常时较弱。在羊患肠炎初期，肠音亢进；便秘时，肠音消失。

（三）问诊

问诊是通过询问畜主或饲养员，了解羊发病的有关情况。询问内容一般包括：发病时间，发病只数，病前和病后的异常表现，以往的病史、治疗情况、免疫接种情况，饲养管理情况以及羊的年龄、性别等。但在听取其回答时，应考虑所谈情况与当事人的利害关系（责任），分析其可靠性。

（四）切诊

1. 触诊

是用手指或手指尖感触被检查的部位，并稍加压力，以便确定被检查的各个器官组织是否正常。触诊常用如下几种方法。

（1）皮肤检查 主要检查皮肤的弹性、温度、有无肿胀和伤口等。羊的营养不好或得过皮肤病，皮肤就没有弹性。发高烧时，皮温会升高。

（2）体温检查 一般用手摸羊耳朵或把手插进羊嘴里去握住舌头，可以知道病羊是否发烧。但是准确的方法是用体温表测量。在给病羊量体温时，先把体温表的水银柱甩下去，涂上油或水以后，再慢慢插入肛门里，体温表的 1/3 留在肛门外面，插入后滞留的时间一般为 2～5 分钟（图 7-4）。羊的体温，一般幼羊比成年羊高一些，热天比冷天高一些，运动后比运动前高一些，这都是正常的生理现象。羊的正常体温是 38～40℃。如高于正常体温，则为发热，常见于传染病。

（3）脉搏检查 用手触摸羊的颌外动脉或股内动脉，感知心搏的情况，即为脉搏检查。检查股内动脉时，检查者一手（左手）握住羊的一侧后肢的下部，检手（右手）的食指及中指放于股内侧的股动脉上，拇指放于股外侧。健康羊的脉搏每分钟跳动 70～80 次，频率与心搏基本一致。

图 7-4　直肠测量羊的体温

（4）体表淋巴结检查　主要检查颌下、肩前、膝上和乳房上淋巴结。当羊发生结核病、副结核病、羊链球菌病时，体表淋巴结往往肿大，其形状、硬度、温度、敏感性及活动性等也会发生变化。

（5）人工诱咳　检查者立在羊的左侧，用右手捏压气管前 3 个软骨环，羊有病时，就容易引起咳嗽。羊发生肺炎、胸膜炎、结核时，咳嗽低弱；发生喉炎及支气管炎时，则咳嗽强而有力。

2. 叩诊

叩诊（图 7-5）就是敲打体表某一部位，根据所产生的音响性质来推断内部病理变化或某一器官的投影轮廓。一般是用左手食指或中指平放在被查部位，然后用右手中指由第二指节成直角弯曲，向左手食指或中指第二指节上敲打。叩诊的声音有清音、浊音、半浊音和鼓音。

图 7-5　叩诊

清音，为叩诊健康羊胸廓所发出的持续高而清的声音；浊音，当羊胸腔积聚大量渗出液时，叩打胸壁出现水平浊音界；半浊音，介于清音与浊音之间的一种声音，叩诊含少量气体的组织，如肺缘，可发出此种声音，当羊患支气管肺炎时，肺泡含气量减少，叩诊呈半浊音；鼓音，叩诊瘤胃发出的声音，若瘤胃臌气，则发出的鼓音增强。

三、病理学诊断

（一）解剖病理学观察

病羊解剖病理学观察是诊断羊病、确定病原或病因的基本手段，通过观察相关器官的病变情况，结合外观检查可以做出初步的诊断，为疾病治疗和后续确诊提供依据。一般来讲，不同组织器官的检查要点各有侧重。

1. 皮下检查

在剥皮过程中进行，要注意检查皮下有无出血、水肿、脱水、炎症和脓肿，并观察皮下脂肪组织的多少、颜色、性状及病理变化性质等。

2. 淋巴结

要特别注意颌下淋巴结、颈浅淋巴结、腹股沟下淋巴结、肠系膜淋巴结、肺门淋巴结等的检查。注意检查其大小、颜色、硬度，与其周围组织的关系及横切面的变化。

3. 肺脏

首先注意其大小、色泽、重量、质度、弹性、有无病灶及表面附着物等。然后用剪刀将支气管剪开，注意检查支气管黏膜的色泽、表面附着物的数量、黏稠度。最后将整个肺脏纵横切割数刀，观察切面有无病变，切面流出物的数量、色泽变化等。

4. 心脏

先检查心脏纵沟、冠状沟的脂肪量和性状，有无出血。然后检查心脏的外形、大小、色泽及心外膜的性状。最后切开心脏检查心腔。沿左侧纵沟切开右心室及肺动脉，同样再切开左心室及主动脉。检查心腔内血液的性状，心内膜、心瓣膜是否光滑，有无变形、增厚，心肌的色泽、质度，心壁的厚薄等。

5. 脾脏

脾脏摘出后，注意其形态、大小、质度；然后纵行切开，检查脾小梁、脾髓的颜色，红、白髓的比例，脾髓是否容易刮脱。

6. 肝脏

先检查肝门部的动脉、静脉、胆管和淋巴结。然后检查肝脏的形态、大小、色泽、包膜性状、有无出血、结节、坏死等。最后切开肝组织，观察切面的色泽、质度和含血量等情况。注意切面是否隆突，肝小叶结构是否清晰，有无脓肿、寄生虫性结节和坏死等。

7. 肾脏

先检查肾脏的形态、大小、色泽和质度，然后由肾的外侧面向肾门部将肾脏纵切为相等的两半，检查包膜是否容易剥离，肾表面是否光滑，皮质和髓质的颜色、质度、比例、结构，肾盂黏膜及肾盂内有无结石等。

8. 胃的检查

检查胃的大小、质度，浆膜的色泽，有无粘连、胃壁有无破裂和穿孔等。羊胃的检查，特别要注意网胃有无创伤，是否与膈相粘连。如果没有粘连，可将瘤胃、网胃、瓣胃、皱胃之间的联系分离，使四个胃展开。然后沿皱胃小弯与瓣胃、网胃之大弯剪开；瘤胃则沿背缘和腹缘剪开，检查胃内容物及黏膜的情况。

9. 肠管的检查

从十二指肠、空肠、回肠、大肠、直肠分段进行检查。在检查时，先检查肠管浆膜面的情况。然后沿肠系膜附着处剪开肠腔，检查肠内容物及黏膜情况。

10. 骨盆腔器官的检查

公畜生殖系统的检查，从腹侧剪开膀胱、尿管、阴茎，检查输尿管开口及膀胱、尿道黏膜，尿道中有无结石，包皮、龟头有无异常分泌物；切开睾丸及副性腺检查有无异常。母畜生殖系统的检查，沿腹侧剪开膀胱，沿背侧剪开子宫及阴道，检查黏膜、内腔有无异常；检查卵巢形状，卵泡、黄体的发育情况，输卵管是否扩张等。

11. 脑的检查

打开颅腔之后，先检查硬脑膜有无充血、出血和淤血。然后切开大脑，检查脉络丛的性状和脑室有无积水。最后横切脑组织，检查有无出血及溶解性坏死等变化。

（二）组织病理学观察

组织病理学技术是融解剖学技术、组织胚胎学技术、病理学技术和临床实践经验于一体的综合性诊断技术，通过观察动物重要器官的组织学结构特征、联系病变器官的代谢和机能的改变，探讨疾病的病因、发病机制以及病理变化与临床表现的内在联系和相互的关系。一般来讲，是将病变组织制成切片染色，或脱落、穿刺细胞涂片，经染色后用光学显微镜观察组织和细胞的病理变化。组织切片最常用苏木素伊红染色（HE 染色），必要时可辅以一些特殊染色。

四、实验室诊断

（一）病料的采集、保存和运送

羊群发生疑似传染病时，应采取病料送有关诊断实验室检验。病料的采取、保存和运送是否正确，对疾病的诊断至关重要。

1. 病料的采集

（1）剖检前检查　凡发现羊急性死亡时，必须先用显微镜检查其末梢血液抹片中有无炭疽杆菌存在。如怀疑是炭疽，则不可随意剖检，只有在确定不是炭疽时，方可进行剖检。

（2）取材时间　内脏病料的采集，须于死亡后立即进行，最好不超过 6 小时，否则时间过长，由于肠内侵入其他细菌，易使尸体腐败，影响病原微生物检出的准确性。

（3）器械的消毒　刀、剪、镊子、注射器、针头等应煮沸 30分钟。器皿（玻璃制、陶制、珐琅制等）可用高压灭菌或干烤灭菌。软木塞、橡皮塞置于 0.5％石炭酸水溶液中煮沸 10 分钟。采取 1 种病料，使用 1 套器械和容器，不可混用。

（4）病料采集　应根据不同的传染病，相应地采取该病常受侵害的脏器或内容物。如败血性传染病可采取心、肝、脾、肺、肾、淋巴结、胃、肠等；肠毒血症采取小肠及其内容物；有神经症状的传染病采取脑、脊髓等。如无法判定是哪种传染病，可进行全面采取。检查血清抗体时，采取血液，凝固后析出血清，将血清装入灭菌小瓶中送检。为了避免杂菌污染，对病变的检查应待病料采取完毕后再进行。供显微镜检查用的脓、血液及黏液抹片，可按下述推片固定法制作：先将材料置于载玻片上，再用灭菌玻棒均匀涂抹或以另一玻片一端边缘与载玻片成 45°角推抹之（图 7-6）；用组织块作触片时，可持小镊子将组织块的游离面在载玻片上轻轻涂抹。做成的抹片、触片，包扎，载玻片上应注明号码，并另附说明。

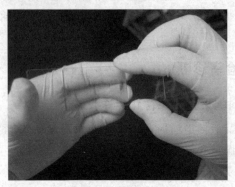

图 7-6　推片固定法

2. 病料的保存

病料采取后，如不能立即检验，或需送往有关单位检验，应当装入容器并加入适量的保存剂，使病料尽量保持新鲜状态。

（1）细菌检验材料的保存　将脏器组织块保存于装有饱和氯化钠溶液或 30％甘油缓冲盐水的容器中，容器加塞封固。病料如为液体，可装在封闭的毛细玻管或试管中运送。饱和氯化钠溶液的配制法是：蒸馏水 100 毫升、氯化钠 38～39 克，充分搅拌溶解后，用数层纱布过滤，高压灭菌后备用。30％甘油缓冲盐水溶液的配制法是：中性甘油 30 毫升、氯化钠 0.5 克、碱性磷酸钠 1 克，加蒸馏水至 100 毫升，混合后高压灭菌备用。

（2）病毒检验材料的保存　将脏器组织块保存于装有 50％甘油缓冲盐水或鸡蛋生理盐水的容器中，容器加塞封固。50％甘油缓冲盐水溶液的配制方法是：氯化钠 2.5 克、酸性磷酸钠 0.46 克、碱性磷酸钠 10.74 克，溶于 100 毫升中性蒸馏水中，加纯中性甘油 150 毫升、中性蒸馏水 50 毫升，混合分装后，高压灭菌备用。鸡蛋生理盐水的配制法是：先将新鲜鸡蛋表面用碘酒消毒，然后打开将内容物倾入灭菌容器内，按全蛋 9 份加入灭菌生理盐水 1 份，摇匀后用灭菌纱布过滤，再加热至 56～58℃，持续 30 分钟，第二天及第三天按上法再加热 1 次，即可应用。

（3）病理组织学检验材料的保存　将脏器组织块放入 10％福尔马林溶液或 95％酒精中固定；固定液的用量应为送检病料的 10 倍以上。如用 10％福尔马林溶液固定，应在 24 小时后换新鲜溶液 1 次。严寒季节为防病料冻结，可将上述固定好的组织块取出，保存于甘油和 10％福尔马林等量混合液中。

3. 病料的运送

装病料的容器要一一标号，详细记录，并附病料送检单。病料包装要求安全稳妥，对于危险材料、怕热或怕冻的材料要分别采取措施。一般供病原学检验的材料怕热，供病理学检验的材料怕冻。前者应放入加有冰块的保温瓶内送检，如无冰块，可在保温瓶内放入氯化铝 450～500 克，加水 1500 毫升，上层放病料，这样能使保温瓶内保持 0℃达 24 小时。包装好的病料要尽快运送，长途以空运为宜。

（二）细菌学检验

1. 涂片镜检

将病料涂于清洁无油污的载玻片上，干燥后在酒精灯火焰上固定，选用单染色法（如美蓝染色法）、革兰氏染色法、抗酸染色法或其他特殊染色法染色镜检（图7-7、图7-8），根据所观察到的细菌形态特征，作出初步诊断或确定进一步检验的步骤。

图7-7 玻片染色

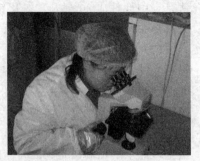
图7-8 显微镜检查病原

2. 分离培养

根据所怀疑传染病病原菌的特点，将病料接种于适宜的细菌培养基上，在一定温度（常为37℃）下进行培养（图7-9），获得纯培养菌后，再用特殊的培养基培养，进行细菌的形态学、培养特征、生化特性、致病力和抗原特性鉴定。

图7-9 细菌分离培养

3. 动物实验

用灭菌生理盐水将病料做成1∶10悬液，或利用分离培养获得的细菌液感染实验动物，如小白鼠、大白鼠、豚鼠、家兔等。感染方法可用皮下、肌内、腹腔、静脉或脑内注射。感染后按常规隔离饲养管理，注意观察，有时还需对某种实验动物测量体温；如有死亡，应立即进行剖检及细菌学检查。

（三）病毒学检验

1. 样品处理检验

病毒的样品，要先除去其中的组织和可能污染的杂菌。其方法是以无菌手段取出病料组织，用磷酸缓冲液反复洗涤 3 次，然后将组织剪碎、研细，加磷酸缓冲液制成 1∶10 悬液（血液或渗出液可直接制成 1∶10 悬液），以每分钟 2000～3000 转的速度离心沉淀15 分钟，取出上清液，每毫升加入青霉素和链霉素各 1000 单位，置冰箱中备用。

2. 分离培养

病毒不能在无生命的细菌培养基上生长，因此，要把样品接种到鸡胚或细胞培养物上进行培养。对分离到的病毒，用电子显微镜检查、血清学试验及动物实验等方法进行理化学和生物学特性的鉴定。

3. 动物实验

将上述方法处理过的待检样品或经分离培养得到的病毒液，接种易感动物，其方法与细菌学检验中的动物实验相同。

（四）寄生虫病检验

羊寄生虫病的种类很多，但其临床症状除少数外都不够明显。因此，羊寄生虫病的生前诊断往往需要进行实验室检验。常用的方法有以下几种。

1. 粪便检查

羊患了蠕虫病以后，其粪便中可排出蠕虫的卵、幼虫、虫体及其片段，某些原虫的卵囊、包囊也可通过粪便排出。因此，粪便检查是寄生虫病生前诊断的一个重要手段。检查时，粪便应从羊的直肠挖取，或用刚刚排出的粪便。检查粪便中虫卵常用的方法如下。

（1）直接涂片法　在洁净无油污的载玻片上滴 1～2 滴清水，

用火柴棒蘸取少量粪便放入其中，涂匀，剔去粗渣，盖上盖玻片，置于显微镜下检查（图7-10）。此法快速简便，但检出率很低，最好多检查几个标本。

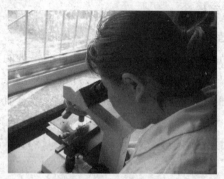

图7-10　寄生虫涂片检查

（2）漂浮法　取羊粪10克，加少量饱和盐水，用小棒将粪球捣碎，再加几倍量的饱和盐水搅匀，以60目铜筛过滤，静置30分钟，用直径5～10毫米的铁丝圈，与液面平行接触，蘸取表面液膜，抖落于载玻片上并覆盖盖玻片，置于显微镜下检查。该法能查出多数种类的线虫卵和一些绦虫卵，但对相对密度大于饱和盐水的吸虫卵和棘头虫卵，效果不大。

（3）沉淀法　取羊粪5～10克，放在200毫升容量的烧杯内，加入少量清水，用小棒将粪球捣碎，再加5倍量的清水调制成糊状，用60目铜筛过滤，静置15分钟，弃去上清液，保留沉渣。再加满清水，静置15分钟，弃去上清液，保留沉渣。如此反复3～4次，最后将沉渣涂于载玻片上，置显微镜下检查。此法主要用于诊断虫卵相对密度大的羊吸虫病。

2. 虫体检查

（1）蠕虫虫体检查　将羊粪数克盛于盆内，加10倍量生理盐水，搅拌均匀，静置沉淀20分钟，弃去上清液。再于沉淀物中重新加入生理盐水，搅匀，静置后弃去上清液；如此反复2～3次。最后取少量沉淀物置于黑色背景上，用放大镜寻找虫体。

（2）蠕虫幼虫检查法　取羊粪球 3～10 个，放在平皿内，加入适量 40℃的温水，10～15 分钟后取出粪球，将留下的液体放在低倍显微镜下检查。蠕虫幼虫常集中于羊粪球表面，因而易于从粪球表面转移到温水中被检查出来。

（3）螨检查法　在羊体患部，先去掉干硬痂皮，然后用小刀刮取一些皮屑，放在烧杯内，加适量的 10％氢氧化钾溶液，微微加温，20 分钟后待皮屑溶解，取沉渣镜检。

（五）血常规检查

目前血常规检验已成为兽医临床医生最常用的实验室诊断手段之一。血常规检验是指对血液中有形成分如红细胞、白细胞、血小板等指标进行质和量的分析，也是为动物血液病及相关系统疾病的诊断和鉴别提供重要信息的途径之一。临床上可使用血常规分析仪进行检测，具有重复性强、方便、快捷、高效等特点。

第二节　羊病的安全治疗

一、保定

在了解羊的习性的基础上，视个体情况，尽可能在其自然状态进行检查。必要时，可采取一定的保定措施，以便于检查和处理，保证人、畜安全。接近羊只时，要胆大、心细、温和、注意安全。检查者应先向其发出欲接近的信号，然后从其侧前方徐徐接近。接近后，可用手轻轻抚摸其颈部或臀部，使其保持安静、温顺状态。

（一）物理保定法

1. 握角骑跨夹持保定法

保定者两手握住羊的两角或头部，骑跨羊身，以大腿内侧夹持羊两侧胸壁即可保定（图 7-11）。适用于临床检查或治疗时的保定。

2. 两手围抱保定法

保定者从羊胸侧用两手分别围抱其前胸或股后部加以保定

（图 7-12）。羔羊保定时，保定者坐着抱住羔羊，羊背向保定者，头朝上，臀部向下，两手分别握住前后肢。适用于一般检查或治疗时的保定。

图 7-11　握角骑跨夹持保定法

图 7-12　两手围抱保定法

3. 侧卧保定法

保定大羊时，保定者俯身从对侧一手抓住羊两前肢系部或一前肢臂部，另一手抓住腹肋部膝袋处搬倒羊体，然后，另一手改为抓住两后肢系部，前后一起按住即可（图 7-13）。为了保定牢靠，可用绳将四肢捆绑在一起。适用于治疗或简单手术时的保定。

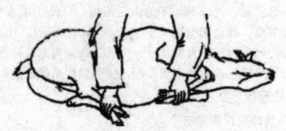
图 7-13　侧卧保定法

4. 倒立式保定法

保定者骑跨在羊颈部，面向后，两腿夹紧羊体，弯腰用手将两后肢提起。适用于阉割、后躯检查等。

根据不同的检查需要，也可以采取单人徒手保定法（图 7-14）、双人徒手保定法（图 7-15）、栏架保定法（图 7-16）和手术床保定法（图 7-17）等。

图 7-14 单人徒手保定法

图 7-15 双人徒手保定法

图 7-16 栏架保定法

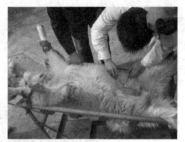

图 7-17 手术床保定法

（二）化学保定法

又称化学药物麻醉保定法。指应用化学试剂，使动物暂时失去运动能力，以便于人们对其接近捕捉、运输和诊治的一种保定方法。羊常用的药物和剂量（单位为毫克/千克体重）为：静松灵1.3～3.0，氯胺酮 20.0～40.0，司可林（氯化琥珀胆碱）2.0。化学保定剂一般作肌内注射，剂量一定要计算准确。

二、注射

注射法是将灭过菌的液体药物，用注射器注入羊的体内。注射前，要将注射器和针头用清水洗净，煮沸 30 分钟。注射器吸入药液后要直立推进注射器活塞，排除管内气泡，准备注射。

（一）皮下注射

是把药液注射到羊的皮肤和肌肉之间。羊的注射部位是在颈部或股内侧皮肤松软处。注射时，先把注射部位的毛剪净，涂上碘酒，用左手捏起注射部位皮肤，右手持注射器，将针头斜向刺入皮肤，如针头能左右自由活动，即可注入药液；注毕拔出针头，在注射点上涂擦碘酒。凡易于溶解又无刺激性的药物及疫苗等，均可进行皮下注射。

（二）肌内注射

是将灭菌的药液注入肌肉比较多的部位。羊的注射部位是在颈部。注射方法基本上与皮下注射相同，不同之处是，注射时以左手拇指、食指成"八"字形压住所要注射部位的肌肉，右手持注射器将针头向肌肉组织内垂直刺入，即可注药（图 7-18）。一般刺激性小、吸收缓慢的药液，如青霉素等，均可采用肌内注射。

图 7-18　肌内注射

（三）静脉注射

是将灭菌的药液直接注射到静脉内，使药液随血流很快分布到全身，迅速发生药效。羊的注射部位是颈静脉。注射方法是将注射部位的毛剪净，涂上碘酒，先用左手按压静脉靠近心脏的一端，使其怒张，右手持注射器，将针头向上刺入静脉内，如有血液回流，则表示已插入静脉内，然后用右手推动活塞，将药液注入；药液注射完毕后，左手按住刺入孔，右手拔针，在注射处涂擦碘酒即可。如药液量大，也可使用输液管，其注射分两步进行：先将针头刺入静脉，再接上输液管（图7-19）。凡输液（如生理盐水、葡萄糖溶液等）以及药物刺激性大，不宜皮下或肌内注射的药物（如九一四、氯化钙等），多采用静脉注射。

图7-19 静脉注射

（四）气管注射

将药液直接注入气管内。注射时，多取侧卧保定，且头高臀低；将针头穿过气管软骨环之间，垂直刺入，摇动针头，若感觉针头确已进入气管，接上注射器，抽动活塞，见有气泡，即可将药液缓缓注入。如欲使药液流入两侧肺中，则应注射两次，第二次注射时，须将羊翻转，卧于另一侧。本法适用于治疗气管、支气管和肺部疾病，也常用于肺部驱虫（如羊肺线虫病）。

（五）皮内注射

主要用于皮内变态反应诊断，常在羊的颈部两侧部位，局部剪毛，碘酊消毒后，使用小号针头，以左手大拇指和食指、中指绷紧皮肤，右手持注射器，使针头几乎与注射部位的皮面呈平行方向刺入，至针头斜面完全进入皮内后，放松左手，以针头与针筒交接处压迫固定针头，右手注入药液，至皮肤表面形成一个小圆形丘疹即可。

（六）瘤胃穿刺注药法

当羊发生瘤胃臌气时可采用本法。穿刺部位是在左肷窝中央臌气最高的部位。其方法为局部剪毛，碘酒消毒，将皮肤稍向上移，然后将套管针或普通针头垂直地或朝右肘头方向刺入皮肤及瘤胃壁，气体即从针头排出，然后拔出针头，碘酒消毒即可。必要时可从套管针孔注入防腐剂或消沫药。

三、给药

(一) 口服给药法

1. 混饲给药

将药物均匀混入饲料中，让羊吃料时能同时吃进药物。此法简便易行，适用于长期投药，不溶于水的药物用此法更为恰当。应用此法时要注意，药物与饲料的混合必须均匀，并应准确掌握饲料中药物所占的比例。为保证均匀混合，可先把所需药物混入少量饲料中（图 7-20），然后把这些饲料再混入全部饲料中，用铁锹反复拌匀（图 7-21）。有些药适口性差，混饲给药时要少添多喂。

图 7-20　把药物拌入少量饲料中　　　图 7-21　大堆饲料反复掺拌

2. 混水给药

将药物溶解于水中，让羊只自由饮用（图 7-22）。有些疫苗也可用此法投服。对患病不能进食但还能饮水的羊，此法尤其适用。采用此法须注意根据羊可能饮水的量，来计算药量与药液浓度。在给药前，一般应停止饮水半天，以保证每只羊都能饮到一定量的水。所用药物应易溶于水。有些药物在水中时间长了会变质，此时应限时饮用药液，以防止药物失效。

图 7-22 药物混水

3. 长颈瓶给药法

当给羊灌服稀药液时，可将药液倒入细口长颈的玻璃瓶、塑料瓶或一般的酒瓶中，抬高羊的嘴巴，给药者右手拿药瓶，左手用食、中二指自羊右口角伸入口内，轻轻压迫舌头，羊口即张开；然后，右手将药瓶口从左口角伸入羊口中，并将左手抽出，待瓶口伸到舌头中段，即抬高瓶底，将药液灌入（图 7-23）。

图 7-23 长颈瓶给药

4. 药板给药法

专用于给羊服用舔剂。舔剂不流动，在口腔中不会向咽部滑动，因而不致发生误咽。给药时，用竹制或木制的药板。给药者站在羊的右侧，左手将开口器放入羊口中，右手持药板，用药板前部刮取药物，从右口角伸入口内到达舌根部，将药板翻转，轻轻按压，并向后抽出，把药抹在舌根部，待羊下咽后，再抹第二次，如此反复进行，直到把药给完。

(二) 胃管给药法

1. 经鼻腔插入

先将胃管插入鼻孔，沿下鼻道慢慢送入，到达咽部时，有阻挡感觉，待羊进行吞咽动作时趁机送入食道，如不吞咽，可轻轻来回抽动胃管，诱发吞咽。胃管通过咽部后，如进入食道，继续深送会感到稍有阻力，这时要向胃管内用力吹气，如见左侧颈沟有起伏，表示胃管已进入食道。如胃管误入气管，多数羊会表现不安、咳嗽，继续深送，毫无阻力，向胃管吹气，左侧颈沟看不到波动，用手在左侧颈沟胸腔入口处摸不到胃管，同时胃管末端有与呼吸一致的气流出现。此时应将胃管抽出，重新插入。如胃管已入食道，继续深送，即可到达胃内，此时从胃管内排出酸臭气味，将胃管放低时则流出胃内容物。

2. 经口腔插入

先装好木质开口器，用绳固定在羊头部，将胃管通过木质开口器的中间孔，沿上颚直插入咽部，借吞咽动作胃管可顺利进入食道，继续深送，胃管即可到达胃内。胃管插入正确后，即可接上漏斗灌药。药液灌完后，再灌少量清水，然后取掉漏斗，往胃管内吹气，使胃管内残留的液体完全入胃，然后折叠胃管，慢慢抽出。该法适用于灌服大量水剂及有刺激性的药液。患有咽炎、咽喉炎和咳嗽严重的病羊，不可用胃管灌药。

四、药浴

药浴是羊饲养管理上的一项重要工作。为预防和驱除羊体外寄生虫，避免疥癣发生，每年应在羊剪毛后 10 天左右，彻底药浴1 次。

(一) 常用的药浴液

可以用敌百虫（2%溶液）、速灭杀丁（80～200 毫克/升）、溴氰菊酯（50～80 毫克/升），也可用石硫合剂（生石灰 7.5 千克、硫黄粉末 12.5 千克，加水 150 千克拌成糊状、煮沸，边煮边拌，煮至浓茶色为止，沥去沉渣，取上清液加温水 500 千克即可）。50%辛硫磷乳油是一种新的低毒高效农药，效果很好。配制方法是，100 千克水加 50 克辛硫磷乳油，有效浓度为 0.05%，水温为 25～30℃，洗羊 1～2 分钟。每 50 克乳油可药浴 14 只羊，第 1 次洗过后 1 周，再洗 1 次即可。

（二）药浴方法

1. 盆浴

盆浴的器具可用木桶或水缸等，先按要求配制好浴液（水温在 30℃左右）。药浴时，最好由两人操作，一人抓住羊的两前肢，另一人抓住羊的两后肢，让羊腹部向上。除头部外，将羊体在药液中浸泡 2～3 分钟；然后，将头部急速浸 2～3 次，每次 1～2 秒即可。

2. 池浴

此方法需在特设的药浴池里进行（图 7-24）。最常用的药浴池为水泥建筑的沟形池，进口处为一广场，羊群药浴前集中在这里等候。由广场通过一狭道至浴池，使羊缓缓进入。浴池进口做成斜坡，羊由此滑入，慢慢通过浴池。池深 1 米多，长 10 米，池底宽 30～60 厘米，上宽 60～100 厘米，羊只能通过而不能转身即可。药浴时，人站在浴池两边，用压扶杆控制羊，勿使其漂浮或沉没。羊群浴后应在出口处（出口处为一倾向浴池的斜面）稍作停留，使羊身上流下的药液可回流到池中（图 7-25）。

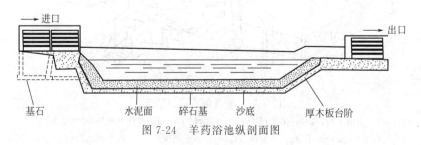

图 7-24　羊药浴池纵剖面图

图 7-25　羊只通过药浴池

3. 淋浴

在特设的淋浴场进行，优点是容量大、速度快、比较安全（图 7-26）。淋浴前先清洗好淋浴场，并检查确保机械运转正常即可试淋。淋浴时，把羊群赶入淋浴场，开动水泵喷淋。经 3 分钟左右，全部羊只都淋透全身后关闭水泵。将淋过的羊赶入滤液栏中，经 3～5 分钟后放出。池浴和淋浴适用于有条件的羊场和大的专业户；盆浴则适于养羊少，羊群不大的养羊户使用。

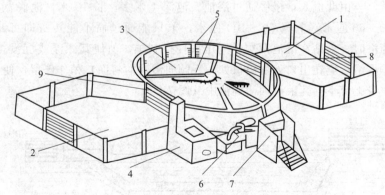

图 7-26　羊淋浴式药浴装置

1—未浴羊栏；2—已浴羊栏；3—药浴淋场；4—炉灶及加热水箱；5—喷头；
6—离心式水泵；7—控制台；8—药浴淋场入口；9—药浴淋场出口

五、灌肠

是将药物配成液体，直接灌入直肠内（图 7-27）。羊可用小橡皮管灌。先将直肠内的粪便清除，然后在橡皮管前端涂上凡士林，缓慢插入直肠内，把连接橡皮管的盛药容器提高到羊的背部以上。灌肠完毕后，拔出橡皮管，用手压住肛门或拍打尾根部。灌肠的温度，应与体温一致。

图 7-27　直肠给药

六、去势

凡不作种用的公羔在出生后 2～3 周应去势。给羊去势的方法大体有 4 种。

（一）手术切除法

操作时将公羔半仰半蹲地保定在木凳上，用左手将羊的睾丸挤到其阴囊底部，右手持消过毒的手术刀在羊的阴囊底部做一切口，切口长度以能挤出睾丸为度，轻轻挤出两侧睾丸，撕断精索。也可以在羊阴囊的侧下方切口，挤出一侧睾丸后将阴囊的纵隔从内部切开，再挤出另一侧睾丸，然后将伤口用碘酊消毒或撒上磺胺粉，让其自愈。

（二）结扎法

先将公羔的睾丸挤到阴囊底部，然后用橡皮筋或细绳将阴囊的上部紧紧扎住，以阻断血液流通。经过10～15天，其睾丸及阴囊便自行萎缩脱落。此法简单易行、无出血、无感染。

（三）去势钳法

使用专用的去势钳在公羔的阴囊上部将精索夹断，睾丸便逐渐萎缩。该方法快速有效，但操作者要有一定的经验（图7-28）。

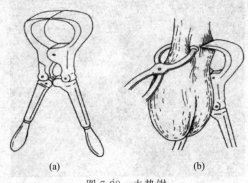

(a)　　　　　　　　　　(b)

图7-28　去势钳

（四）药物去势法

操作人员一手将公羔的睾丸挤到阴囊底部，并对其阴囊顶部与睾丸对应处消毒，另一手拿吸有消睾注射液的注射器，从睾丸顶部顺睾丸长径方向平行进针，扎入睾丸实质，针尖抵达睾丸下1/3处时慢慢注射。边注射边退针，使药液停留于睾丸中1/3处。依同法做另一侧睾丸注射。公羔注射后的睾丸呈膨胀状态，所以切勿挤压，以防药物外溢。药物的注射量为0.5～1毫升/只，注射时最好用9号针头。

七、穿刺

穿刺术是使用特制的穿刺器具（如套管针、肝脏穿刺器、骨髓穿刺器等），刺入病畜体腔、脏器或髓腔内，排除内容物或气体，或注入药液以达到治疗目的。也可通过穿刺采取病畜体某一特定器官或组织的病理材料，提供实验室可检病料，有助于确诊。但是，穿刺术在实施中会损伤组织，并有引起局部感染的可能，故应用时必须慎重。

应用穿刺器具均应严密消毒，干燥备用。在操作中要严格遵守无菌操作和安全措施才能取得良好的结果。手术动物一般站立保定，必要时可行侧卧保定。手术部位剪毛、消毒。

（一）瘤胃穿刺法

瘤胃穿刺用于瘤胃急性臌气时的急救排气和向瘤胃内注入药液。

1. 穿刺部位

穿刺部位选在左侧肷窝部，由髋结节向最后肋骨所引水平线的中点，距腰椎横突 10～12 厘米处。也可选在瘤胃隆起最高点穿刺（图 7-29）。

图 7-29　羊瘤胃穿刺法
1—套管针；2—穿刺部位

2. 穿刺方法

羊可用一般静脉注射针头，或用细套管针。术部剪毛消毒。右手持注射针头或套管针向对侧肘头方向迅速刺入 10～12 厘米。左手按压固定针头或套管，拔出内针，用手指不断堵住管口，间歇放气，使瘤胃内的气体间断排出。若套管堵塞，可插入内针疏通。气体排出后，为防止复发，可经针头或套管向瘤胃内注入止酵剂和消沫剂。注完药液插入内针，同时用力压住皮肤，拔出针头或套管针，局部消毒，必要时以碘仿火棉胶封闭穿刺孔。

在紧急情况下，无套管针或注射针头时可就地取材（如竹管、鹅翎等）进行穿刺，以挽救病畜生命，然后再采取抗感染措施。

3. 注意事项

放气速度不宜过快，防止发生急性脑贫血，造成虚脱。同时注意观察病畜的表现，根据病情，为了防止臌气继续发展，避免重复穿刺，可将套管针固定，留置一定时间后再拔出。穿刺和放气时，应注意防止针孔局部感染，因放气后期往往伴有泡沫样内容物流出，污染套管口周围并易流进腹腔而继发腹膜炎。经套管注入药液时，注药前一定要确切判定套管仍在瘤胃内后，方能注入。

（二）膀胱穿刺法

当尿道完全阻塞发生尿闭时，为防止膀胱破裂或尿中毒，进行膀胱穿刺排出膀胱内的尿液，进行急救治疗。

1. 穿刺部位

羊在后腹部耻骨前缘，触摸有膨满弹性感，即为术部。

2. 穿刺方法

侧卧保定，将左或右后肢向后牵引转位，充分暴露术部，于耻骨前缘触摸膨满波动最明显处，左手压迫，右手持连有长橡胶管的针头向后下方刺入，并固定好针头，待排完尿液，拔出针头，术部消毒，涂火棉胶。

3. 穿刺注意事项

针刺入膀胱后，应很好地握住针头，防止滑脱。若进行多次穿刺，易引起腹膜炎和膀胱炎，宜慎重。

（三）胸腔穿刺法

主要用于排出胸腔的积液、血液，或洗涤胸腔及注入药液进行治疗。也可用于检查胸腔有无积液，并采取胸腔积液，从而鉴别其性质，以助于诊断。

1. 穿刺部位

穿刺部位在羊右侧第 6 肋间，左侧第 7 肋间。具体位置在与肩关节引水平线相交点的下方 2～3 厘米处，胸外静脉上方约 2 厘米处。

2. 穿刺方法

准备好套管针或 10～16 号长针头，胸腔洗涤剂［如 0.1％乳酸依沙吖啶（雷佛奴尔）溶液、0.1％高锰酸钾溶液］、生理盐水（加热至体温程度），输液瓶等。左手将术部皮肤稍向上方移动 1～2 厘米，右手持套管针用指头控制于 3～5 厘米处，在靠近肋骨前缘垂直刺入。穿刺肋间肌时有阻力感，当阻力消失而有空虚时，表明已刺入胸腔内，左手把持套管，右手拔去内针，即可流出积液或血液，放液时不宜过急，应用拇指不断堵住套管口，间断地放出积液，预防胸腔减压过急，影响心肺功能。如针孔堵塞不流时，可用内针疏通，直至放完为止。

有时放完积液之后，需要洗涤胸腔，可将消毒药液装入接有橡胶管的输液瓶，连接输液瓶胶管，高举输液瓶，药液即可流入胸腔，然后将其放出。如此反复冲洗 2～3 次，最后注入治疗性药物。消毒药液量少时也可用注射器进行冲洗。操作完毕，插入内针，拔出套管针，使局部皮肤复位，术部涂碘酊，以碘仿火棉胶封闭穿刺孔。

3. 注意事项

穿刺或排液过程中，应注意防止空气进入胸腔内。排出积液和注入洗涤剂时应缓慢进行，洗涤剂的量不能过多，并加温，同时注意观察病畜有无异常表现。穿刺时需注意防止损伤肋间血管与神经。刺入时，应以手指控制套管针的刺入深度，以防过深刺伤心肺。穿刺过程遇有出血时，应充分止血，改变位置再行穿刺。

（四）腹腔穿刺

腹腔穿刺用于排出腹腔的积液和洗涤腹腔及注入药液进行治疗。或采取腹腔积液，以助于胃肠破裂、肠变位、内脏出血、腹膜炎等疾病的鉴别诊断。

1. 穿刺部位

穿刺部位在羊脐与膝关节连线的中点。

2. 穿刺方法

术者蹲下，左手稍移动皮肤。右手控制套管针（或针头）的深度，由下向上垂直刺入 3～4 厘米。其余的操作方法同胸腔穿刺。当洗涤腹腔时，羊在右侧肷窝中央，右手持针头垂直刺入腹腔，连接输液瓶胶管或注射器，注入药液，再由穿刺部排出，如此反复冲洗 2～3 次。

3. 穿刺注意事项

刺入深度不宜过深，以防刺伤肠管。穿刺位置应准确，保定要安全。其他参照胸腔穿刺的注意事项。

八、冲洗

（一）洗眼法

1. 应用

主要用于结膜与角膜炎症和各种眼病治疗。

2. 用具

（1）洗眼用器械：冲洗器、洗眼瓶、胶帽吸管等，也可用 20 毫升注射器代用。

（2）常备点眼药或洗眼药：0.1%盐酸肾上腺素溶液、3.5%盐酸可卡因溶液、0.5%阿托品溶液、0.5%硫酸锌溶液、2%～4%硼酸溶液、1%～3%蛋白银溶液、0.01%～0.03%高锰酸钾溶液及生理盐水等。

3. 方法

柱栏内站立保定好羊只，固定头部，用一手拇指与食指翻开上下眼睑，另一手持冲洗器（洗眼瓶、注射器等），使其前端斜向内眼角，徐徐向结膜上灌注药液冲洗眼内分泌物。或用细胶管由鼻孔插入鼻泪管内，从胶管游离端注入洗眼药液，更有利于洗去眼内的分泌物和异物。如冲洗不彻底时，可用硼酸棉球轻拭结膜囊。洗净后，左手拿点眼药瓶，靠在外眼角眶上斜向内眼角，将药液滴入眼内，闭合眼睑，用手轻轻按摩 1～2 次以防药液流出，并促进药液在眼内扩散。如用眼膏时，可用玻璃棒一端蘸眼膏，横放在上下眼睑之间闭合眼睑，抽去玻璃棒，眼膏即可留在眼内，用手轻轻按摩 1～2 次，以防流出。或直接将眼膏挤入结膜囊内。

4. 注意事项

防止羊骚动，点药瓶或洗眼器与病眼不能接触，与眼球不能成垂直方向，以防感染和损伤角膜。点眼药或眼膏应准确点入眼内，防止流出。

（二）口腔冲洗法

口腔冲洗法主要用于口炎、舌及牙齿疾病的治疗，有时也用于冲出口腔的不洁物。

1. 用具

大动物用橡皮管连接漏斗或注射器连接橡胶管，中、小动物可用吸管或不带针头的注射器。冲洗剂可用自来水或收敛剂、低浓度防腐消毒药等。

2. 方法

大动物站立保定，使病畜头部稍低并确实固定。中、小动物侧卧保定，使头部处于低位。术者一手持橡胶管一端（或注射器）从口角伸入口腔，并用手固定在口角上，另一只手将装有冲洗药液的漏斗举起（或推注），药液即可流入口腔进行冲洗。

3. 注意事项

冲洗药液根据需要可稍加温防止过凉。插进口腔内的胶管，不宜过深，以防误咬和咬碎。

（三）导胃与洗胃法

导胃与洗胃法用于瘤胃积食或瘤胃酸中毒时排除胃内容物，以及排除胃内毒物，或吸取胃液供实验室检查等。

1. 用具及药品

导胃用具同胃管给药，但应用较粗胃管。洗胃应用 36～39℃温水，此外根据需要可用 2%～3% 碳酸氢钠溶液、1%～2% 食盐水、0.1％高锰酸钾溶液等。还应备吸球。

2. 方法

基本同胃管投药。动物站立或倒卧保定。先用胃管测量到胃内的长度（羊从唇至倒数第二肋骨）并做好标记，装好开口器，固定好头部。从口腔徐徐插入胃管，到胸腔入口及贲门处时阻力较大，应缓慢插入，以免损伤食管黏膜。必要时可灌入少量温水，待贲门弛缓后，再向前推送入胃。胃管前端经贲门到达胃内后，阻力突然消失，此时可有酸臭味气体或食糜排出。如不能顺利排出胃内容物时，装上漏斗，每次灌入温水或其他药液100～2000毫升。将头低下，利用虹吸原理，高举漏斗，不待药液流尽，随即放低头部和漏斗，也可用吸球反复抽吸，以吸出胃内容物。如此反复多次，逐渐排出胃内大部分内容物，直至病情好转为止。冲洗完之后，缓慢抽出胃管，解除保定。

3. 注意事项

操作中要注意安全，使用的胃管要根据动物的大小选定，胃管长度和粗细要适宜。瘤胃积食宜反复灌入大量温水，方能洗出胃内容物。

(四) 阴道及子宫冲洗法

阴道及子宫冲洗法用于阴道炎和子宫内膜炎的治疗，主要为了排出阴道或子宫内的炎性分泌物，促进黏膜修复，尽快恢复生殖机能。

1. 用具及药品

子宫洗涤用的输液瓶，洗净消毒。冲洗溶液为微温生理盐水、5％～10％葡萄糖溶液，0.1％乳酸依沙吖啶溶液及0.1％或0.5％高锰酸钾溶液等，还可用抗生素及磺胺类制剂。

2. 方法

充分洗净外阴部，术者手及手臂常规消毒。而后，术者手握输液瓶或漏斗所连接的长胶管，徐徐插入子宫颈口，再缓慢导入子宫内，提高输液瓶或漏斗，药液可通过导管流入子宫内，待输液瓶或漏斗中的冲洗液快流完时，迅速把输液瓶或漏斗放低，借虹吸作用使子宫内液体自行排出。如此反复冲洗 2～3 次，直至流出的液体与注入的液体颜色基本一致为止。

阴道的冲洗，把导管的一端插入阴道内，提高漏斗，冲洗液即可流入，借病畜努责，冲洗液可自行排出，如此反复洗至冲洗液透明为止。阴道或子宫冲洗后，可放入抗生素或其他抗菌消炎药物。

3. 注意事项

操作认真，防止粗暴，特别是插入导管时更需谨慎，预防子宫壁穿孔；严格遵守消毒规则。子宫积脓或子宫积水的病例，应先将子宫内积液排出之后，再进行冲洗；不得应用强刺激性或腐蚀性的药液冲洗。注入子宫内的冲洗药液，尽量充分排出，必要时可按压腹壁促使排出，以防子宫积液。

（五）尿道及膀胱冲洗法

尿道及膀胱冲洗法用于尿道炎及膀胱炎的治疗，或采尿液供化验诊断。本法对于母畜较易操作，对公畜操作难度较大。

1. 用具及药品

根据动物种类、性别备用不同类型的导尿管。用前将导尿管放在 0.1％高锰酸钾溶液温水中浸泡 5～10 分钟，前端蘸液体石蜡。冲洗药液宜选择刺激性小或腐蚀性小的消毒、收敛剂。常用的有生理盐水、2％硼酸溶液、0.1％～0.5％高锰酸钾溶液、1％～2％石炭酸溶液或 0.1％～0.2％乳酸依沙吖啶溶液等。此外，也常用抗生素及磺胺制剂的溶液（冲洗药液的温度要与体温一致）。备好注射器与洗涤器。术者的手，病畜的外阴部及公畜阴茎，尿道口要清洗消毒。

2. 方法

（1）母羊膀胱冲洗　羊侧卧保定，助手将尾巴拉向一侧或吊起。术者将导尿管握于掌心，前端与食指同长，呈圆锥形伸入阴道，先用手指触摸尿道口，轻轻刺激或扩张尿道口，伺机插入导尿管，徐徐推进，当进入膀胱后，则无阻力，尿液自然流出。排完尿后，导尿管另一端连接洗涤器或注射器，注入冲洗药液，反复冲洗，直至排出药液透明为止。最后将膀胱内药液排净。当触摸识别尿道口有困难时，可用开膣器开张阴道，即可看到阴道腹侧的尿道口。

（2）公羊膀胱冲洗　用速眠新麻醉病羊后仰卧于操作台上保定。挤压病羊包皮，使龟头暴露在外，用消毒纱布包住龟头，用0.1%新洁尔灭洗尿道外口，用医用专用导尿管，直径约为1.5毫米，从尿道口缓缓插入，插入至"S"状弯曲部前缘时常发生困难，可用手指隔着皮肤向深部压迫，迫使导尿管末端进入膀胱，一旦进入膀胱内，尿液即从导尿管流出。冲洗方法与母畜相同，导尿或冲洗完之后，还可注入治疗药液，而后除去导尿管。

3. 注意事项

插入时，导尿管前端宜涂润滑剂，以防损伤尿道黏膜，防止粗暴操作，以免损伤尿道黏膜或造成膀胱壁的穿孔。

九、驱虫

羊的寄生虫病较常见，患病羊往往食欲降低，生长缓慢，消瘦，毛皮质量下降，抵抗力减弱，重者甚至死亡，给养羊业带来严重的经济损失。为了防止体内寄生虫病的蔓延，每年春秋两季要进行驱虫。驱虫后1～3天内，要安置羊群在指定羊舍和牧地放牧，防止寄生虫及其虫卵污染羊舍和干净牧地。3～4天后即可转移到一般羊舍和草场。

常用的驱虫药物有四咪唑、驱虫净、阿苯达唑。阿苯达唑是一种广谱、低毒、高效的驱虫药，每千克体重的剂量为15毫克，对线虫、吸虫、绦虫等都有较好的治疗效果。为防止寄生虫病的发生，平时应加强对羊群的饲养管理。注意草料卫生，饮水清洁，避免在低洼或有死水的牧地放牧。同时结合改善牧地排水，用化学及生物学方法消灭中间宿主。多数寄生虫卵随粪便排出，故对粪便要发酵处理。

十、剖腹探查及单侧子宫角摘除术

近年来，随着母羊产羔水平逐渐提高（2～5羔），随之而来的母羊难产、胎儿滞留、子宫糜烂破裂的病例逐渐增多。发病母羊表现为精神委顿、喜卧、食欲减退至废绝、反刍减少或停止等一系列临床症状，最后死亡。但如果能及时确诊和手术治疗也能取得满意效果。

1. 麻醉

采用静松灵注射液按每千克体重 2 毫升，肌内注射进行麻醉。

2. 术前准备

将羊半仰卧于手术台上保定，术区剪毛，剃毛，清洗，常规消毒。切口选腹中线偏左侧 3～5 厘米处，长约 10 厘米，平行于腹中线。

3. 手术通路

切开腹腔，摘除病变器官、组织。

① 术部常规严密消毒，用创布隔离。

② 笔式持刀沿预定手术切口线切开皮肤 10～12 厘米，依次切开肌肉、筋膜，至腹膜，用纱布随时压迫止血，剪开腹膜并扩大至所需长度。此时，一股带有恶臭、浅黄褐色的腹水流出，排净污水，用温生理盐水冲洗后手伸进腹腔进行探查，子宫已破。

③ 在切口上方摸出已腐败的胎儿后肢，由于切口不便于操作，临时决定做一个"丁"字切口，用创布盖住下部切口，常规处理后，切开各层组织，随后取出腐败的胎儿，发现子宫已腐烂且与大网膜粘连，导致网膜增生局部腐败，为根治起见，施行第二步手术，即腐烂网膜及一侧子宫角摘除。

④ 用温生理盐水冲洗后，取肠钳夹住子宫角健康部，剪去腐烂部，用肠线取单层连续缝合子宫角。

⑤ 缝完后用温生理盐水冲洗，并摘除粘连在肠管上的腐烂网膜，缝合健康的网膜，并将肠管、网膜复位，彻底用温生理盐水清洗腹腔，投放青霉素 240 万单位，链霉素 200 万单位。

⑥ 闭合腹腔，采用腹膜、肌肉、皮肤常规分层缝合，腹壁创口缝合完毕后用红霉素软膏涂布，结系绷带隔离手术创口、术毕。

4. 术后用药及护理

（1）术后用药　苏醒灵 1 支，破伤风抗毒素血清 3 支，止血敏 2 支，肌内注射；静脉注射，生理盐水 500 毫升，青霉素 640 万单位。

（2）术后护理　术后羊单独饲养，同时配合全身应用抗生素 5～7 天，以控制感染，且 18～24 小时禁食，3～4 天后慢慢恢复喂正常食物。

十一、剖腹产

当临产母羊子宫颈扩张不全或子宫颈闭锁，胎儿不能产出时，或骨骼变形，致使骨盆腔狭窄，胎儿不能正常通过产道而造成难产时，可进行剖腹产。

母羊用二甲苯胺噻唑肌内注射进行麻醉，每千克体重 0.2～0.6 毫克。

（一）剖腹产的步骤

手术部位在乳静脉右外侧约 2～3 厘米，距乳房 2 厘米腹下切口，长度可以取出胎儿为宜。具体步骤如下。

1. 切开腹壁

切开腹壁 15～20 厘米的切口，开腹后如腹压较高，助手可用大块纱布或手，覆盖压迫切口两侧，防止网膜及肠管脱出。

2. 拉出子宫

双手伸入腹腔，拨开网膜与肠管，摸到孕角，再将手伸入子宫下，隔着子宫壁握住胎儿弯曲的两前肢腕部，缓慢地将子宫角大弯的一部分及胎儿拉至切口外约 5～6 厘米，然后在子宫和切口之间塞上大块生理盐水纱布，或在一块薄塑料布上，中央作一切口，套在拉出的子宫角上，而后将切口边缘缝在子宫切线的周围，以防肠管脱出和胎水流入腹腔。

3. 切开子宫

沿子宫角大弯避开母体子叶切开 10～15 厘米，一般活胎儿切口出血较多，要边切边止血，防止失血过多。

4. 取出胎儿

切开子宫后，助手固定子宫切口两侧，术者撕破胎膜，排出胎水，严防流入腹腔，然后用手握头及前肢慢慢拉出胎儿，扯断脐带，交助手处理。

5. 剥离胎衣

羊的胎儿胎盘和母体粘连紧密，剥离时要慢慢进行，防止强行拉扯，必要时可注射垂体后叶素。

6. 缝合子宫

先把子宫内胎水洗净，再用青霉素生理盐水洗净切口，防止强行拉扯，速用螺旋形缝合法缝合子宫切口全层，缝到最后1～2针时，要向子宫内撒四环素粉2克或金霉素胶囊2～3个。最后用伦贝特氏或库兴氏缝合法，缝合子宫浆膜及肌层，用温生理盐水充分洗净子宫壁，再于切口上涂油剂青霉素，将子宫送回腹腔复位。

7. 缝合腹壁

略。

（二）剖腹产的注意事项

由于本手术所用器械数量较多，故在术前术后都必须清点器械数目，以免术后遗留于腹腔或子宫内，造成不良后果。

操作时，要胆大心细，彻底止血，迅速准确，严密消毒，同时注意观察病畜变化，必要时可进行强行输液。

术后指定专人负责检查病畜全身情况，必要时给予静注5％葡萄糖氯化钠液或抗生素等疗法，同时注意术部的清洁，防止感染，争取术后第一期愈合。

第三节　常见羊病的防制技术

一、常见病毒病的防制技术

（一）口蹄疫

口蹄疫是由口蹄疫病毒引起的人兽共患的一种急性、热性、高度接触性传染病。传播迅速、流行面广，成年动物多取良性经过，幼龄动物多因心肌受损而死亡率较高。

1. 流行特点

该病主要侵害偶蹄兽，如牛、羊、猪、鹿、骆驼等，其中以猪、牛、羊最为易感。人也可感染此病。病畜和带毒动物是该病的主要传染源，痊愈家畜可带毒 4～12 个月。本病主要靠直接和间接接触性传播，消化道和呼吸道传染是主要传播途径，也可通过眼结膜、鼻黏膜、乳头及伤口感染。空气传播对本病的快速大面积流行起着十分重要的作用。

2. 临床症状

羊感染口蹄疫病毒后一般经过 1～7 天的潜伏期出现症状。病羊体温升高，初期体温可达 40～41℃，精神沉郁，食欲减退或拒食，脉搏和呼吸加快。病灶在口唇周围、口角及鼻部特别严重，亦可发生在蹄部和乳房等皮肤部位。开始时出现稍高起的斑点，随后变成丘疹、水疱及脓疱三个阶段，并形成痂块，痂块呈红棕色，以后变为黑褐色，非常坚硬。除去硬痂后露出凹凸不平锯齿状的肉芽组织，很容易出血，有的形成瘘管，压之有脓汁排出。病变发生在硬腭和齿龈时，容易溃烂成片，痂块往往 24 小时后脱落，长出新的皮肤，并不留任何瘢痕。孕羊流产，羔羊有时有出血性胃肠炎，常因心肌炎而死。

3. 病理变化

除口腔、蹄部的水疱和烂斑外，病羊消化道黏膜有出血性炎症，心肌色泽较淡，质地松软，心外膜与心内膜有弥散性及斑点状出血，心肌切面有灰白色或淡黄色、针头大小的斑点或条纹，如虎斑，称为"虎斑心"，以心内膜的病变最为显著。

4. 防制措施

不从有病区购进动物及其产品、生物制品，加强检疫。由车船、飞机卸下的动物肥料、废水及装运工具就地消毒。口蹄疫常发地区每年定期进行预防接种。发现本病立即报告上级兽医部门，并进行封锁、隔离消毒，对疫点严格封锁，扑杀病畜。对剩余饲料、饮水、病畜活动场地、羊舍和所走过的道路、畜产品及污染品进行全面严格消毒,工作人员外出必须全面消毒。疫点内最后一只病羊消灭之后3个月内不出现新病例时才解除封锁。

每年定期给羊群注射同型口蹄疫疫苗。

一旦发生疫情,应立即上报,迅速隔离病羊,封锁疫区。在病羊污染的地方用1%～2%火碱或福尔马林溶液严格消毒。对疫区和受威胁区未发病动物进行紧急免疫接种。

经有关部门同意方可治疗。

① 口腔溃疡用0.1%高锰酸钾液冲洗后,涂碘甘油或撒布冰硼散,每天2～3次。

② 蹄部溃疡用2%来苏儿液或0.1%新洁尔灭液清洗,涂松馏油或碘甘油或碘仿鱼肝油(1:10),必要时用绷带包扎蹄部,蹄壳脱落经持续治疗可长出新蹄壳。

③ 乳头溃疡用3%硼酸液或0.1%乳酸依沙吖啶液洗净后,涂青霉素软膏或磺胺软膏。

(二)小反刍兽疫

小反刍兽疫又称羊瘟、小反刍兽瘟,是由小反刍兽疫病毒引起的山羊、绵羊、野生小反刍兽的高度接触传染性疾病。小反刍兽疫病毒不感染人,不属于人畜共患病。

1. 流行特点

山羊和绵羊是该病的自然宿主,山羊比绵羊更易感,临床症状更严重。可引起呼吸困难、腹泻、流产,甚至死亡。易感羊群发病率通常达60%以上,病死率可达50%以上。一年四季均可发生,但多雨季节和干燥寒冷季节多发。潜伏期一般为4～6天,短的1～2天,长者10天,世界动物卫生组织《陆生动物卫生法典》规定最长潜伏期为21天。

世界动物卫生组织(OIE)将其列为必须报告的动物疫病,我国将其列为一类动物疫病,是《国家动物疫病中长期防治规划(2012—2020年)》明确规定重点防范的外来动物疫病之一。

2. 临床症状和病理变化

小反刍兽疫主要通过呼吸道和消化道感染。传播方式主要是接触传播，可通过与病羊直接接触传播，病羊的唾液、鼻液、粪尿等分泌物和排泄物可含有大量的病毒，与被病毒污染的饲料、饮水、衣物、工具、垫料、圈舍和牧场等接触也可发生间接传播，在养殖密度较高的羊群也会发生近距离的气溶胶传播。潜伏期为4～5天，最长21天。山羊临床症状比较典型，绵羊一般较轻微。

自然发病仅见于山羊和绵羊。山羊发病严重，绵羊偶有严重病例发生。一些康复山羊的唇部形成口疮样病变。急性型体温可上升至41℃，并持续3～5天。感染羊只烦躁不安，背毛无光，口鼻干燥，食欲减退。流黏液脓性鼻漏，呼出恶臭气体。在发热的前4天，口腔黏膜充血、坏死（彩图1），颊黏膜进行性广泛性损害、导致多涎，随后出现坏死性病灶（彩图2），开始口腔黏膜出现小的粗糙的红色浅表坏死病灶，以后变成粉红色，感染部位包括下唇、下齿龈等处。严重病例可见坏死病灶波及齿垫、腭、颊部及其乳头、舌头等处（彩图3）。后期出现带血水样腹泻（彩图4），严重脱水，消瘦，随之体温下降。出现咳嗽、呼吸异常。

3. 防制措施

（1）免疫保护　我国目前使用小反刍兽疫弱毒疫苗。该疫苗安全有效，保护期长。怀孕母羊、羔羊均可接种。但对健康状况不良的羊，应待康复后接种。疫苗保护期为3年，所有1月龄以上的羊进行一次全面免疫后，每年春、秋两季对未免疫的新生羊进行补免，同时对免疫满3年的羊追加免疫一次。

（2）严格消毒　小反刍兽疫病毒对多数消毒剂敏感。发生疫情的时候，对疫区内不同的待消毒物品，可选用不同消毒剂。对建筑物、木质结构、水泥表面、车辆和相关设施设备消毒可选用碱类（碳酸钠、氢氧化钠）、氯化物和酚化合物。人员消毒可选用刺激性小的消毒剂，如柠檬酸、酒精和碘化物（碘消灵）等。

（3）养殖场户的防疫措施

① 把好"入场关"，确保引进羊只无疫。引进羊只时，要搞清

楚羊只的来源和背景，不要购买没有检疫证明的羊只。羊只调入后，至少要隔离观察1个月，确认健康无病后，方可混群饲养。

②把好"管理关"，提高养殖场所生物安全水平。要在当地畜牧兽医部门指导下，建立健全防疫制度，加强防疫管理。做好相关场所及设施设备的清洗消毒工作。人员和运输工具进场时，要进行彻底消毒。羊群转场、放牧时，要防止交叉感染。

③把好"防疫关"，确保免疫密度和质量。在农业部批准实施免疫的地区，要在当地兽医部门的指导下做好免疫接种工作。

发现疑似小反刍兽疫患病羊后，养殖户应立即隔离疑似患病羊，限制其移动，加强消毒，并立即向当地兽医主管部门、动物卫生监督机构或动物疫病预防控制机构报告。小反刍兽疫是病毒性传染病，不允许治疗。按照国家现行法律法规要求，对感染羊只及同群羊必须采取扑杀和无害化处理等处置措施。需要特别强调的是，严禁私自出售或处理病死羊，否则将追究当事人法律责任。

（三）羊口疮

羊口疮又称羊传染性脓疱病，是由病毒引起的绵羊和山羊的一种接触性传染病，以口唇、舌、鼻、乳房等部位形成丘疹、水疱、脓疱和结成疣状结痂为特征。不同地区分离的病毒抗原性不完全一致。

1. 流行特点与主要临床症状

本病多发于3～6月龄的羔羊，常呈群发性，疫区的成年羊多有一定的抵抗力。

病羊以口唇部感染为主要症状。首先在口角、上唇或鼻镜上发生散在的小红斑点，以后逐渐变为丘疹、结节，继而形成小疱或脓疱，蔓延至整个口唇周围及颜面、眼睑和耳廓等部，形成大面积龟裂、易出血的污秽痂垢，痂垢下肉芽组织增生，嘴唇肿大外翻呈桑葚状突起。口腔黏膜也常受损害，黏膜潮红，在口唇内面、齿龈、颊部、舌及软腭黏膜上发生水疱，继而发生脓疱和烂斑。若伴有坏死杆菌等继发感染，则恶化成大面积的溃疡，深部组织坏死，口腔恶臭。病羊由于疼痛而不愿采食，表现为流涎、精神不振、食欲减退或废绝、反刍减少、被毛粗乱无光、日渐消瘦。哺乳母羊的乳房也可能同样患病，主要是由于被小羊咬伤而感染。

2. 防制措施

本病主要通过受伤的皮肤和黏膜传染，因此，要保护皮肤和黏膜不使其发生损伤。尽量不喂干硬的饲草，挑出其中的芒刺。给羊加喂适量食盐，以减少羊啃土啃墙，保护皮肤、黏膜。

不要从疫区引进羊及其产品，对引进的羊只隔离观察半月以上，确认无病后再混群饲养。

在本病流行地区，用羊口疮弱毒疫苗进行免疫接种。接种时按每头份疫苗加生理盐水在阴暗处充分摇匀，每只羊在口腔黏膜内注射0.2毫升，以注射处出现一个透明发亮的小水疱为准。也可把病羊口唇部的痂皮取下，研成粉末，用5%甘油生理盐水稀释成1%溶液，对未发病羊做皮肤划痕接种，经过10天左右即可以产生免疫力，对预防本病效果好。

治疗本病，首先隔离病羊，对圈舍、运动场进行彻底消毒。给病羊柔软、易消化、适口性好的饲料，保证充足的清洁饮水。

治疗前，先将病羊口唇部的痂垢剥除干净，用淡盐水或0.1%高锰酸钾水充分清洗创面，然后在羊口疮患处多次涂2%龙胆紫溶液或5%碘酊溶液。或用青霉素、氨基比林水合剂彻底清疮，再将冰硼散粉剂撒于患处，同时给病羊灌服少量0.1%高锰酸钾溶液，每天1次，连用4天。给病羊注射抗菌药物，可防止继发感染，每天2次，连用3天。

二、常见细菌病的防制技术

（一）羊梭菌性疾病

羊梭菌性疾病是由梭状芽孢杆菌属中的细菌所引起的一类急性传染病，包括羊快疫、羊猝疽、羊肠毒血症、羊黑疫和羔羊痢疾等。这一类疾病的临诊症状有不少相似之处，易混淆。这类疾病都能造成急性死亡，对养羊业危害很大。

1. 羊快疫

羊快疫是由腐败梭菌经消化道感染引起的主要发生于绵羊的一种急性传染病。本病以突然发病，病程短促，真胃出血型炎症损害为特征。

（1）流行特点　发病羊多为 6～18 月龄、营养较好的绵羊，山羊较少发病。主要经消化道感染。腐败梭菌通常以芽孢体形式散布于自然界，特别是潮湿、低洼或沼泽地带。羊只采食污染的饲草或饮水，芽孢体随之进入消化道，但并不一定引起发病。当存在诱发因素时，特别是秋冬或早春季节气候骤变、阴雨连绵之际，当寒冷饥饿或采食了冰冻带霜的草料时，机体抵抗力下降，腐败梭菌即大量繁殖，产生外毒素，使消化道黏膜发炎、坏死并引起中毒性休克，使患病羊迅速死亡。本病以散发性流行为主，发病率低而病死率高。

（2）临床症状　患羊往往来不及表现临床症状即突然死亡，常见在放牧时死于牧场或早晨发现死于圈舍内。病程稍缓者，表现为不愿行走，运动失调，腹痛、腹泻，磨牙抽搐，最后衰弱昏迷，口流带血泡沫，多于数分钟或几小时内死亡，病程极为短促。

（3）病理变化　病死羊尸体迅速腐败膨胀。剖检可见黏膜充血呈暗紫色。体腔多有积液。特征性表现为真胃出血型炎症，胃底部及幽门部黏膜可见大小不等的出血斑点及坏死区，黏膜下发生水肿。肠道内充满气体（彩图 5），常有充血、出血、坏死或溃疡。心内、外膜可见点状出血（彩图 6）。胆囊多肿胀。

（4）防制措施

① 常发病地区，每年定期接种"羊快疫、肠毒血症、猝死三联苗"或"羊快疫、肠毒血症、猝死、羔羊痢疾、黑疫五联苗"。羊不论大小，一律皮下或肌内注射 5 毫升，注苗后 2 周产生免疫力，保护期达半年。

② 加强饲养管理，防止严寒袭击。有霜期早晨放牧不要过早，避免采食霜冻饲草。

③ 发病时及时隔离病羊，并将羊群转移至高燥牧地或草场，

可收到减少或停止发病的效果。

④ 本病病程短促，往往来不及治疗。病程稍拖长者，可肌注青霉素，每次 80 万～100 万单位，1 日 2 次，连用 2～3 日；内服磺胺嘧啶，1 次 5～6 克，连服 3～4 次；也可内服 10%～20% 石灰乳 500～1000 毫升，连服 1～2 次。必要时可将 10% 安钠咖 10 毫升加于 500～1000 毫升 5%～10% 葡萄糖溶液中，静脉滴注。

2. 羊猝疽

本病以急性死亡，形成腹膜炎和溃疡性肠炎为特征。

（1）流行特点　本病发生于成年羊，以 1～2 岁绵羊发病较多，特别是当饲料丰富时易感染，常见于低洼、沼泽地区，多发生于冬、春季，常呈地方性流行。本病经消化道感染，主要侵害绵羊，也感染山羊。被 C 型荚膜梭菌污染的牧草、饲料和饮水都是传染源。病菌随着动物采食和饮水经口进入消化道，在肠道中生长繁殖并产生毒素，致使动物形成毒血症而死亡。不同年龄、品种、性别均可感染。但 6 个月至 2 岁的羊比其他年龄的羊发病率高。

（2）临床症状　感染发病的羊病程很短，一般为 3～6 小时，往往不见早期症状而死亡，有时可见突然无神，剧烈痉挛，侧身卧地，咬牙，眼球突出，惊厥而死。以腹膜炎、溃疡性肠炎和急性死亡为特征。

（3）病理变化　剖检可见十二指肠和空肠黏膜严重充血糜烂，个别区段可见大小不等的溃疡灶。体腔多有积液，暴露于空气中易形成纤维素絮块。浆膜上有小点出血。死后 8 小时，骨骼肌肌间积聚有血样液体，肌肉出血。

（4）防制　参照羊快疫的防制措施进行。

3. 羊肠毒血症

羊肠毒血症是魏氏梭菌（D 型产气荚膜梭菌）在羊肠道内大量繁殖并产生毒素所引起的羊急性传染病。该病以发病急，死亡快，死后肾脏多见软化为特征。又称软肾病、类快疫。

（1）流行病学　绵羊和山羊均可感染该病。D 型产气荚膜梭菌为土壤常在菌，也存在于污水中。羊只采食被病原菌芽孢污染的饲料或饮水后，芽孢便进入消化道，其中大部分被真胃里的酸杀死，一小部分进入肠道。本病发生有明显的季节性和条件性，多发于春末夏初青草萌发和秋季牧草结籽后的一段时期，羊吃了大量的菜叶菜根的时候发病，常见于3～12月龄膘情较好的羊。

（2）临床症状　本病的症状可见两种类型：一类以抽搐为特征，羊在倒毙前，四肢强烈划动，肌肉抽搐，眼球转动，磨牙，2～4小时内死亡。另一类以昏迷和静静死亡为特征，可见病羊步态不稳，以后卧地，并有感觉过敏，流涎，上下颌"咯咯"作响，继而昏迷，角膜反射消失，有的可见腹泻，3～4小时内静静地死去。这两种类型在临诊症状上的差异是吸收毒素多少不一的结果。

（3）病理变化　病变主要限于消化道、呼吸道和心血管系统。真胃内有未消化的饲料；肠道特别是小肠充血、出血（彩图7），严重者整个肠段肠壁是血红色或有溃疡。肺脏出血、水肿。肾脏软化如泥样（彩图8），一般认为是一种死后的变化。体腔积液，心脏扩张，心内、外膜有出血点。

（4）防制　参照羊快疫的防制措施进行。

4. 羊黑疫

羊黑疫又名传染性坏死性肝炎，是由B型诺维梭菌引起的绵羊和山羊的一种急性高度致死性毒血症。本病的特征是肝实质的坏死病灶。

（1）流行病学　本菌能使1岁以上的绵羊感染，以2～4岁的绵羊发生最多。发病羊多为营养佳良的肥胖羊只，山羊也可感染，牛偶可感染。实验动物中以豚鼠为最敏感，家兔、小鼠易感性较低。本病主要在春夏发生于肝片吸虫流行的低洼潮湿地区。

（2）临床症状　本病在临床上与羊快疫、肠毒血症等极其类似。病程十分急促，绝大多数情况是未见有病而突然发生死亡。少数病例病程稍长，可拖延1～2天，但没有超过3天的。病畜掉群，不食，呼吸困难，体温41.5℃左右，呈昏睡俯卧，并保持在这种状态下突然死去。

（3）病理变化　病羊尸体皮下静脉显著充血，其皮肤呈暗黑色外观（黑疫之名即由此而来）。胸部皮下组织经常水肿。浆膜腔有液体渗出，暴露于空气易于凝固，液体常呈黄色，但腹腔液略带血色。左心室心内膜下常出血。真胃幽门部和小肠充血和出血。肝脏充血肿胀，从表面可看到或摸到有一个到多个凝固性坏死灶，坏死灶的界限清晰，灰黄色，不整圆形，周围常为一鲜红色的充血带围绕，坏死灶直径可达2～3厘米，切面成半圆形。羊黑疫肝脏的这种坏死变化是很特征的，具有很大的诊断意义（彩图9）。

（4）防制　预防此病首先在于控制肝片吸虫的感染。特异性免疫可用黑疫、快疫二联苗或厌气菌七联干粉苗进行预防接种。

发生本病时，应将羊群移牧于高燥地区。对病羊可用血清抗体治疗。

5. 羔羊痢疾

羔羊痢疾是由B型产气荚膜梭菌所引起的初生羊羔的一种急性毒血症。该病以剧烈腹泻、小肠发生溃疡和羔羊发生大批死亡为特征。

（1）流行病学　本病主要危害7日龄以内的羔羊，其中又以2～3日龄的发病最多，7日龄以上的很少患病。促进羔羊痢疾发生的不良诱因主要有：母羊怀孕期营养不良，羔羊体质瘦弱；气候寒冷，特别是大风雪后，羔羊受冻；哺乳不当，羔羊饥饱不匀。因此，羔羊痢疾的发生和流行，就表现出一系列明显的规律性。草差而又没有搞好补饲的年份，羔羊痢疾常易发生；气候最冷和变化较大的月份，发病较严重；纯种细毛羊的适应性差，发病率和死亡率最高，杂种羊则介于纯种羊与土种羊之间，其中杂交代数越高者，发病率和病死率也越高。传染途径主要是通过消化道，也可通过脐带或创伤。

（2）临床症状　自然感染的潜伏期为1～2天。病初精神委顿，低头拱背，不想吃奶。不久就发生腹泻，粪便恶臭，有的稠如面糊，有的稀薄如水。到了后期，有的还含有血液，直到成为血便。病羔逐渐虚弱，卧地不起，若不及时治疗，常在1～2天内死亡，只有少数较轻的，可能自愈。有的病羔，腹胀而不下痢，或只排少量稀粪（也可能带血或呈血便），其主要表现是神经症状，四肢瘫软，卧地不起，呼吸急促，口吐白沫，最后昏迷，头向后仰，体温降至常温以下。病情严重，病程很短，若不加紧救治，常在数小时到十几个小时内死亡。

（3）病理变化　尸体脱水现象严重。最显著的病理变化是在消化道。真胃内往往存在未消化的凝乳块。小肠（特别是回肠）黏膜充血发红，常可见到多数直径为 1～2 毫米的溃疡，溃疡周围有一出血带环绕。有的肠内容物呈血色。肠系膜淋巴结肿胀、充血，间或出血。心包积液，心内膜有时有出血点。肠常有充血或淤血区域。

（4）防制　必须采取综合防制措施。首先须搞好怀孕母羊的饲养管理，特别要补饲营养较高的饲料，使羊在胎儿阶段发育良好，羔羊出生后要及时哺乳，注意饲料要合理搭配，营养全面，切实抓好圈舍清洁卫生，注意保暖防寒。于每年秋季给孕羊注射羔羊痢疾菌苗，在产前 2～3 周再给母羊接种 1 次。对于病羔和受威胁的病羔可用康复羊血清进行紧急治疗与预防，增强羔羊的免疫力，配合使用干扰素和头孢先锋效果更佳。

（二）羊布氏杆菌病

布氏杆菌病是由布氏杆菌引起的人、畜共患的慢性传染病，主要侵害生殖系统。羊感染后，以母羊发生流产和公羊发生睾丸炎为特征。本病分布很广，不仅感染各种家畜，而且易传染给人。

1. 流行特点

母羊较公羊易感性高，性成熟后对本病极为易感。消化道是主要感染途径，也可经配种感染。羊群一旦感染此病，主要表现是孕羊流产，开始仅为少数，以后逐渐增多，严重时可达半数以上，多数病羊流产 1 次。

2. 临床症状

多数病例为隐性感染。怀孕羊发生流产是本病的主要症状，但不是必有的症状。流产多发生在怀孕后的 3～4 个月。有时患病羊发生关节炎和滑液囊炎而致跛行，公羊发生睾丸炎（图 7-30），少部分病羊发生角膜炎和支气管炎。

图 7-30　布氏杆菌病公羊睾丸肿胀

3. 病理变化

病理变化剖检常见胎衣部分或全部呈黄色胶样浸润，其中有部分覆有纤维蛋白和脓液，胎衣增厚，并有出血点。流产胎儿主要为败血症病变，浆膜与黏膜有出血点与出血斑，皮下和肌肉间发生浆液性浸润，脾脏和淋巴结肿大，肝脏中出现坏死灶。公羊发生该病时，可发生化脓性坏死性睾丸炎和附睾炎，睾丸肿大，后期睾丸萎缩，失去配种能力，关节肿胀和不育。

4. 防制措施

（1）本病无治疗价值，一般不予治疗。但对价格昂贵的种羊，可在隔离条件下，用 0.1% 高锰酸钾溶液冲洗阴道和子宫，必要时用磺胺和抗生素治疗。

（2）预防措施

① 最好进行自繁自养，不从疫区引进羊。引进羊时必须严格检疫。定期进行血清学检查，对阳性羊捕杀淘汰。

② 疫区定期进行预防接种。

③ 发病后的防制措施。用试管凝集反应或平板凝集反应进行羊群检疫，发现呈阳性和可疑反应的羊均应及时隔离，以淘汰屠宰为宜，严禁与假定健康羊接触。

④ 必须对污染的用具和场所进行彻底消毒。流产胎儿、胎衣、

羊水和产道分泌物应深埋。

⑤ 兽医、病畜管理人员、接羔员、屠宰加工人员，要严守卫生防护制度，特别在产仔季节更要注意。最好在从事这些工作前1个月进行预防接种，且需年年进行。

（三）羊放线菌病

放线菌病是牛羊和其他家畜及人的一种非接触传染的慢性病。其特征为局部组织增生与化脓，形成放线菌肿。皮下及皮下淋巴结呈现有脓性的结节状组织肿胀。本病为散发性，很少呈流行性。

1. 流行病学诊断

放线菌病的病原不仅存在于污染的土壤、饲料和饮水中，还寄生于动物口腔、咽部黏膜、扁桃体和皮肤等部位，因此，黏膜或皮肤上只要有破损，便可以感染。该病一般为散发。

2. 临床症状

常见下颌骨肿大，肿胀发展缓慢，最初的症状是下唇和面部的其他部位增厚，经过几个月才在增厚的皮下组织中形成直径达5厘米左右、单个或多数的坚硬结节（图7-31），有时皮肤化脓破溃，形成漏管。病羊不能采食，变得消瘦、衰弱。舌和咽部感染时，组织肿胀变硬，流涎，咀嚼困难。乳房患病时，是弥漫性肿大或有病灶性硬结。

图7-31 羊放线菌口腔坚硬结节

3. 防制

羊放线菌病引起的硬结可用外科手术切除，若有漏管形成，要连同漏管彻底切除。切除后的新创腔，用碘酊纱布填塞，1～2天更换1次；伤口周围注射10％碘化钠或2％鲁戈氏液。内服碘化钾，每天1～3克，可连用2～4周；在用药过程中如出现碘中毒现象（脱毛、消瘦和食欲缺乏等），应暂停用药5～6天或减少剂量。抗生素治疗本病也有效，可同时用青霉素和链霉素注射于患部周围，青霉素每千克体重1万～1.5万单位，链霉素每千克体重10毫克，每日2次，连用5日为1个疗程。

因为粗硬的饲料会损伤口腔黏膜，促进放线杆菌的侵入，所以为了预防羊放线菌病，必须将秸秆、谷糠或其他粗饲料浸软以后再喂。注意饲料及饮水卫生，避免到低湿地区放牧。

（四）羔羊大肠杆菌病

羔羊大肠杆菌病是由致病性大肠杆菌所引起的一种幼羔急性、致死性传染病。临床上表现为腹泻和败血症。

依据临床症状、病理变化和流行情况，可作出初步诊断，确诊须进行实验室诊断。

1. 流行特点

多发生于数日至6周龄的羔羊，有些地方3～8月龄的羊也有发生，呈地方性流行，也有散发的。该病的发生与气候不良、营养不足、场地潮湿污秽等有关。放牧季节很少发生，冬春舍饲期间常发。经消化道感染。

2. 临床症状

潜伏期1～2天。分为败血型和下痢型两型。

（1）败血型　多发生于2～6周龄羔羊。病羊体温41～42℃，精神沉郁，迅速虚脱，有轻微的腹泻或下腹疼，有的带有神经症状，运动失调、磨牙、视力障碍，也有的病例出现关节炎，多在病后4～12小时死亡。

（2）下痢型　多发生于2～8日龄新生羔。病初体温略高，出现腹泻后体温下降，粪便呈半液状，带有气泡，有时混有血液。羔羊表现为腹痛，虚弱，严重脱水，不能起立。如不及时治疗，可于24～36小时死亡，病死率15％～17％。

3. 病理变化

败血型者剖检胸、腹腔和心包见大量积液，内有纤维素样物；关节肿大，内含混浊液体或脓性絮片；脑膜充血，有许多小出血点。下痢型者为急性胃肠炎变化，胃内乳凝块发酵，肠黏膜充血、水肿和出血，肠内混有血液和气泡，肠系膜淋巴结肿胀，切面多汁或充血。

4. 防制

对妊娠母羊加强饲养管理，保证新生羔羊健壮。注意对新生羔羊的护理。对病羔立即隔离，及早治疗。对环境用3％～5％来苏儿液消毒。

治疗可用土霉素按每日每千克体重20～50毫克，分2～3次口服；20％磺胺嘧啶钠，5～10毫升，肌内注射，每日2次，对新生羔羊可同时加胃蛋白酶200～300毫克内服；微生态制剂如促菌生等，使用此类制剂时，不可同时用抗菌药物。对脱水严重的病羊，静脉注射5％葡萄糖盐水20～100毫升。

（五）羊传染性胸膜肺炎

羊传染性胸膜肺炎又称羊支原体肺炎，是由支原体引起的羊的一种高度接触性传染病。本病以发热，咳嗽，浆液性和纤维蛋白性肺炎以及胸膜炎为特征。

1. 流行特点

病羊是主要的传染源，其病肺组织和胸腔渗出液中含有大量病原体，主要经呼吸道分泌物排菌。耐过病羊肺组织内的病原体在相当时期内具有生活力，这种羊也有散播病原的危险性。

本病常呈地方流行性，接触传染性很强，主要通过空气-飞沫经呼吸道传染。寒冷潮湿，羊群密集，拥挤等因素，有利于空气-飞沫传播。冬季和早春枯草季节多发。发病后病死率也较高。新疫区的暴发，几乎都是由于引进或迁入病羊或带菌羊而引起的。

2. 临床症状

潜伏期短者 5～6 天，长者 3～4 周，平均 18～20 天。根据病程和临床症状，可分为最急性、急性和慢性三型。

(1) 最急性　病初体温增高，可达 41～42℃，极度委顿，食欲废绝，呼吸急促而有痛苦的鸣叫。数小时后出现肺炎症状，呼吸困难，咳嗽，并流浆液带血鼻液，12～36 小时渗出液充满病肺并进入胸腔，病羊卧地不起，四肢直伸，呼吸极度困难，每次呼吸则全身颤动；黏膜高度充血，发绀；目光呆滞，呻吟哀鸣，不久窒息而亡。病程一般不超过 4～5 天，有的仅 12～24 小时。

(2) 急性　最常见。病初体温升高，继之出现短而湿的咳嗽，伴有浆性鼻漏。4～5 天后，咳嗽变干而痛苦，鼻液转为黏液-脓性并呈铁锈色，高热稽留不退，食欲锐减，呼吸困难和痛苦呻吟，眼睑肿胀，流泪，眼有黏液-脓性分泌物。口半开张，流泡沫状唾液。头颈伸直，腰背拱起，腹肋紧缩。最后病羊倒卧，极度衰弱委顿，有的发生臌胀和腹泻，甚至口腔中发生溃疡，唇、乳房等部皮肤发疹，濒死前体温降至常温以下。病期多为 7～15 天，有的可达 1 个月。幸而不死的转为慢性。孕羊大批（70%～80%）发生流产。

(3) 慢性　多见于夏季。全身症状轻微，体温降至 40℃ 左右。病羊间有咳嗽和腹泻，鼻涕时有时无，身体衰弱，被毛粗乱无光。在此期间，如饲养管理不良，与急性病例接触或机体抵抗力由于种种原因而降低时，很容易复发或出现并发症而迅速死亡。

3. 病理变化

病变多局限于胸部和胸腔常有淡黄色积液，暴露于空气后其中的纤维蛋白易于凝固。病理损害多发生于一侧，常呈纤维蛋白性肺炎，或为两侧性肺炎；肺实质肝变，切面呈大理石样变化；肺小叶间质变宽，界线明显；血管内常有血栓形成。胸膜增厚而粗糙，常与胸膜、心包膜发生粘连。支气管淋巴结、纵隔淋巴结肿大，切面多汁并有出血点。心包积液，心肌松弛、变软。肝脏、脾脏肿大，胆囊肿胀。肾脏肿大，被膜下可见有小点出血。病程久者，肺肝样病变，结构组织增生，甚至有包囊化的坏死灶

（彩图 10、彩图 11）。

4. 防制

① 坚持自繁自养，勿从疫区引进羊只；加强饲养管理，增强羊的体质；对从外地引进的羊，严格隔离，检疫无病后方可混群饲养。

② 本病流行区坚持免疫接种。山羊传染性胸膜肺炎氢氧化铝灭活疫苗，半岁以下羊只皮下或肌肉接种 3 毫升，半岁以上羊接种 5 毫升；如当地羊群疾病系由于羊肺炎支原体所引起，可使用新近研制成的绵羊肺炎支原体灭活疫苗。

③ 羊群发病，及时进行封锁、隔离和治疗。对污染的场地、圈舍、饲管用具以及粪便、病死羊的尸体等进行彻底消毒或无害处理。

④ 治疗可选用土霉素，每日每千克体重 20～50 毫克，分 2～3 次服完。也可使用磺胺类药物如复方新诺明等进行治疗。

三、常见普通病的防制技术

（一）口炎

羊口炎是羊的口腔黏膜表层和深层组织的炎症。原发性口炎多由外伤引起；继发性口炎则多发生于羊患口疮、口蹄疫、羊痘、霉菌性口炎、过敏反应和羔羊营养不良时。

病羊表现为食欲减少，口内流涎，咀嚼缓慢，欲吃而不敢吃，当继发细菌时有口臭。卡他性口炎，病羊表现口黏膜发红、充血、肿胀、疼痛，特别在唇内、齿龈、颊部明显；水疱性口炎，病羊的上下唇内有很多大小不等的充满透明或黄色液体的水疱；溃疡性口炎，在黏膜上出现有溃疡性病灶，口内恶臭，体温升高。上述各类型口炎可以单独出现，也可相继或交错发生。在临床上以卡他性（黏膜的表层）口炎较为多见。继发性口炎常伴有相关疾病的其他症状。

预防羊口炎，要加强管理，防止外伤性原发口炎，传染病并发口炎，应隔离消毒。饲槽、饲草可用 2％的碱水刷洗消毒。

羊得了口炎，应喂给柔软富含营养易消化的草料，并补喂牛奶、羊奶；轻度口炎的病羊可选用 0.1％高锰酸钾、0.1％雷佛奴尔水溶液、3％硼酸水、10％浓盐水、2％明矾水等反复冲洗口腔，洗毕后涂碘甘油，每天 1～2 次，直至痊愈为止；口腔黏膜溃疡时，可用 5％碘酊、碘甘油、龙胆紫溶液、磺胺软膏、四环素软膏等涂拭患部；病羊体温升高，继发细菌感染时，可用青霉素 40 万～80万单位，链霉素 100 万单位，肌内注射，每天 2 次，连用 2～3 天；或服用或注射碘胺类药物。

（二）羊谷物酸中毒

谷物酸中毒是因羊采食或偷食谷物饲料过多，从而引起瘤胃内产生乳酸的异常发酵，使瘤胃内微生物增多和纤毛虫生理活性降低的一种消化不良疾病。

多因管理不当，羊偷吃或过食了大量富含碳水化合物的谷物如大麦、小麦、玉米、高粱、水稻，或谷皮和豆粕等精料饲料而引起的。

通常在过食谷物饲料后 4～6 小时内发病，呈急性消化不良，表现精神沉郁，腹胀，喜卧，亦见有腹泻，很快死亡。

一般症状为食欲、反刍减少，很快废绝，瘤胃蠕动变弱，很快停止。触诊瘤胃胀软，内容物为液体。体温正常或升高，心律和呼吸增数，眼球下陷，血液黏稠，皮肤丧失弹性，尿量减少，常伴有瘤胃炎和蹄叶炎。

防制羊谷物酸中毒，首先要加强饲养管理，严防羊偷食谷物饲料及突然增加浓厚精饲料的喂量，应控制喂量，做到逐步增加，使之适应。

其次要中和胃液酸度，用 5％碳酸氢钠 1500 毫升胃管洗胃，或用石灰水洗胃。石灰水制作：生石灰 1 千克，加水 5 升，搅拌均匀，沉淀后用上清液。

对病羊进行强心补液，可用 5％葡萄糖盐水 500～1000 毫升，10％樟脑磺酸钠 5 毫升，混合静脉注射。

健胃轻泻用大黄苏打片 15 片、陈皮酊 10 毫升、豆蔻酊 5 毫升、石蜡油 100 毫升，混合加水，1 次内服。

（三）羊食管阻塞

食管阻塞又称食管梗阻。食物或异物突然阻塞在食管内，发生吞咽障碍。本病按发病的程度和部位分完全阻塞和不完全阻塞以及咽部、颈部、胸部阻塞。

主要是由于羊抢食、贪食一大口食物或异物，又未经咀嚼便囫囵吞下所致，或在垃圾堆放处放牧，羊采食了菜根、萝卜、塑料袋、地膜等阻塞性食物或异物而引起。继发性阻塞见于异嗜癖（营养缺乏症）、食管狭窄、扩张、憩室、麻痹、痉挛及炎症等病程中。

本病发病急速，采食顿然停止，仰头缩颈，极度不安，口和鼻流出白沫，用胃导管探诊，胃管不能通过阻塞部。因反刍、嗳气受阻，常继发瘤胃臌气。诊断依据胃管探诊和 X 射线检查可以确诊。若阻塞物部位在颈部，可用手外部触诊摸到。

应采取紧急措施，排除阻塞物。治疗过程中应滑润食管的管腔，解除痉挛，消除阻塞物。治疗中若继发臌气，可施行瘤胃放气术，以防窒息。可采用吸取法，若阻塞物属草料团，可将羊保定好，送入胃管，用橡皮球吸水，注入胃管中，再吸出，反复冲洗阻塞食团，直至食管通畅；也可用送入法，若阻塞物体积不大、阻塞在贲门部，应先用胃管投入 10 毫升石蜡油及 2% 普鲁卡因 10 毫升，滑润解痉，再用胃管送入瘤胃中；还可采用砸碎法，若阻塞部位在颈部，阻塞物易碎，可将羊放倒于地，贴地面部垫上布鞋底，用拳头或木锤打击，击碎阻塞物。

（四）羊前胃弛缓

羊前胃弛缓是前胃兴奋性和收缩力降低的疾病。主要病因是羊体质衰弱，再加上长期饲喂粗硬难以消化的饲草；突然更换饲养方法，供给精料过多，运动不足等；饲料品质不良，霉败，冰冻，虫蛀，染毒；长期饲喂单调、缺乏纤维素的饲料。此外，瘤胃膨气、瘤胃积食、肠炎以及其他内、外、产科疾病等，亦可继发此病。

该病常见有急性和慢性两种。

急性病羊食欲废绝，反刍停止，瘤胃蠕动力量减弱或停止；瘤胃内容物腐败发酵，产生多量气体，左腹增大，触诊不坚实。

慢性病羊精神沉郁、倦怠无力，喜欢卧地，被毛粗乱，体温、呼吸、脉搏无变化，食欲减退，反刍缓慢，瘤胃蠕动力量减弱，次数减少。若因采食有毒植物或刺激性饲料而引起发病的，则瘤胃和皱胃敏感性增高，触诊有疼痛反应，有的羊体温升高。如伴有胃肠炎时，肠蠕动显著增加，下痢，或便秘与下痢交替发生。

若为继发性前胃弛缓，常伴有原发性疾病的特征症状。因此，诊疗中要加以鉴别。

防制本病，首先应消除病因，加强饲养管理，因过食引起者，可采用饥饿疗法，禁食2～3次，然后供给易消化的饲料，使之恢复正常。

药物疗法，应先投给泻剂，清理胃肠，再投给兴奋瘤胃蠕动和防腐止酵剂。成年羊可用硫酸镁或人工盐20～30克、石蜡油100～200毫升、番木鳖酊2毫升、大黄酊10毫升，加水500毫升，1次内服。10%氯化钠20毫升、10%氯化钙10毫升、10%安钠咖2毫升，混合后，1次静脉注射。

也可用酵母粉10克、红糖10克、酒精10毫升、陈皮酊5毫升，混合加水适量，1次内服。瘤胃兴奋剂可用2%毛果芸香碱1毫升，皮下注射。防止酸中毒，可内服碳酸氢钠10～15克。另外，可用大蒜酊20毫升、龙胆末10克，加水适量，1次内服。

（五）羊瘤胃积食

瘤胃积食是瘤胃充满多量食物，使正常胃的容积增大，胃壁急性扩张，食糜滞留在瘤胃引起严重消化不良的疾病。

该病主要是吃了过多的喜爱采食的饲料，如苜蓿、青饲、豆科牧草；或养分不足的粗饲料，如干玉米秸秆等；采食干料，饮水不足，也可引起该病的发生。

该病还可继发于前胃弛缓、瓣胃阻塞、创伤性网胃炎、腹膜炎、皱胃炎及皱胃阻塞等疾病过程。

发病较快，采食、反刍停止，病初不断嗳气，随后嗳气停止，腹痛摇尾，或后蹄踏地，拱背，哞叫。后期病羊精神委靡。左侧腹部轻度膨大，腰窝略平或稍凸出，触诊硬实。瘤胃蠕动初期增强，以后减弱或停止，呼吸促迫，脉搏增速，黏膜发绀。严重者可见脱水，发生自体酸中毒和胃肠炎。

处置羊的瘤胃积食，要严格饲养管理制度，加强对羊群检查，建立合理的饲喂和放牧操作程序。治疗应遵循消导下泻，止酵防腐，纠正酸中毒，健胃，补充液体的治疗原则。

消导下泻，可用石蜡油 100 毫升、人工盐或硫酸镁 50 克，芳香氨醑 10 毫升，加水 500 毫升，1 次内服。

止酵防腐，可用鱼石脂 1～3 克、陈皮酊 20 毫升，加水 250 毫升，1 次内服。亦可用煤油 3 毫升，加温水 250 毫升，摇匀呈油悬浮液，1 次内服。

纠正酸中毒，可用 5％碳酸氢钠 100 毫升，5％葡萄糖溶液 200毫升，1 次静脉注射。

心脏衰弱时，可用 10％安钠咖注射液 5 毫升，或 10％樟脑磺酸钠注射液 4 毫升，肌内注射。呼吸系统和血液循环系统衰竭时，可用尼可刹米注射液 2 毫升，肌内注射。

种羊发生急性瘤胃积食，若应用药物治疗不能达到目的时，宜迅速进行瘤胃切开手术，进行急救。

（六）羊瓣胃阻塞

瓣胃阻塞是由于羊瓣胃的收缩力量减弱，食物排出作用不充分，通过瓣胃的食糜积聚，不能后移，充满瓣叶之间，水分被吸收，内容物变干而致病。

该病主要由于饮水不足和饲喂秕糠、粗纤维饲料而引起；或饲料和饮水中混有过多的泥沙，使泥沙混入食糜，沉积于瓣胃瓣叶之间而发病。

本病可继发于前胃弛缓、瘤胃积食、皱胃阻塞、瓣胃和皱胃与腹膜粘连等疾病。

病羊初期症状与前胃弛缓相似，瘤胃蠕动力量减弱，瓣胃蠕动消失，并可继发瘤胃臌气和瘤胃积食。触压病羊右侧第七至第九肋间，肩胛关节水平线上下时，羊表现疼痛不安。粪便干少，色泽暗黑，后期停止排粪。随着病程延长，瓣胃小叶发炎或坏死，常可继发败血症，此时可见体温升高、呼吸和脉搏加快，全身表现衰弱，病羊卧地不能站立，最后死亡。

处置羊的瓣胃阻塞，应以软化瓣胃内容物为主，辅以兴奋前胃运动机能，促进胃肠内容物排出。

瓣胃注射疗法，对顽固性瓣胃阻塞疗效显著。具体方法是：准备 25％硫酸镁溶液 30～40 毫升，石蜡油 100 毫升，在右侧第九肋间隙和肩胛关节线交界下方，选用 12 号 7 厘米长针头，向对侧肩关节方向刺入 4 厘米深，刺入后可先注入 20 毫升生理盐水，试其有较大压力时，表明针已刺入瓣胃，再将上述准备好的药液用注射器交替注入瓣胃，于第二日再重复注射 1 次。

瓣胃注射后，可用 10％氯化钙 10 毫升、10％氯化钠 50～100 毫升、5％葡萄糖生理盐水 150～300 毫升，混合 1 次静脉注射。待瓣胃松软后，皮下注射 0.1％氨甲酰胆碱 0.2～0.3 毫升，兴奋胃肠运动机能，促进积聚物下排。

（七）羊皱胃阻塞

皱胃阻塞是皱胃内积满过多的食糜，使胃壁扩张，体积增大，胃黏膜及胃壁发炎，食物不能排入肠道所致。

1. 病因

主要由于饲养管理、饲料改变不当，有时饲料中混入过多的羊毛等杂物，时间一长就会形成毛团，堵塞皱胃（图 7-32）；有的是由于消化机能和代谢机能紊乱，食糜积蓄过多（图 7-33），发生异嗜的结果；也见于迷走神经调节机能紊乱，继发前胃弛缓、皱胃炎、小肠秘结、创伤性网胃炎等疾病。

2. 诊断要点

该病发展较缓慢，初期似前胃弛缓症状，病羊食欲减退，排粪量少，以至于停止排粪，粪便干燥，其上附有多量黏液或血丝。右腹皱胃区扩大，瘤胃充满液体，叩击皱胃区可感觉到坚硬的皱胃胃体。

图 7-32　堵塞皱胃的毛团

图 7-33　堵塞皱胃的食糜

3. 防制措施

应先给病羊输液（见瓣胃阻塞治疗），可试用 25％硫酸镁溶液 50 毫升、甘油 30 毫升、生理盐水 100 毫升，混合作皱胃注射。操作方法应按如下步骤进行：首先在右腹下肋骨弓处触摸皱胃胃体，在胃体突起的腹壁部剪毛，碘酊消毒，用 12 号针头刺入腹壁入皱胃胃壁，再用注射器吸取胃内容物，当见有胃内容物残渣时，可以将要注射的药液注入。待 10 小时后，再用胃肠通注射液 1 毫升（体格小的羊用 0.5 毫升），1 次皮下注射，每日两次；或用比赛可灵注射液 2 毫升，皮下注射，亦可重复使用。

中药治疗可用大黄 9 克、油炒当归 12 克、芒硝 10 克、生地 3 克、桃仁 2.5 克、三棱 2.5 克、莪术 2.5 克、郁李仁 3 克，煎成水剂内服。

对于发病的种羊，用药物治疗无效时，可考虑进行皱胃切开术，以排除阻塞物。

羔羊哺乳期，常因过食羊奶使凝乳块聚结，充盈皱胃腔内，或因毛球移至幽门部不能下行，形成阻塞物，继发皱胃阻塞。病羔临床表现食欲废绝，腹胀疼痛，口流清涎，眼结膜发绀，严重脱水，腹泻触诊瘤胃、皱胃松软。治疗可用石蜡油 20 克，加温水 2 毫升，1 次内服。此外，病羔可诱发胃肠炎和机体抵抗力降低，应进行全身保护性治疗。

平时要加强饲养管理，除去致病因素，尤其对饲料的品质、加工调配等要特别注意。做到定时定量喂料，供给足量的清洁饮水。冬季注意圈舍保暖和环境卫生。

（八）羊急性瘤胃臌气

急性瘤胃臌气，是羊采食了大量易发酵的饲料，或秋季放牧羊群在草场采食了多量的豆科牧草后，迅速产生大量气体而引起的前胃疾病。冬春两季给怀孕母羊补饲精料，群羊抢食，其中抢食过量的羊也易发病，并可继发瘤胃积食。

初期病羊表现不安，回顾腹部，拱背伸腰，腰窝突起，有时左旁腰向外突出，高于髋节或脊背水平线；反刍和嗳气停止，触诊腹部紧张性增加，叩诊是鼓音，听诊瘤胃蠕动力量减弱，次数减少，死后剖解可见瘤胃臌胀（图 7-34、图 7-35）。

图 7-34　臌气的瘤胃

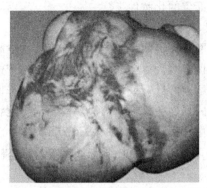

图 7-35 羊瘤胃臌气臌胀

本病的治疗原则是胃管放气，防腐止酵，清理胃肠。可插入胃导管放气，缓解腹部压力。或用 5％的碳酸氢钠溶液 1500 毫升洗胃，以排出气体及中和酸液胃内容物，必要时可进行瘤胃穿刺放气。具体操作如下：先在左腹部剪毛、消毒，然后以术者的拇指压迫左腹部的中心点，使腹壁紧贴瘤胃壁，用兽用套管针或 16 号针头垂直刺入腹壁并穿透瘤胃胃壁缓慢放气，在放气中紧紧按压住腹壁，勿使腹壁与瘤胃胃壁脱离，边放气边下压，防止胃液漏入腹腔，引起腹膜炎。也可用石蜡油 100 毫升、鱼石脂 2 克、酒精10～15 毫升，加水适量，1 次内服；或用氧化镁 30 克，加水 300 毫升；或用 8％氢氧化镁混悬液 100 毫升，1 次内服。

加强饲养管理，严禁在苜蓿地放牧；注意饲草饲料的贮藏，防止霉败变质；防止羊偷食精饲料，一般能预防。

（九）羊创伤性网胃腹膜炎及心包炎

创伤性网胃腹膜炎及心包炎是由于异物刺伤网胃壁而发生的一种疾病。

该病主要是尖锐金属异物（如钢丝、铁丝、缝针、发卡、锐铁片等）混入饲料被羊吃进网胃，因网胃收缩，异物刺破或损伤胃壁所致。如果异物经横隔膜刺入心包，则发生创伤性网胃心包炎。异物穿透网胃胃壁或瘤胃胃壁时，可损伤脾、肝、肺等脏器，此时可引起腹膜炎及各部位的化脓性炎症。

1. 临床症状

（1）创伤性网胃炎症状　病羊精神沉郁，食欲减少，反刍缓慢或停止，行动谨慎，表现疼痛，拱背，不愿急转弯或走下坡路。触诊用手叩击网胃区及心区，或用拳头顶压剑突软骨区时，病畜表现疼痛、呻吟、躲闪。肘头外展，肘肌颤动。前胃弛缓，慢性瘤胃臌气。血液检查，白细胞总数每立方毫米高达 14000～20000，白细胞分类初期核左移。嗜中性白细胞高达 70%，淋巴细胞则降至30% 左右。

（2）创伤性网胃心包炎症状　心动过速，每分钟 80～120 次，颈静脉怒张，粗如手指。颌下及胸前水肿。听诊心音区扩大，出现心包摩擦音及拍水音。病的后期，常发生腹膜粘连、心包积脓和脓毒败血症。

根据临床症状和病史，结合进行金属探测仪及 X 射线透视拍片检查，即可确诊。

2. 防制

治疗羊创伤性网胃腹膜炎及心包炎可行瘤胃切开术，清理排除异物。如病程发展到心包积脓阶段，病羊应予淘汰。

对症治疗，消除炎症，可用青霉素 40 万～80 万单位、链霉素50 万单位，1 次肌内注射。亦可用磺胺嘧啶钠 5～8 克、碳酸氢钠5 克，加水内服，每日 1 次，连用 1 周以上。亦可用健胃剂、镇痛剂。

平时要注意检查饲料中是否有异物，特别是金属异物。在饲料加工设备中安装磁铁，以排除铁器，并严禁在牧场或羊舍内堆放铁器。饲喂人员勿带尖细的铁器用具进入羊舍，以防止混落在饲料中，被羊食入。

（十）羊胃肠炎

胃肠炎是胃肠黏膜及其深层组织的出血性或坏死性炎症。该病多因前胃疾病引起。饲养管理上的不当占重要地位。

初期病羊多呈现急性消化不良的症状，其后逐渐或迅速转为胃肠炎。病羊表现食欲减少或废绝，口腔干燥发臭，舌有黄厚苔或薄白苔，伴有腹痛。肠音初期增强，其后减弱或消失，排稀粪或水样便，排泄物腥臭或恶臭，粪中混有血液、黏脓、坏死脱落的组织片。脱水严重，少尿，眼球下陷，皮肤弹性降低，消瘦，腹围紧缩。当虚脱时，病羊卧地，脉搏微细，心力衰竭。体温在整个病程中升高。病至后期，因循环和微循环障碍，病羊四肢冷凉，昏睡，抽搐而死。

慢性胃肠炎病程较长，病势缓慢，主要症状同于急性胃肠炎，也可引起恶病质。

消炎，可用磺胺脒 4～8 克、小苏打 3～5 克，加水适量，1 次内服。亦可用药用炭 7 克、萨罗尔 2～4 克、碳酸氢钠 3 克，加水适量，1 次内服；或用黄连素片 15 片、红根草粉 15 克，加水适量，1 次内服；或用青霉素 40 万～80 万单位，链霉素 50 万～100 万单位，蒸馏水 10 毫升溶解，1 次肌内注射，连用 5 日；或用土霉素或四环素 0.5 克，溶解于生理盐水 100 毫升中，1 次静脉注射。

脱水严重的病羊宜补液，可用 5％葡萄糖溶液 300 毫升、生理盐水 200 毫升、5％碳酸氢钠溶液 100 毫升，混合后 1 次静脉注射，必要时可以重复应用。下泻严重者可用 1％硫酸阿托品注射液 2 毫升，皮下注射。

心力衰竭时，可用 10％樟脑磺酸钠 3 毫升，1 次肌内注射；或用尼可刹米注射液 2 毫升，皮下注射。

（十一）羊氢氰酸中毒

氢氰酸中毒是羊吃了富有氰苷的青饲料，在胃内由于酶的水解和胃液中盐酸的作用，产生游离的氢氰酸而致病。其临床特征为，发病急促，呼吸困难，伴有肌肉震颤等综合症状的组织中毒性缺氧症。

该病常因羊采食过量的胡麻苗、高粱苗、玉米苗等而突然发作。饲喂机榨胡麻饼，因含氰苷量多，也易发生中毒。当用于治疗的中药中杏仁、桃仁用量过大时，亦可致病。

该病发病迅速，多于采食含有氰苷的饲料后15～20分钟出现症状。首先表现腹痛不安，瘤胃臌气，呼吸加快，可视黏膜鲜红，口流白色泡沫状唾液；先呈现兴奋状态，很快转入沉郁状态，随之出现极度衰弱，步态不稳或倒地；严重者体温下降，后肢麻痹，肌肉痉挛，瞳孔散大；全身反射减少乃至消失，心搏动徐缓，脉细弱，呼吸浅微，直至昏迷而死亡。

禁止在含有氰苷作物的地方放牧，是预防羊氢氰酸中毒的关键。应用含有氰苷的饲料喂羊时，宜先加工调制。发病后速用亚硝酸钠0.2克，配成5%溶液，静脉注射，然后再用10%硫代硫酸钠溶液10～20毫升，静脉注射。

（十二）羊有机磷农药中毒

有机磷中毒是接触、吸入或采食某种有机磷制剂所致。本病的病理过程是以体内的胆碱酯酶活性受到限制，从而导致神经生理机能紊乱为特征。采食了喷洒有机磷农药的青草、庄稼或用有机磷农药拌过的种子，采食了被有机磷农药粉末或药液污染的草料或饮水，或使用接触过农药未经彻底洗净的用具来盛饲料，而引起中毒。由于用某种有机磷农药来驱除羊体内、外寄生虫时，对剂量或浓度掌握不准，或在药浴过程中误咽药液等而引起中毒。

病羊多在采食污染有机磷农药的饲料或饮水后半小时至数小时内发病。轻度中毒，羊精神沉郁，略显不安，食欲减退，流涎，呼吸稍快，肠音亢进，排稀粪便。中度中毒，羊食欲停止，瞳孔缩小，黏膜苍白，口内大量流涎，瘤胃蠕动及肠音亢进，呕吐，腹泻，肌纤维性震颤，心跳增强，呼吸困难，体温升高，出汗。山羊出现咩叫。重度中毒，病羊全身战栗，表现短时间兴奋后，昏倒在地，瞳孔缩小呈线状，病羊表现痛苦，眼球震颤，全身出汗，大小便失禁，瘤胃弛缓，臌气，心跳疾速，呼吸困难，四肢厥冷，当呼吸肌麻痹时，导致窒息死亡。

严格执行农药管理制度，切勿在喷洒有机磷农药牧地放牧，更不能用拌过有机磷农药的种子喂羊。有机磷中毒发展很快，必须很快救治，应以减少毒物的继续吸收、早期应用特效解毒剂为主，其他辅以对症治疗。静脉注射解磷定，按每千克体重 15～30 毫克，溶于 5％葡萄糖溶液 100 毫升中；或肌内注射硫酸阿托品 10～30 毫克。若症状不减轻，即可重复应用解磷定及硫酸阿托品。肌内注射氯磷定，按成年羊每次 25％溶液 6 毫升；或 25％溶液 4 毫升，用注射水稀释成 5％～10％的溶液静脉注射。

解磷定与氯磷定作用快，静注后数分钟即可出现效果，但在体内很快被肝脏分解而从肾排出。其作用仅持续 1.5 小时左右，故需反复用药。病重者，每隔 2～4 小时注射一次，最好在第一、二次用较大剂量，以后用小剂量维持，不宜过早停药。

解磷定对 1605、1059 等的急性中毒有良好解毒作用，而对敌百虫、敌敌畏、乐果等中毒，以及慢性有机磷中毒的治疗效果差。

上述用药，一般轻度中毒，单独使用阿托品或解磷定（氯磷定）即可，而对中度及重度中毒的病羊，必须二者合用。解磷定类药物尽量早期应用，才能取得良好效果。

（十三）硝酸盐或亚硝酸中毒

本病是由于食入含有硝酸盐或亚硝酸盐的植物或饮入含硝酸盐或亚硝酸盐的水而引起的中毒性高铁血红蛋白症，主要表现皮肤黏膜呈蓝紫色及缺氧症状。

白菜、萝卜叶、甜菜、马铃薯叶、小麦、大麦、黑麦等幼嫩时硝酸盐含量高，如堆放过久、雨淋、发酵腐熟，或煮熟后低温缓焖延缓冷却时间，可使其中的硝酸盐转化为亚硝酸盐；大量使用硝酸铵、硝酸钠施肥，使饲料中硝酸盐含量增多；在羊舍、粪堆、垃圾附近的水源，常有危险量的硝酸盐存在，如水中的硝酸盐含量超过 200～500 毫克/升，即可引起中毒。

急性中毒，羊沉郁，流涎，呕吐，腹痛，腹泻，脱水。可视黏膜发绀。呼吸困难，心跳加快，肌肉震颤，步态蹒跚，卧地不起，四肢划动，全身痉挛。慢性中毒，羊前胃弛缓，腹泻，跛行，甲状腺肿大。

种植饲料的土地应限制使用粪尿和氮肥，接近收割的牧草不使用硝酸盐和 2，4-D 等化肥、农药，以减少其中硝酸盐的含量。用

甲苯胺蓝配成 5％溶液，按 0.5％溶液每千克体重静注或肌注 0.5
毫升，疗效比美蓝高。用 0.1％高锰酸钾水洗胃。重症羊用含糖盐
水 500～1000 毫升、樟脑磺酸钠 5～10 毫升、维生素 C6～8 毫升
静注。

（十四）母羊难产

分娩过程中，有些母羊因骨盆狭窄，阴道过小，胎儿过大或母
羊身体虚弱，子宫收缩无力或胎位不正（图 7-36）等原因，造成
胎儿排出困难，不能将胎儿顺利地送出产道，叫难产。

母羊难产时要及时进行人工助产或剖腹产。

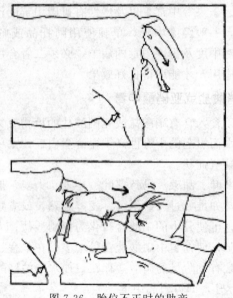

图 7-36　胎位不正时的助产

1. 人工助产

具体方法是在母羊体躯后侧，用膝盖轻轻压其肋部，等羔羊的
嘴端露出后，用一手向前推动母羊会阴部，羔羊头部露出后，再用
一手托住头部，一手握住前肢，随着母羊的努责向下方拉出胎儿。

羊膜破水 30 分钟，如母羊努责无力，羔羊仍未产出时，应立

即助产。助产人员应将手指甲剪短，磨光，消毒手臂，涂上润滑油，根据难产情况采取相应的处理方法。如胎位不正，先将胎儿露出部分送回阴道，将母羊后躯抬高，手入产道矫正胎位，然后才能随母羊有节奏的努责，将胎儿拉出；如胎儿过大，可将羔羊两前肢数次拉出和送入，然后一手拉前肢，一手扶头，随母羊努责缓慢向下方拉出。切忌用力过猛或不根据努责节奏硬拉，以免拉伤阴道（图 7-37）。

(a) 送回露出的胎儿

(b) 用手撑大产道

(c) 顺母羊努责拉出羔羊

图 7-37　母羊助产

2. 剖腹产

当临产母羊子宫颈扩张不全或子宫颈闭锁，胎儿不能产出，或骨骼变形，致使骨盆腔狭窄，胎儿不能正常通过产道而造成难产时，可进行剖腹产。

3. 处置母羊难产时应注意的问题

① 在助产前，要先进行母羊和胎儿的仔细检查，确定难产的原因及发生的部位，再着手进行异常姿势的矫正，待完全符合顺产的姿势时，再进行拉出。

② 在进行产道检查和矫正异常胎势之前，必须向产道内灌注润滑油剂，以润滑产道。

③ 使用产科器械，特别是尖锐器械（如刀、钩、剪等）时，必须注意不要损伤产道，以免引起感染。

④ 在强行拉出胎儿时，必须在母畜努责时随努责牵拉，切忌粗暴，以免损伤母子，或将子宫一起拉出而造成不良后果。

⑤ 在矫正时，必须使母畜处于前低后高的姿势，并将胎儿推回子宫内，腾出较大的空间，以利矫正的操作。

⑥ 在检查和矫正过程中，操作应尽量做到迅速准确，否则操作时间过久，手臂在产道内出入次数太多，常造成产道水肿或损伤，妨碍矫正工作的顺利进行。

（十五）羔羊假死

羔羊产出后，如不呼吸，但发育正常，心脏仍跳动，称为假死。原因是羔羊吸入羊水，或分娩时间较长、子宫内缺氧等。要实施急救措施，急救方法如下。

先把羔羊呼吸道内的黏液和胎水清除掉，擦净鼻孔（图7-38），向鼻孔吹气或进行人工呼吸。将羔羊放在前低后高地方仰卧，手握前肢，反复前后屈伸。或倒提起羔羊，用手轻拍胸部两侧（图7-39）。还可向羔羊鼻内喷烟，可刺激羔羊喘气。对冻僵的羔羊，应立即移入暖室进行温水浴，水温由38℃逐渐升至40℃，洗浴时将羔羊头露出水面，切忌呛水，水浴时间为20～30分钟，如冻僵时间短，可使其复苏。

（十六）阴道脱

阴道脱是阴道部分或全部外翻脱出于阴户之外，阴道黏膜暴露在外面，引起阴道黏膜充血、发炎，甚至形成溃疡或坏死的疾病。

饲养管理不佳、羊体弱年老，致使阴道周围的组织和韧带弛缓；怀孕羊到后期腹压增大；分娩或胎衣不下而努责过强；助产时强行拉出胎儿，常常是发生阴道脱的间接或直接原因。

图 7-38 清除羔羊口鼻中的黏液

图 7-39 倒提羔羊并拍打胸部两侧

阴道脱有完全脱出和部分脱出两种情况。当完全脱出时，脱出的阴道如拳头大，子宫颈仍闭锁；部分脱出时，仅见阴道入口部脱出，大小如桃。外翻的阴道黏膜发红，甚至青紫，局部水肿。因摩擦可损伤黏膜，形成溃疡，局部出血或结痂。

阴道脱病羊常在卧地后，被地面的污物、垫草、粪便黏附于脱出的阴道局部（图 7-40），导致细菌感染而化脓或坏死。严重者，全身症状明显，体温可高达 40℃ 以上。

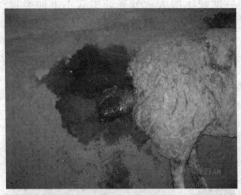

图 7-40　阴道脱出

体温升高者，用磺胺双甲基嘧啶 5～8 克，每日 1 次内服，连用 3 日；或用青霉素和链霉素肌内注射。用 0.1％高锰酸钾溶液或新洁尔灭溶液清洗局部，涂擦金霉素软膏或碘甘油溶液。整复脱出的阴道，用消毒纱布捧住脱出的阴道，由脱出基部向骨盆腔内缓慢地推入，至快送完时，用拳头顶进阴道；然后用阴门固定器压迫阴门，固定牢靠为止，对形成习惯性脱出者，可用粗线对阴门四周做减张缝合，待数日后，阴道脱症状减轻或不再脱出时，拆除缝线。

（十七）乳房炎

乳房炎是乳腺、乳池、乳头局部的炎症，多见于泌乳期的绵羊、山羊。多因挤乳人员技术不熟练，损伤了乳头、乳腺体；或因挤乳人员手臂不卫生，使乳房受到细菌感染；或羔羊吮乳咬伤乳头。亦见于结核病、口蹄疫、子宫炎、羊痘、脓毒败血症等过程中。

1. 诊断要点

轻者不显临床症状，病羊全身无反应，仅乳汁有变化。一般多为急性乳房炎，乳房局部肿胀、硬结（图 7-41），乳量减少，乳汁变性，其中混有血液、脓汁等，乳汁有絮状物，褐色或淡红色。炎症延续，病羊体温升高，可达 41℃。挤乳或羔羊吃乳时，母羊抗拒、躲闪。若炎症转为慢性，则病程延长。由于乳房硬结，常丧失泌乳机能。脓性乳房炎可形成脓腔，使脓体与乳腺相通，若穿透皮肤可形成瘘管。山羊可患坏疽性乳房炎，为地方流行性急性炎症，多发生于产羔后 4～6 周。剖检，可见乳腺肿大，较硬（图 7-42）。

图 7-41　乳房肿胀

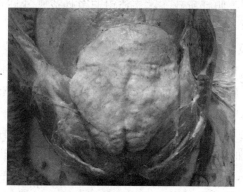

图 7-42　乳腺肿大，硬结

2. 防制措施

① 注意挤乳卫生，扫除圈舍污物，在绵羊产羔季节应经常注意检查母羊乳房。为使乳房保持清洁，可用 0.1％新洁尔灭溶液经常擦洗乳头及其周围。

② 病初可用青霉素 40 万单位、0.5％普鲁卡因 5 毫升，溶解后用乳房导管注入乳孔内，然后轻揉乳房腺体部，使药液分布于乳

房腺中。也可应用青霉素、普鲁卡因溶液在乳房基部封闭，或应用磺胺类药物抗菌消炎。为了促进炎性渗出物吸收和消散，除在炎症初期冷敷外，2～3天后可施热敷，用10％硫酸镁水溶液1000毫升，加热至45℃，每日外洗热敷1～2次，连用4次。

③ 对脓性乳房炎及开口于乳池深部的脓肿，直接向乳房脓腔内注入0.02％呋喃西林溶液，或用0.1％～0.25％雷佛奴尔液，或用3％过氧化氢溶液，或用0.1％高锰酸钾溶液冲洗消毒脓腔，引流排脓。必要时应用四环素族药物静脉注射，以消炎和增强机体抗病能力。

四、常见寄生虫病的防制技术

（一）羊肝片形吸虫病

片形吸虫病是羊的主要寄生虫病之一，是肝片吸虫和大片吸虫寄生于羊的肝脏胆管所致。本病能引起急性或慢性肝炎和胆管炎，并伴发全身性中毒现象和营养障碍。

1. 病原及生活史

肝片吸虫虫体外观呈扁平叶状，体长20～35毫米，宽5～13毫米。自胆管内取出的鲜活虫体为棕红色，固定后呈灰白色。大片吸虫成虫呈长叶状，长33～76毫米，宽5～12毫米。大片吸虫与肝片吸虫的区别在于，虫体前端无显著的头锥突起，肩部不明显。

肝片吸虫的成虫寄生于羊及其他宿主的胆管内。产出的虫卵随胆汁进入消化道，并与粪便一同排出体外。虫卵在适宜的温度（15～30℃）和充足的氧气、水分及光照条件下，经10～25天孵化出毛蚴，毛蚴在水中游动，通常只能生存1～2昼夜，其生活期间如遇中间宿主各种椎实螺，则侵入螺体内，经过胞蚴、母雷蚴、子雷蚴各阶段发育，最后形成大量的尾蚴自螺体逸出。尾蚴附着于水生植物上或在水面上形成囊蚴，羊等终末宿主在吃草或饮水时吞食囊蚴即遭受感染，并移行到胆管寄生。

大片吸虫的生活史与肝片吸虫相似（图7-43）。

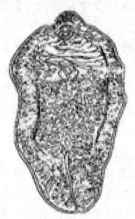

图 7-43　肝片吸虫成虫

2. 临床症状

该病的症状表现因感染强度（有约 50 条虫会出现明显症状）、病程长短、家畜的抵抗力、年龄及饲养条件不同而异，幼畜轻度感染即可表现症状。

急性型症状多发生于夏末秋初，是短时间内遭受严重感染所致。慢性型症状较多见于患羊耐过急性期或轻度感染后，在冬春转为慢性。急性型病羊，初期发热，衰弱，易疲劳，离群落后；叩诊肝区半浊音区扩大，发病明显；很快出现贫血、黏膜苍白，红细胞及血红素显著降低，严重者多在几天内死亡。慢性型病羊，主要表现消瘦，贫血，黏膜苍白，食欲不振，异嗜，被毛粗乱无光泽，极易脱落，步行缓慢；眼睑、颌下、胸前及腹下出现水肿，尤以颌下水肿明显，俗称"水布袋"。便秘与下痢交替，发生病情逐渐恶化，最终可因极度衰竭而死亡。

3. 剖检变化

剖检时，病理变化主要呈现在肝脏，其变化程度与感染虫体的数量及病程长短有关。

在大量感染、急性死亡的病例中，可见到急性肝炎和大出血后的贫血现象，肝肿大，包膜有纤维沉积，有 2～5 毫米长的暗红色虫道，虫道内有凝固的血液和少量幼虫。腹腔中有血红色的液体，有腹膜炎病变。

慢性病例主要呈现慢性增生性肝炎，在肝组织被破坏的部位出现淡白色索状瘢痕，肝实质萎缩，退色，变硬，边缘钝圆，小叶间结缔组织增生。胆管肥厚、扩张呈绳索样突出于肝表面；胆管内有磷酸钙和磷酸镁等盐类的沉积使内膜粗糙，刀切时有沙沙声；胆管内有虫体和污浊稠厚的液体。病畜出现消瘦、贫血和水肿现象；胸腹腔及心包内蓄积有透明的液体。

4. 确诊需要进行粪便虫卵检查

虫卵检查以水洗沉淀法较好。寄生虫虫卵的密度比水大，可自然沉于水底。因此可利用自然沉淀的方法，将虫卵集中于水底便于检查。

检查的步骤（图7-44）是：取样（10～50克）—置于容器内—先加少量的清水—搅拌成糊状—再加水（20～30倍）—搅拌均匀—过滤（40～60目）—将制备好的粪液置于容器内—加满水—静置（20～30分钟）—倒去上清液（约2/3）—再加水—搅拌—静置（随着粪液逐渐变稀，静置的时间可以相对缩短，但不能少于5分钟）—反复操作至液体透明为止—倒去上清液，留下少量的水—吸取沉淀物镜检（所取的沉渣不能太浓，否则在镜检时视野模糊）。

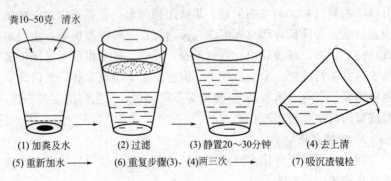

粪10～50克　清水

(1) 加粪及水　　(2) 过滤　　(3) 静置20～30分钟　　(4) 去上清
(5) 重新加水　　(6) 重复步骤(3)、(4)两三次　　(7) 吸沉渣镜检

图7-44　水洗沉淀法检查虫卵

镜检时，可发现羊肝片吸虫虫卵（图7-45）。羊肝片吸虫卵呈

长椭圆形，金黄色，致密且充满卵黄细胞，一端有卵盖，可区别于其他吸虫虫卵。

5. 防制

（1）防止健羊吞入囊蚴　不要把羊舍建在低湿地区，不在有片形吸虫的潮湿牧场上放牧，不让羊饮用池塘、沼泽、水潭及沟渠里的脏水和死水。在潮湿牧场上割草时，必须割高一些。否则，应将割回的牧草贮藏 6 个月以上饲用。

图 7-45　羊肝片吸虫虫卵

（2）进行定期驱虫　驱虫是预防本病的重要方法之一，应有计划地进行全群性驱虫，一般是每年进行一次，可在秋末冬初进行；对染病羊群，每年应进行 3 次；第一次在大量虫体成熟之前 20～30 天（成虫期前驱虫），第二次在第一次以后 5 个月（成虫期驱虫），第三次在第二次以后 2～2.5 个月。不论在什么时候发现羊患本病，都要及时进行驱虫。

（3）避免粪便散布虫卵　对病羊的粪便应经常用堆肥发酵的方法进行处理，杀死其中的虫卵。对实行驱虫的羊只，必须圈留 5～7 天，不让乱跑，对这一时期所排的粪便，更应严格进行消毒。对于被屠宰羊的肠内容物也要认真进行处理。

（4）防止羊的肝脏散布病原体　对检查出严重感染的肝脏，应全部废弃；对感染轻微的肝脏，应该废弃被感染的部分。将废弃的肝脏进行高温处理，禁止用作其他动物的饲料。

（5）消灭中间宿主（螺蛳）　灭螺时要特别注意小水沟、小水洼及小河的岸边等处。对于沼泽地和低洼的牧地进行排水，利用阳光暴晒杀死螺蛳。对于较小而不能排水的死水地，可用 1：50000 的硫酸铜溶液定期喷洒，以杀死螺蛳，至少每平方米用 5000 毫升溶液，每年喷洒 1～2 次。也可用 2.5：1000000 的氯硝柳胺（血防

67、灭绦灵）浸杀或喷杀椎实螺。

驱除片形吸虫的药物，常用的有下列几种。

（1）阿苯达唑（抗蠕敏）　为广谱驱虫药，对驱除片形吸虫的成虫有疗效，剂量按每千克体重5～15毫克，口服。

（2）硝氯酚（拜耳9015）　驱成虫有高效，剂量按每千克体重4～5毫克，口服。

（3）五氯柳胺（氯羟柳苯胺）　驱成虫有高效，剂量按每千克体重7.5毫克，口服。

（4）碘醚柳胺　驱成虫和6～12周的未成熟童虫都有效，剂量按每千克体重15毫克，口服。

（5）双酰胺氧醚　对1～6周龄肝片吸虫幼虫有高效，但随虫龄的增长，药效也随之降低。用于治疗急性期的病例，剂量按每千克体重7.5毫克，口服。

（6）硫双二氯酚（别丁）　驱成虫有效，但使用后有较强的下泻作用。剂量按每千克体重80～100毫克，口服。

（7）四氯化碳　驱成虫效果显著，但有一定副作用。剂量按成年羊每只2毫升，6～12月龄羊1毫升，与液状石蜡以1：4的比例混合灌服；也可与等量的液状石蜡或已灭菌的植物油混合后，肌内注射。

（二）前后盘吸虫病

前后盘吸虫病是由前后盘科的各属吸虫寄生所引起的疾病。成虫寄生在羊、牛等反刍动物的瘤胃和网胃壁上，危害不大。幼虫因在发育过程中移行于真胃、小肠、胆管和胆囊，可造成较严重的病害，甚至导致死亡。

1. 病原及生活史

前后盘吸虫种属很多，虫体大小互有差异，有的仅长数毫米，有的则长达20余毫米；颜色可呈深红色、褐红色或乳白色；虫体在形态结构上亦有不同程度的差异。其主要的共同特征为：虫体形状呈长椭圆形、梨形或圆锥形；两个吸盘中，腹吸盘位于虫体后端，并显著大于口吸盘，因口、腹吸盘位于虫体两端，好似两个口，所以又称为双口吸虫（图 7-46）。

图 7-46　前后盘吸虫成虫

前后盘吸虫的发育与肝片吸虫很相似，只需 1 个中间宿主，其中间宿主为淡水螺。前后盘吸虫的成虫在反刍动物瘤胃产卵，卵随粪一起排出体外，在适宜的温度条件下（26～30℃），经 12～13 天孵出毛蚴，进入水中，找到适宜的中间宿主即钻入其体内，发育形成胞蚴、雷蚴、子雷蚴及尾蚴，尾蚴成熟后离开中间宿主，附着在水草上形成囊蚴。羊等终末宿主吞食了附有囊蚴的水草而感染。童虫在小肠、真胃及其黏膜下组织、胆管、胆囊、大肠、腹腔液甚至肾盂中移行寄生 3～8 周，最终到达瘤胃内发育为成虫。

2. 临床症状

患羊主要症状是顽固性腹泻，粪便常有腥臭味；体温有时升高；消瘦，贫血，颌下水肿，黏膜苍白。后期可因极度衰竭而死亡。

3. 剖检变化

剖检可见童虫移行造成的小肠、真胃黏膜水肿，形成出血点及发生出血性肠炎，严重时肠黏膜出现坏死和纤维素性炎症；肠内充满腥臭的稀粪；盲肠、结肠淋巴滤泡肿胀、坏死，有的形成溃疡；胆管、胆囊膨胀；在小肠、真胃及胆管和胆囊内可见数量不等的童虫。当成虫寄生时，其造成的损害轻微。

4. 防制措施

治疗可选用氯硝柳胺（灭绦灵），对驱除童虫疗效良好，剂量按每千克体重 75～80 毫克，口服；硫双二氯酚，驱成虫疗效显著，驱童虫亦有较好的效果，剂量按每千克体重 80～100 毫克，口服；溴羟替苯胺（羟溴柳胺），驱成虫、童虫均有较好的疗效，剂量按每千克体重 65 毫克，制成悬浮液，灌服。

预防可参照片形吸虫病，并根据当地的具体情况和条件，制定以定期驱虫为主的预防措施。

（三）脑多头蚴病

脑多头蚴病（脑包虫病）是多头绦虫的幼虫——多头蚴寄生在绵羊、山羊的脑、脊髓内，引起脑炎、脑膜炎及一系列神经症状，甚至死亡的严重寄生虫病。

1. 病原

（1）多头蚴　呈囊泡状，囊体可由豌豆大至鸡蛋大，囊内充满透明液体，在囊的内壁上有 100～250 个原头蚴，原头蚴直径 2～3 毫米。

（2）多头绦虫　虫体长 40～100 厘米，由 200～500 个节片组成。头节有 4 个吸盘，顶突上有 22～32 个小钩，分作两圈排列。卵为圆形，直径一般为 20～37 微米。

2. 生活史

成虫寄生于犬、狼、狐、豺等肉食兽的小肠内，发育成熟后，其孕节片脱落，随粪便排出体外，释放出大量虫卵，污染草场、饲料或饮水。当这些虫卵被中间宿主羊、牛等吞食后，误食的虫卵在其消化道中孵出六钩蚴，六钩蚴钻入肠黏膜血管内随血流到达脑和脊髓，经 2～3 个月发育为脑多头蚴。如六钩蚴被血流带到身体其他部位则不能继续发育，并迅速死亡。多头蚴在羔羊脑内发育较快，一般在感染两周时能发育至粟粒大，6 周后囊体直径可达 2～3 厘米，经 8～13 周发育到 35 厘米，并具有发育成熟的原头蚴。囊体经 7～8 个月后停止发育，其直径可达 5 厘米左右。

终末宿主犬、狼、狐等肉食兽吞食了含有多头蚴的动物脑、脊髓，多头蚴在其消化液的作用下，囊壁溶解，原头蚴附着在小肠壁上开始发育，经 41～73 天发育为成虫（图 7-47）。

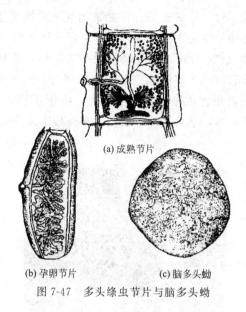

(a) 成熟节片

(b) 孕卵节片　　　(c) 脑多头蚴

图7-47　多头绦虫节片与脑多头蚴

3. 临床症状

该病呈急性型或慢性型，症状表现取决于寄生部位和病原体的大小。

（1）急性型　以羔羊表现最为明显。感染之初，由于六钩蚴进入脑组织，虫体在脑膜和脑组织中移行，刺激和损伤造成脑部炎症，使体温升高，脉搏、呼吸加快，甚至有强烈的兴奋，患病羊作回旋运动，前冲或后退，有痉挛性抽搐等。有时沉郁，长时间躺卧，脱离畜群。部分病羊在5～7天内因急性脑膜炎死亡，不死者则转为慢性型。

（2）慢性型　患羊耐过急性期后，症状表现逐渐消失，经2～6个月的和缓期。由于多头蚴不断发育长大，再次出现明显症状。当多头蚴寄生在羊大脑半球时，羊除向被虫体压迫的同侧作转圈运动外，还常造成对侧的视力障碍，甚至失明。虫体寄生在大脑正前部时，常见羊头下垂向前作直线运动，碰到障碍物时则头抵物体呆立不动。多头蚴在大脑后部寄生时，主要表现为头高举或作后退运动，甚至倒地不起，并常有强直性痉挛出现。虫体寄生在小脑时，病羊站立或运动常失去平衡，身体共济失调，易跌倒，对外界干扰和音响易惊恐（图7-48）。多头蚴寄生在脊髓时，表现步伐不稳，进而引起后肢麻痹；当膀胱括约肌发生麻痹时，则出现小便失禁。此外，患羊还表现食欲减退，甚至消失；由于不能正常采食和休息，体重逐渐减轻，显著消瘦、衰弱，常在数次发作后或陷于恶病质时死亡。

图7-48　患病羊作回旋运动，前冲或后退

4. 剖检变化

急性死亡的可见有脑膜炎和脑炎病变，还可见到六钩蚴在脑膜中移行时留下的弯曲伤痕。慢性期的病例则可在脑或脊髓的不同部位发现一个或数个大小不等的囊状多头蚴（彩图12）；在病变或虫体相接的颅骨处，骨质松软、变薄，甚至穿孔，致使皮肤向表面隆起；病灶周围脑组织或较远部位发炎，有时可见萎缩变性或钙化的多头蚴。

5. 防制措施

该病可实施手术摘除寄生在脑髓表层的虫体，即在多头蚴充分发育后，根据囊体所在的部位，手术开口后先用注射器吸去囊中液体，使虫体缩小，然后完整地摘除虫体。药物治疗可用吡喹酮，病羊按每千克体重每日50毫克，连用5；或按每千克体重每日70毫克，连用3日。

预防本病，要防止犬等肉食兽吃到带有多头蚴的脑和脊髓；对患畜的脑和脊髓应烧毁或深埋；对护羊犬应进行定期驱虫；注意消灭野犬、狼、狐、豺等终末宿主，以防病原进一步散布。

（四）棘球蚴病

棘球蚴病亦称包虫病，是由数种棘球蚴虫的幼虫——棘球蚴寄生于绵羊、山羊、牛、马、猪、骆驼及人的肝、肺等脏器组织中所引起的一种严重的人兽共患寄生虫病。成虫以肉食兽为终末宿主，寄生于犬、狼、豺、狐和狮、虎、豹等动物的小肠内。

1. 病原

羊的棘球蚴病主要由细粒棘球蚴虫的幼虫——细粒棘球蚴所致。

成虫细粒棘球蚴虫寄生于犬、狼、狐等肉食兽小肠内，1只犬感染虫体的数量甚至可达数千条之多，其孕卵节片或虫卵随粪便排出体外。当羊、牛等中间宿主食入被孕卵节片或虫卵所污染的饲草、饲料或饮水后，虫卵内的六钩蚴在其消化道内孵出并钻入肠壁血管内，随血流到达肝脏停留下来发育为棘球蚴；六钩蚴亦可继续随血液到达肺脏或身体的其他部位发育成为棘球蚴，在中间宿主体内棘球蚴的生长可持续数年之久。终末宿主肉食兽吞食了含有棘球蚴包囊的内脏及组织后，其包囊内的原头蚴在小肠内逸出，固着于肠壁上，逐渐发育为成虫（图7-49）。

图7-49 细粒棘球蚴虫

2. 临床症状

轻度感染和感染初期通常无明显症状；严重感染的羊被毛逆立，时常脱毛，营养不良，消瘦。肺部感染时有明显的咳嗽，咳后往往卧地，不愿起立。

3. 剖检变化

剖检病变主要见于虫体经常寄生的肝脏和肺脏。可见肝、肺表面凹凸不平，重量增大，有数量不等的棘球蚴囊泡突起，肝、肺实质中存在有数量不等、大小不一的棘球蚴包囊，囊内含有大量液体，除不育囊外，囊液沉淀后，即可见大量的包囊液。有的棘球蚴发生钙化和化脓。此外，在脾、肾、脑、脊椎管、肌肉及皮下偶可见有棘球蚴寄生。

4. 防制措施

进行综合性防制是杜绝该病传播和发生的主要途径。目前尚无有效药物治疗。

由于犬类动物是本病的末端宿主和主要传染源，因此对患棘球蚴病畜的脏器一律进行深埋或烧毁，以防被犬类吃入成为传染源；做好饲料、饮水及圈舍的清洁卫生工作，防止被犬粪污染。应用氢溴酸槟榔碱给犬驱虫时，剂量按每千克体重 1～4 毫克，停食 12～18 小时后，口服。也可选用吡喹酮，剂量按每千克体重 5～10 毫克，口服。服药后，犬应拴留一昼夜，收集所排出的粪便并与垫草等一同烧毁或深埋处理，以防病原扩散传播。

（五）细颈囊尾蚴病

细颈囊尾蚴病是由泡状带绦虫的幼虫——细颈囊尾蚴寄生于绵羊、山羊、黄牛、猪等多种家畜的肝脏浆膜、网膜及肠系膜所引起的一种绦虫疾病。

1. 病原

细颈囊尾蚴俗称"水铃铛"（图 7-50），多悬垂于腹腔脏器上。虫体呈泡囊状，内含透明液体。囊体大小不一，最大可至小儿头大。泡状带绦虫虫体长 75～500 厘米，链体由 250～300 个节片组成。虫卵近似圆形，长 36～39 微米，宽 31～35 微米，内含六钩蚴（图 7-51）。

成虫泡状带绦虫寄生于犬、狼、狐等肉食兽的小肠内，发育成熟后孕节或虫卵随粪便排出体外，污染草场、饲料或饮水。当中间宿主羊、牛等误食了孕节或虫卵后，在消化道内孵化出六钩蚴，钻

图 7-50　细颈囊尾蚴的"水铃铛"

　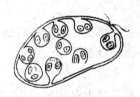　

(a) 囊尾蚴　　　　　　(b) 多头蚴　　　　　　(c) 棘球蚴

图 7-51　细颈囊尾蚴

入肠壁血管，随血流到达肝脏，并由肝实质内逐渐移行到肝脏表面寄生，或进入腹腔内寄生于大网膜、肠系膜及腹腔的其他部位，甚至可进入胸腔寄生于肺脏。幼虫生长发育 3 个月左右具有感染能力。

终末宿主肉食动物如吞食了含有细颈囊尾蚴的脏器后，在小肠内经过 52～78 天发育为成虫。

2. 临床症状

通常成年羊症状表现不显著，羔羊则症状表现明显。当肝脏及腹膜在六钩蚴的作用下发生炎症时，可出现体温升高，精神沉郁，腹水增加，腹壁有压痛，甚至发生死亡。经过上述急性发作后则转为慢性病程，一般表现为消瘦、衰弱和黄疸等症状。

3. 剖检变化

慢性病例可见肝脏浆膜、肠系膜、网膜上具有数量不等、大小不一的虫体疱囊，严重时还可在肺和胸腔处发现虫体。急性病程时，可见急性肝炎及腹膜炎，肝脏肿大、表面有出血点，肝实质中有虫体移行的虫道，有时出现腹水并混有渗出的血液，病变部有尚在移行发育中的幼虫。

4. 防制措施

目前尚无有效治疗方法。对含有细颈囊尾蚴的脏器应进行无害化处理，未经煮熟严禁喂犬；在该病的流行地区应及时给犬进行驱虫；注意捕杀野犬、狼、狐等肉食兽；做好羊饲料、饮水及圈舍的清洁卫生工作，防止被犬粪污染。

（六）反刍兽绦虫病

反刍兽绦虫病是由莫尼茨绦虫、曲子宫绦虫及无卵黄腺绦虫寄生于绵羊、山羊和牛的小肠所引起的。

1. 病原

（1）莫尼茨绦虫　莫尼茨绦虫虫体呈带状。由头节、颈节及锥体部组成，全长可达 6 米，最宽处 16～26 毫米，呈乳白色。头节上有 4 个近于椭圆形的吸盘，无顶突和小钩。

（2）曲子宫绦虫　虫体可长达 2 米，宽约 12 毫米。每个节片有 1 组生殖器官，虫卵近于圆形。

（3）无卵黄腺绦虫　是反刍兽绦虫中较小的一类，虫体长 2～3 米，宽仅为 3 毫米左右。由于虫节片中央的子宫相互靠近，肉眼观察能明显地看到虫体后部中央贯穿着一条白色的线状物。

2. 生活史

莫尼茨绦虫、曲子宫绦虫及无卵黄腺绦虫的中间宿主均为地螨。寄生于羊、牛小肠的绦虫成虫，它们的孕卵节片或虫卵随粪便排出后，如被地螨吞食，则虫卵内的六钩蚴在地螨体内发育为似囊尾蚴。当终末宿主羊、牛等反刍动物在采食时连同牧草一起吞食了含有似囊尾蚴的地螨后，似囊尾蚴在反刍动物消化道逸出，附着在肠壁上逐渐发育为成虫（图 7-52）。

3. 临床症状

患羊症状表现得轻重通常与感染虫体的强度及体质、年龄等因

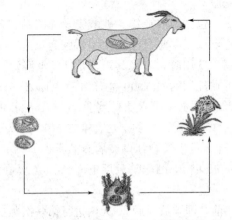

图 7-52 羊绦虫生活史及传播方式

素密切相关。一般可表现为食欲减退，出现贫血与水肿。羔羊腹泻时，粪中混有虫体节片，有时还可见虫体的一段吊在肛门处。被毛粗乱无光，喜躺卧，起立困难，体重迅速减轻。若虫体阻塞肠管时，则出现肠膨胀和腹痛表现，甚至因肠破裂而死亡。有时病羊亦可出现转圈、肌肉痉挛或头向后仰等神经症状。后期，患畜仰头倒地，经常作咀嚼运动、口周围有泡沫，对外界反应几乎丧失，直至全身衰竭而死。

4. 剖检变化

剖检死羊可在小肠中发现数量不等的虫体；其寄生处有卡他性炎症，有时可见肠壁扩张，肠套叠乃至肠破裂；肠系膜、肠黏膜、肾脏、脾脏甚至肝脏发生增生性变性过程。

5. 治疗

可选用下列药物进行治疗。

（1）阿苯达唑 剂量按每千克体重 5～20 毫克，做成 1％的水悬液，口服。

（2）氯硝柳胺 剂量按每千克体重 100 毫克，配成 10％水悬液，口服。

（3）硫双二氯酚 剂量按每千克体重 75～100 毫克，包在菜叶里口服，亦可灌服。

（4）砷制剂　包括砷酸亚锡、砷酸铅及砷酸钙，各药剂量均按羔羊每只 0.5 克，成年羊每只 1 克，装入胶囊口服。

（5）硫酸铜　使用时，可将其配制成 1% 水溶液。为了使硫酸铜充分溶解，可在配制时每 1000 毫升溶液中加入 1～4 毫升盐酸。配制的溶液应贮存于玻璃或木质的容器内。其治疗剂量为：1～6 月龄的绵羊 15～45 毫升；7 月龄至成年羊 50～100 毫升；成年山羊不超过 60 毫升。可用长颈细口玻璃瓶灌服。

（6）仙鹤草根芽粉　绵羊每只用量 30 克，1 次口服。

6. 预防

在虫体成熟前，即羊放牧后 30 天内进行第一次驱虫，再经 10～15 天后进行第二次驱虫，此法不仅可驱除寄生的幼虫，还可防止牧场或外界环境遭受污染。有条件的地区可实行科学轮牧。尽可能避免雨后、清晨和黄昏放牧，以减少羊吃进中间宿主地螨的机会。结合牧场改良，进行深耕，种植优良牧草或农牧轮作，不仅能大量减少地螨还可提高牧草质量。

（七）羊消化道线虫病

寄生于羊消化道的线虫种类很多，各种消化道线虫往往混合感染，对羊群造成不同程度的危害，是每年春乏季节造成羊死亡的重要原因之一。

1. 病原

（1）捻转血矛线虫　寄生于真胃，偶见于小肠。在真胃中属大型线虫。虫体线状，呈粉红色。雄虫长 15～19 毫米，其交合伞的背肋偏于左侧，呈倒 "Y" 字形。雌虫长 27～30 毫米，由于红色的消化管和白色的生殖管相互缠绕，形成红白相间的外观，俗称"麻花虫"。

（2）奥斯特线虫　寄生于真胃。虫体呈棕色，亦称棕色胃虫，长 4～14 毫米。

（3）马歇尔线虫　寄生于真胃，似棕色胃虫，但虫体较大。

（4）毛圆线虫　寄生于小肠，偶可寄生于真胃和胰脏。虫体小、长5～6毫米，呈淡红色或褐色。

(5) 细颈线虫 寄生于小肠或真胃，为小肠内中等大小的虫体。

(6) 古柏线虫 寄生于小肠、胰脏，偶见于真胃。虫体呈红色或淡黄色，大小与毛圆线虫相似。

(7) 仰口线虫 寄生于小肠。虫体较粗大，前端弯向背面，故有钩虫之称。

(8) 食道口线虫 寄生于大肠。虫体较大，呈乳白色。

(9) 夏伯特线虫 亦称阔口线虫，寄生于大肠。虫体大小近似食道口线虫。

(10) 毛首线虫 寄生于盲肠。整个虫体形似鞭子，亦称鞭虫。虫体较大，呈乳白色（彩图13）。

2. 生活史

羊的各种消化道线虫均系上源性发育，即在它们的发育过程中不需要中间宿主的参加，家畜感染是由于吞食了被虫卵所污染的饲草、饲料及饮水，幼虫在外界的发育难以制约，从而造成了几乎所有羊只不同程度感染发病的状况。

上述各种线虫的虫卵随粪便排出体外，在外界适宜的条件下，绝大部分种类线虫的虫卵首先孵化出第一期幼虫，经过两次蜕化后发育成具有感染宿主能力的第三期幼虫。毛首线虫的感染性幼虫是在虫卵内发育而成，并不孵化出来，在外界仅以感染性虫卵的形式存在。羊在吃草或饮水时如食入了线虫的感染性幼虫或感染性虫卵即被感染。仰口线虫的感染性幼虫除能经口感染外，还能直接钻入皮肤发生感染。病原进入羊体内后通常在它们各自的特定寄生部位再经两次蜕化，发育成为第五期幼虫，并逐渐发育为成虫。食道口线虫的感染性幼虫则需钻入大结肠和小结肠的固有膜深处形成包囊（结节），幼虫在包囊内发育成第五期幼虫后才自结节中返回肠腔发育为成虫。

3. 临床症状

病羊感染各种消化道线虫的主要症状表现为，消化紊乱，胃肠道发炎，腹泻，消瘦，眼结膜苍白，贫血。严重病例下颌间隙水肿，羊体发育受阻。少数病例体温升高，呼吸、脉搏频数、心音减弱，最终病羊可因身体极度衰竭而死亡。

4. 剖检变化

剖检可见消化道各部有数量不等的相应线虫寄生。尸体消瘦，贫血，内脏显著苍白，胸、腹腔内有淡黄色渗出液，大网膜、肠系膜胶样浸润，肝、脾出现不同程度的萎缩、变性，真胃黏膜水肿，有时可见虫咬的痕迹和针尖大到粟粒大的小结节，小肠和盲肠黏膜有卡他性炎症，大肠可见到黄色小点状的结节或化脓性结节以及肠壁上遗留下的一些瘢痕性斑点。当大肠上的虫卵结节向腹膜面破溃时，可引发腹膜炎和泛发性粘连；向肠腔内破溃时，则可引起溃疡性和化脓性肠炎。

5. 治疗

可选择下列药物进行治疗。

（1）阿苯达唑　剂量按每千克体重5～20毫克，口服。

（2）左旋咪唑　剂量按每千克体重5～10毫克，混饲喂或作皮下、肌内注射。

（3）硫化二苯胺　剂量按每千克体重600毫克，用面汤做成悬浮液，灌服。

（4）噻苯唑　剂量按每千克体重50毫克，口服。该药对毛首线虫效果较差。

（5）精制敌百虫　剂量按绵羊每千克体重80～100毫克，山羊每千克体重50～70毫克，口服。

（6）甲苯唑　剂量按每千克体重10～15毫克，口服。

（7）硫酸铜　用蒸馏水配成1%溶液，剂量按大羊100毫升、中羊80毫升、小羊50毫升，山羊用量不得超过60毫升，灌服。

6. 预防

应在晚秋转入舍饲后和春季放牧前各进行1次计划性驱虫，因地区不同，选择驱虫的时间和次数可根据具体情况酌定。羊应饮用干净的流水或井水，尽可能避免吃露水草和在低湿处放牧，以减少感染机会；粪便可进行堆肥发酵，以杀死虫卵；加强饲养管理，提高羊的抗病能力。

（八）肺线虫病

羊肺线虫病是由网尾科和原圆科的线虫寄生在气管、支气管、细支气管乃至肺实质，引起的以支气管炎和肺炎为主要症状的疾病。肺线虫病在我国分布广泛，是羊常见的蠕虫病之一。

1. 病原

（1）大型肺线虫 该虫系大型白色虫体，肠管呈黑色，穿行于体内，口囊小而浅。

（2）小型肺线虫 小型肺线虫种类繁多，其中缪勒属和原圆属线虫分布最广，危害也较大。该类线虫虫体纤细，长12～28毫米，多见于细支气管和肺泡内。

2. 生活史

大型肺线虫与小型肺线虫的发育有所不同，即网尾科线虫发育过程无中间宿主参加，属土源性发育；而小型肺线虫在发育时需要中间宿主的参加，属生物源性发育。

各种肺线虫的虫卵在呼吸道产出后，上行至咽部，利用宿主咳嗽时，经咽部进入消化道，在此过程中孵化出第一期幼虫，第一期幼虫又随粪便排出体外。大型肺线虫的第一期幼虫在外界适宜条件下，约经1周发育为感染性幼虫；小型肺线虫的第一期幼虫则需钻入中间宿主多种陆螺或蛞蝓体内发育为感染性幼虫。存在于外界草场、饲料或饮水中和中间宿主体内的大、小型肺线虫的感染性幼虫被终末宿主羊吞食后，幼虫进入肠系膜淋巴结，经淋巴液循环到达右心，又随血流到达肺脏，虫体在此过程中经第四、第五两期幼虫的发育，最终在肺部各自的寄生部位发育为成虫。

3. 临床症状

羊群遭受感染时，首先个别羊干咳，继而成群咳嗽，运动时和夜间咳嗽更为显著，此时呼吸声明显粗重，如拉风箱。在频繁而痛苦的咳嗽时，常咳出含有成虫、幼虫及虫卵的黏液团块。咳嗽时伴发啰音和呼吸急迫，鼻孔中排出黏稠分泌物，干涸后形成鼻痂，从而使呼吸更加困难。病羊常打喷嚏，逐渐消瘦、贫血，头、胸及四肢水肿，被毛粗乱。通常羔羊发病症状严重，死亡率也高；成年羊感染或羔羊轻度感染时，症状表现较轻。单独感染小型肺线虫时，病情亦比较轻缓，只是在病情加剧或接近死亡时，才明显表现为呼吸困难，出现干咳或暴发性咳嗽。

4. 剖检变化

剖检病变主要表现在肺部，可见有不同程度的肺膨胀和肺气肿，肺表面隆起，呈灰白色，触摸时有坚硬感（彩图 14）；支气管中有黏性或脓性混有血丝的分泌团块；气管、支气管及细支气管内可发现数量不等的大、小肺线虫。

5. 治疗

可选用下列药物进行治疗。

（1）阿苯达唑　剂量按每千克体重 5～15 毫克，口服，对各种肺线虫均有良效。

（2）苯硫咪唑　剂量按每千克体重 5 毫克，口服。

（3）左旋咪唑　剂量按每千克体重 7.5～12 毫克，口服。

（4）氰乙酸肼　剂量按每千克体重 17 毫克，口服；或每千克体重 15 毫克，皮下或肌内注射。该药对缪勒线虫无效。

（5）枸橼酸乙胺嗪（海群生）　剂量按每千克体重 200 毫克，内服；该药适合对感染早期幼虫的治疗。

6. 预防

该病流行区内，每年应对羊群进行 1～2 次普遍驱虫，并及时对病羊进行治疗。驱虫治疗期应注意收集粪便进行生物热处理；羔羊与成年羊应分群放牧，并饮用流动水或井水；有条件的地区可实行轮牧，避免在低温沼泽地区放牧；冬季羊群应予适当补饲，补饲期间每隔 1 日可在饲料中加入硫化二苯胺，按成年羊每只 1 克、羔羊每只 0.5 克计，让羊自由采食，能大大减少病原的感染。对小型肺线虫病，亦应注意消灭其中间宿主。

（九）螨病

羊螨病是由疥螨和痒螨寄生在体表而引起的慢性寄生性皮肤

病。具有高度传染性，往往在短期内可引起羊群严重感染，危害十分严重。

1. 病原

（1）疥螨 疥螨寄生于皮肤角化层下，并不断在皮内挖凿隧道，虫体即在隧道内不断发育和繁殖。疥螨的成虫形态特征为：虫体小，长0.2～0.5毫米，肉眼不易看见；体呈圆形，浅黄色，体表生有大量小刺（图7-53）。

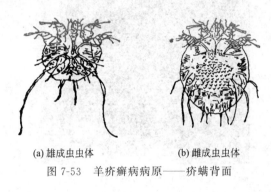

(a) 雄成虫虫体　　　　　　(b) 雌成虫虫体

图7-53　羊疥癣病病原——疥螨背面

（2）痒螨 寄生在皮肤表面。虫体呈长圆形，较大，长0.5～0.9毫米，肉眼可见。

2. 生活史

疥螨与痒螨的全部发育过程都在宿主体上度过，包括虫卵、幼虫、若虫和成虫4个阶段，其中雄螨有1个若虫期，雌螨有两个若虫期。疥螨的发育是在羊的表皮内不断挖凿隧道，并在隧道中不断繁殖和发育，完成一个发育周期需8～22天。痒螨在皮肤表面进行繁殖和发育，完成一个发育周期需10～12天。本病的传播是通过健畜与患畜直接接触，或通过被螨及其卵所污染的厩舍、用具的间接接触引起感染。

3. 临床症状

该病初发时，因虫体小刺、刚毛和分泌的毒素刺激神经末梢，引起剧痒，可见病羊不断在圈墙、栏柱等处摩擦；在阴雨天气、夜间、通风不好的圈舍以及随着病情的加重，痒觉表现更为剧烈；由于患羊的摩擦和啃咬，患部皮肤出现丘疹、结节、水疱，甚至脓疱，以后形成痂皮和龟裂。绵羊患疥螨病时，因病变主要局限于头部，病变皮肤有如干涸的石灰，故有"石灰头"之称（图7-54）。绵羊感染痒螨后，可见患部有大片被毛脱落。发病后，患羊因终日啃咬和摩擦患部，烦躁不安，影响了正常的采食和休息，日渐消瘦，最终不免因极度衰竭而死亡。

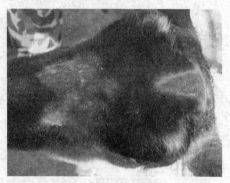

图 7-54　疥癣病羊

4. 类症鉴别

（1）与湿疹的鉴别　湿疹痒觉不剧烈，且不受环境、温度影响，无传染性，皮屑内无虫体。

（2）与秃毛癣的鉴别　秃毛癣患部呈圆形或椭圆形，境界明显，其上覆盖的浅黄色干痂易于剥落，痒觉不明显。镜检经10%氢氧化钾处理的毛根或皮屑，可发现癣菌的孢子或菌丝。

（3）与虱和毛虱的鉴别　虱和毛虱所致的症状有时与螨病相似，但皮肤炎症、落屑及形成痂皮程度较轻，容易发现虱及虱卵，病料中找不到螨虫。

5. 治疗

（1）注射药物疗法　可选用伊维菌素（害获灭）或与伊维菌素药理作用相似的药物，此类药物不仅对螨病，而且对其他的节肢动物疾病和大部分线虫病均有良好疗效。应用伊维菌素时，剂量按每千克体重50～100微克计。

（2）涂药疗法 适合于病畜数量少，患部面积小的情况，可在任何季节应用，但每次涂药面积不得超过体表的 1/3。可选用如下药物。

① 克辽林擦剂。克辽林 1 份、软肥皂 1 份、酒精 8 份，调和即成。

② 5％敌百虫溶液。来苏儿 5 份，溶于温水 100 份中，再加入 5 份敌百虫即成。

此外，亦可应用林丹、单甲脒、双甲脒、溴氰菊酯（倍特）等药物，按说明书涂擦使用。

（3）药浴疗法 该法适用于病畜数量多且气候温暖的季节，也是预防本病的主要方法。药浴时，药液可选用 0.025％～0.030％林丹乳油水溶液，0.05％蝇毒磷乳剂水溶液，0.5％～1.0％敌百虫水溶液，0.05％辛硫磷乳油水溶液，0.05％双甲脒溶液等。

（4）治疗时的注意事项

① 为使药物有效杀灭虫体，涂擦药物时应剪去患部周围被毛，彻底清洗并除去痂皮及污物。大规模药浴最好选择山羊抓绒、绵羊剪毛后数天时进行。药液温度应按药物种类所要求的温度予以保持，药浴时间应维持 1 分钟左右，药浴时应注意羊头的浸泡。

② 大规模治疗时，应对选用的药物预先做小群安全试验。药浴前让羊饮足水，以免误饮药液。工作人员亦应注意自身安全防护。

③ 因大部分药物对螨的虫卵无杀灭作用，治疗时可根据使用药物情况重复用药 2～3 次，每次间隔 5 天，方能杀灭新孵出的螨虫，达到彻底治愈的目的。

6. 预防

每年定期对羊群进行药浴，可取得预防与治疗的双重效果；加强检疫工作，对新购入的羊应隔离检查后再混群；经常保持圈舍卫生、干燥和通风良好，定期对圈舍和用具清洁和消毒；对患羊应及时治疗，可疑患羊应隔离饲养；治疗期间，应注意对饲养人员、圈舍、用具同时进行消毒，以免病原散布，不断出现重复感染。

（十）羊鼻蝇蛆病

羊鼻蝇蛆病是由羊鼻蝇的幼虫寄生在羊的鼻腔及附近腔窦内所引起的疾病。在我国西北、东北、华北地区较为常见。羊鼻蝇主要危害绵羊，对山羊危害较轻。病羊表现为精神不安，体质消瘦，甚至发生死亡。

1. 病原

（1）成虫　羊鼻蝇形似蜜蜂，全身密生短绒毛，体长 10～12 毫米；头大呈半球形、黄色。

（2）幼虫　第一期幼虫呈淡黄白色，长 1 毫米；第二期幼虫呈椭圆形，长 20～25 毫米，体表刺不明显，后气门呈弯肾形；第三期幼虫长约 30 毫米，背面拱起（图 7-55）。

(a) 背面　　　　(b) 腹面

图 7-55　羊鼻蝇第三期幼虫

2. 生活史

羊鼻蝇的发育需经幼虫、蛹及成虫 3 个阶段。成虫出现于每年 5～9 月间，雌雄交配后，雄虫很快死亡，雌虫则于有阳光的白天以急剧而突然的动作飞向羊鼻，将幼虫产在羊鼻孔内或羊鼻孔周围，雌虫在产完幼虫后数天内亦很快死亡。产出的第一期幼虫活动力很强，爬入鼻腔后以其口前钩固着于鼻黏膜上，并逐渐向鼻腔深部移行，到达额窦或鼻窦内（有些幼虫还可以进入颅腔），经两次蜕化发育为第三期幼虫。幼虫在鼻腔内寄生约 9～10 个月，到翌年春天，发育成熟的第三期幼虫由鼻腔深部向浅部返回移行，当患羊打喷嚏时，将其喷出鼻孔，三期幼虫即在土壤表层或羊粪内变蛹，蛹的外表形态与三期幼虫相同。蛹经 1～2 个月羽化为成虫。成虫寿命约 2～3 周。在温暖地区羊鼻蝇 1 年可繁殖两代，在寒冷地区每年繁殖 1 代。

3. 临床症状

羊鼻蝇幼虫进入羊鼻腔、额窦及鼻窦后，在其移行过程中，由于体表小刺和口前钩损伤黏膜引起鼻炎，可见羊流出多量鼻液，鼻液初为浆液性，后为黏液性和脓性，有时混有血液；当大量鼻液干涸在鼻孔周围形成硬痂时，使羊发生呼吸困难。此外，可见病羊表现不安，打喷嚏，时常摇头，擦鼻，眼睑浮肿，流泪，食欲减退，日渐消瘦。症状表现可因幼虫在鼻腔内的发育期不同而持续数月。通常感染不久呈急性表现，以后逐渐好转，到幼虫寄生的晚期，则疾病表现更为剧烈。有时，当个别幼虫进入颅腔损伤了脑膜或因鼻窦发炎而波及脑膜时可引起神经症状，病羊表现为运动失调，旋转运动，头弯向一侧或发生麻痹；最后病羊食欲废绝，因极度衰竭而死亡。

4. 防制措施

防制该病应以消灭第一期幼虫为主要措施。各地可根据不同气候条件和羊鼻蝇的发育情况，确定防制的时间，一般在每年 11 月份进行为宜。

可用精制敌百虫治疗。口服，按每千克体重 0.12 克，配成 2％溶液，灌服；肌内注射时，取精制敌百虫 60 克，加 95％酒精 31 毫升，在瓷容器内加热溶解后，加入 31 毫升蒸馏水，再加热至 60～65℃，待药完全溶解后，加水至总量 100 毫升，经药棉过滤后即可注射。剂量按羊体重 10～20 千克用 0.5 毫升；体重 20～30 千克用 1 毫升；体重 30～40 千克用 1.5 毫升；体重 40～50 千克用 2 毫升；体重 50 千克以上用 2.5 毫升。

附　录

一、羊正常生理指标

项目	绵羊/山羊	年龄	正常指标
体温	绵羊	1岁以上	38.5～40.0℃
		1岁以下	38.5～40.5℃
	山羊	1岁以上	38.5～40.5℃
		1岁以下	38.5～41.0℃
脉搏	绵羊	1岁以上	70～80次/分钟
		1岁以下	80～100次/分钟
	山羊	1岁以上	70～80次/分钟
		1岁以下	80～100次/分钟
呼吸	绵羊	大小一致	14～22次/分钟
	山羊	大小一致	14～22次/分钟
妊娠时间	绵羊	成年	150天
	山羊	成年	150天
血液总量占体重比例	绵羊	成年	6.2%～8.0%
	山羊	成年	6.2%～8.0%

项目	绵羊/山羊	年龄	正常指标
全血量	绵羊	成年	58 毫升/千克
	山羊	成年	70 毫升/千克
血浆量	绵羊	成年	31.5 毫升/千克
	山羊	成年	53.9 毫升/千克
血凝时间	绵羊	成年	5～8 分钟
	山羊	成年	6～11 分钟
血液密度	绵羊	成年	1051 克/立方米
	山羊	成年	1042.5 克/立方米
血液循环时间	绵羊	成年	5～8 秒
	山羊	成年	5～8 秒
红细胞数	绵羊	成年	585.5 万～1164.4 万个/立方毫米
	山羊	成年	1540.0 万～1920.0 万个/立方毫米
白细胞	绵羊	成年	6 千～12 千个/立方毫米
	山羊	成年	6 千～15 千个/立方毫米
血小板	绵羊	成年	25 万～75 万个/立方毫米
	山羊	成年	25 万～50 万个/立方毫米
血红蛋白	绵羊	成年	9%～16%
	山羊	成年	8%～14%
红细胞寿命	绵羊	成年	70～153 天
	山羊	成年	125 天
体内平均 pH 值	绵羊	成年	7.44
	山羊	成年	7.36
动脉血压	绵羊	成年	最高压 11989～18665 帕
		成年	最低压 8533～10132 帕
	山羊	成年	最高压 14932～16799 帕
		成年	最低压 10132～13199 帕

二、羊常用疫苗使用方法

疫苗名称	作用与用途	用法与用量	免疫期	备注
羊厌气菌五联苗	预防羊快疫、羊猝狙、羔羊痢、肠毒血症、羊黑疫	用 20%生理盐水溶解,肌内或皮下注射 1 毫升	1 年	体况不佳者慎用
羊痘活疫苗	预防羊痘	股内侧肌内或尾内侧皮下注射 0.5 毫升	1 年	可作紧急接种
布鲁氏菌活疫苗	预防布鲁氏菌病	口服或肌注	3 年	孕羊忌注射用
乙型脑炎灭活疫苗	预防羊乙型脑炎	1 月龄以上,每只肌注 2 毫升	1 年	
羊传染性胸膜肺炎苗	预防羊传染性胸膜肺炎	肌内或皮下注射,成年羊 5 毫升/只,6 月龄以下羊 3 毫升/只	1 年	
羊链球菌苗	预防羊败血性链球菌病	6 月龄以上羊一律尾根皮下注射 1 毫升	1 年	生理盐水稀释

注:各疫苗免疫间隔时间为 7~10 天,使用前应按说明书进行操作。

参考文献

［1］ 周淑兰，曹国文，付利芝．羊病防控百问百答．北京：中国农业出版社，2010.

［2］ 王福传，段文龙．图说肉羊养殖新技术．北京：中国农业科学技术出版社，2012.

［3］ 闫益波．轻松学羊病防制．北京：中国农业科学技术出版社，2015.